高等学校应用型本科电子信息类专业系列教材

电子技术

主　编　钮王杰

副主编　弓　锵

西安电子科技大学出版社

内 容 简 介

本书包括模拟电子技术和数字电子技术两大部分,共 12 章。第一部分模拟电子技术(第 1~5 章)比较详细地介绍了模拟电子技术的基本理论和典型应用,内容包含半导体器件基本知识、放大电路的分析、集成运放及应用、频率响应与反馈、直流电源等;第二部分数字电子技术(第 6~12 章)介绍了数字电子技术的基本内容和典型应用,包括数制和码制、逻辑代数、门电路、组合逻辑电路、时序逻辑电路、脉冲波、A/D 及 D/A 转换等。本书从工程应用的角度出发,注意保持系统性和完整性,增加了工程应用能力的训练,使学习者既能具备电子技术基本知识,又能增强专业分析问题及解决问题的能力。

本书可作为应用技术型本科院校非电类专业的教材,也可作为广大电子技术爱好者的参考书。

图书在版编目(CIP)数据

电子技术/钮王杰主编. 一西安:西安电子科技大学出版社,2017.5(2025.6 重印)
ISBN 978 - 7 - 5606 - 4491 - 2

Ⅰ. ① 电… Ⅱ. ① 钮… Ⅲ. ① 电子技术 Ⅳ. ① TN

中国版本图书馆 CIP 数据核字(2017)第 086538 号

策　　划　胡华霖
责任编辑　雷鸿俊
出版发行　西安电子科技大学出版社(西安市太白南路 2 号)
电　　话　(029)88202421　88201467　　邮　编　710071
网　　址　www.xduph.com　　　　电子邮箱　xdupfxb001@163.com
经　　销　新华书店
印刷单位　西安日报社印务中心
版　　次　2017 年 5 月第 1 版　2025 年 6 月第 4 次印刷
开　　本　787 毫米×1092 毫米　1/16　印张　20.5
字　　数　484 千字
定　　价　48.00 元
ISBN 978 - 7 - 5606 - 4491 - 2
XDUP　4783001 - 4

＊＊＊如有印装问题可调换＊＊＊

赵润林(山西运城学院计算机科学与技术系副主任、副教授)

黑新宏(西安理工大学副院长、副教授)

雷　亮(重庆科技学院电气与信息工程学院计算机系主任、副教授)

机电组

组　长：庞兴华(兼)

成　员：(成员按姓氏笔画排列)

王志奎(南阳理工学院机械与汽车工程学院系主任、教授)

刘振全(天津科技大学电子信息与自动化学院副院长、副教授)

何高法(重庆科技学院机械与动力工程学院院长助理、教授)

胡文金(重庆科技学院电气与信息工程学院、教授)

前　　言

　　"电子技术"是一门理论性和实践性均很强的专业基础课程。本书是针对应用技术型本科院校非电类专业教学的需求编写的,是应用型人才培养改革的重要成果之一,也体现了近年来非电类专业电类课程课堂教学改革取得的成果。

　　随着高校教育改革的不断深入,各类专业课程都面临内容增加、课时压缩的矛盾。传统的"电子技术"课程由于内容包含模拟电子技术和数字电子技术两大部分,面临的学时压缩问题尤为严重。本书针对非电类专业"电子技术"教学大纲要求,将模拟电子技术和数字电子技术有机地结合在一起,有利于学生对这门课程的系统和连贯性学习。内容上以电子技术(含模拟电子和数字电子)基本理论为基础,同时增加工程实践和基本能力培养内容,注重理论联系实际,从工程应用的角度出发思考和处理问题,使学习者既能学到电子技术基本知识,又能增强专业分析问题、解决问题的能力,从而提高其实践应用能力。

　　本书的特点主要有:注重从工程应用角度出发,理论联系实际,尽可能真实地反映非电类专业在电子技术领域的实际需求;注重知识结构的完整性,适当忽略理论知识的系统性;对一些理论推导进行适当削减,增加工程实践和应用能力方面的内容;课程体系大幅度调整,压缩课时,以适应非电类专业技术应用型人才培养的需求。

　　全书共12章,内容分为模拟电子技术和数字电子技术两大部分。第一部分模拟电子技术包括第1~5章,该部分比较完整地介绍了模拟电子技术的基本概念和基本分析方法,同时增加了能力训练部分,以提高学习者分析问题和解决问题的能力,培养其实践应用能力。第二部分数字电子技术包括第6~12章,其中:第6章数制和码制简单介绍了常用数制及码制;第7章逻辑代数基础介绍了逻辑代数的基本运算、逻辑函数的表示方法和化简方法;第8章门电路介绍了基本逻辑门电路及其特性;第9章组合逻辑电路主要介绍了组合逻辑电路的分析、设计方法及其应用;第10章触发器和时序逻辑电路介绍了常用的各种触发器、时序逻辑电路及时序逻辑电路的分析和设计;第11章脉冲波形的产生与变换主要介绍了555定时器及其各种应用;第12章数/模与模/数转换主要介绍了数/模转换和模/数转换的基本原理及应用。其中,带"*"的章节为选学内容。

　　本书由运城学院钮王杰组织编写并担任主编,弓锵担任副主编。运城学院李强编写了第1、3、5章,薛伟编写了第2章,钮王杰编写了第4、6章,卫旋编写了第7~9章,弓锵编写了第10~12章。

　　限于编者的水平,书中疏漏与不妥之处在所难免,敬请广大读者批评指正。

编　者

2017 年 1 月

目 录

第一部分 模拟电子技术

第二部分　数字电子技术

第一部分

模拟电子技术

第1章 半导体器件

本章介绍半导体中的载流子及其导电规律，讨论 PN 结的形成原理和特性，重点介绍二极管、三极管的工作原理，特性曲线和主要参数，并讨论由这些器件组成的几种简单应用电路。

1.1 半导体基础知识

自然界中的物质按导电性能可分为导体、绝缘体和半导体。

物质的导电特性取决于原子结构。导体一般为低价元素，如铜、铁、铝等金属，其最外层电子受原子核的束缚力很小，极易挣脱原子核的束缚而成为自由电子。在外电场作用下，这些电子产生定向运动形成电流，呈现出较好的导电特性。绝缘体一般为高价元素（如惰性气体）和高分子物质（如橡胶、塑料），其最外层电子受原子核的束缚力很强，不易摆脱原子核的束缚成为自由电子，所以其导电性极差。而半导体的最外层电子既不像导体那样极易摆脱原子核的束缚而成为自由电子，也不像绝缘体那样被原子核束缚得那么紧，因此，半导体的导电特性介于二者之间。

1.1.1 本征半导体

纯净晶体结构的半导体称为本征半导体。常用的半导体材料是硅（Si）和锗（Ge），它们都是四价元素，在原子结构中最外层轨道上有 4 个价电子。为便于讨论，这里采用图 1-1 所示的简化原子结构模型来说明。把硅（或锗）材料制成单晶体时，相邻两个原子的一对最外层价电子成为共有电子，它们一方面围绕自身的原子核运动，另一方面又出现在相邻原子所属的轨道上，即价电子不仅受到自身原子核的作用，同时还受到相邻原子核的吸引。于是，两个相邻的原子共有一对价电子，组成共价键结构，从而形成如图 1-2 所示的本征半导体结构示意图，这样每个原子都和周围的 4 个原子共享共价键。

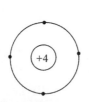

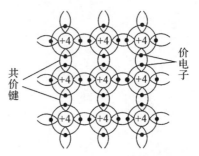

图 1-1 硅和锗简化原子结构模型　　　图 1-2 本征半导体结构示意图

共价键中的价电子由于热运动而获得一定的能量，其中少数能够摆脱共价键的束缚而成为自由电子，同时必然在共价键中留下空位，称为空穴。空穴带一个单位正电，用空心圆表示，自由电子带一个单位负电，用实心圆表示，如图 1-3 所示。由此可见，半导体中存在着两种载流子：自由电子和空穴。本征半导体中，自由电子与空穴是同时成对产生的，因此，若用 n 和 p 分别表示电子和空穴的浓度，则有 $n_i = p_i$，下标 i 表示为本征半导体。

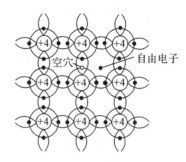

图 1-3　本征半导体中的自由电子和空穴

半导体中的价电子在热运动中获得能量产生了电子—空穴对，该现象称为本征激发。同时自由电子在运动过程中失去能量，与空穴相遇，使电子—空穴对消失，这种现象称为复合。在一定温度下，载流子的产生过程和复合过程是相对平衡的，载流子的浓度是一定的，达到一种动态平衡状态。

半导体中载流子的浓度直接影响其导电性。材料、温度和光照是影响载流子浓度的三个重要因素。常温下，就本征半导体中载流子浓度而言，锗远大于硅。温度与载流子浓度的关系为，随着温度的升高，浓度按指数规律增加，故半导体载流子浓度对温度十分敏感。对于硅材料，大约温度每升高 8℃，载流子浓度增加 1 倍；对于锗材料，大约温度每升高 12℃，载流子浓度增加 1 倍。除此之外，半导体载流子浓度还与光照有关，人们正是利用此特性制成了光敏器件。

1.1.2　杂质半导体

杂质半导体是在本征半导体中掺入少量杂质元素形成的。根据杂质元素的不同，它分为 N 型半导体和 P 型半导体，其导电性可以通过所掺入的元素浓度来控制。

1. N 型半导体

在本征半导体中，掺入微量 5 价元素，如磷、锑、砷，则原来晶格中的某些硅（锗）原子被杂质原子代替。由于杂质原子的最外层有 5 个价电子，因此它与周围 4 个硅（锗）原子组成共价键时，还多余 1 个价电子，成为键外电子。它不受共价键的束缚，而只受自身原子核的束缚。因此，它只要得到较少的能量就能成为自由电子，并留下不参与导电的正杂质离子，如图 1-4 所示。显然，杂质半导体中电子浓度远远大于空穴的浓度，即 $n_n \gg p_n$（下标 n 表示是 N 型半导体），此类杂质半导体称为 N 型半导体。由于 5 价杂质原子提供自由电子，故称其为施主原子。N 型半导体中，自由电子称为多数载流子（以下简称多子），空穴称为少数载流子（以下简称少子），导电主体为自由电子。

2. P 型半导体

在本征半导体中，掺入微量 3 价元素，如硼、镓、铟，则原来晶格中的某些硅（锗）原子被杂质原子代替。由于杂质原子的最外层有 3 个价电子，因此它与周围 4 个硅（锗）原子组成共价键结构时，因缺少一个电子而产生一个空位。当硅（锗）的外层电子填补此空位时，其共价键中便产生一个空穴，从而杂质原子变为不参与导电的负离子，如图 1-5 所示。因此，杂质半导体空穴浓度远远大于电子浓度，即 $p_p \gg n_p$（下标 p 表示是 P 型半导体），此类杂质半导体称为 P 型半导体。由于 3 价杂质原子中的空位吸收电子，故称其为受主原子。P

型半导体中，空穴称为多子，自由电子称为少子，导电主体为空穴。

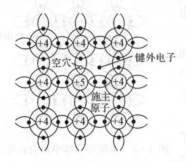

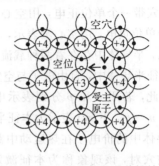

图 1-4 N 型半导体的共价键结构　　　　　图 1-5 P 型半导体的共价键结构

杂质半导体中多数载流子浓度主要取决于掺入的杂质浓度。由于少子是半导体材料共价键提供的，数量很少，故可认为，杂质半导体中多子的浓度大致与本征半导体中所掺杂的杂质浓度相当。

1.1.3 PN 结及其单向导电性

1. 异型半导体接触现象

异型半导体包括 P 型半导体和 N 型半导体。采用不同的掺杂工艺，将异型半导体制作在同一硅片上，在其交界面就形成了 PN 结。

就 P 型半导体而言，多子空穴的浓度远大于少子电子的浓度；而 N 型半导体则是多子电子的浓度远大于少子空穴的浓度。当两者制作在一起时，其交界面的两种载流子的浓度差很大，便会出现 P 区的多子空穴向 N 区扩散，N 区的多子电子向 P 区扩散，如图 1-6(a)所示。图中 P 区标有负号的小圆圈表示不可移动的负离子(即受主原子)，N 区标有正号的小圆圈表示不可移动的正离子(即施主原子)。两类离子自建电场，形成耗尽层，称之为空间电荷区。在此电场作用下，少子的漂移运动加强，多子的扩散运动减弱。其运动过程如图 1-6(b)所示。电荷扩散得越多，电场越强，因而漂移运动越强，对扩散的阻力也越大。

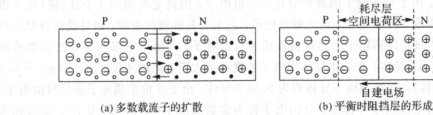

(a) 多数载流子的扩散　　　　　　　　(b) 平衡时阻挡层的形成

图 1-6 PN 结的形成

当漂移运动与扩散运动达到平衡时，通过 PN 结临界面的载流子总数为零，即 PN 结电流为零。此时，在 PN 结交界面处形成一个缺少载流子的高阻区，称为阻挡层，此时，PN 结宽度基本保持恒定。

2. PN 结的单向导电特性

若将电源的正极接 P 区，负极接 N 区，则称此为正向接法或正向偏置，如图 1-7(a)所示。图中，电阻 R 为限流电阻。此时外加电压在阻挡层内形成的电场与自建电场方向相反，削弱了自建电场，使阻挡层变窄。显然，此时扩散作用大于漂移作用，在电源作用下，多子向对方区域扩散，形成较大的正向扩散电流，其方向由电源正极通过 P 区、N 区及电阻 R 到达电源负极。此时，PN 结处于导通状态，它所呈现出的电阻为正向电阻，其阻值很小。正向电压愈大，正向电流也愈大。其关系为

$$I_D = I_S e^{\frac{U}{U_T}} \tag{1-1}$$

式中：I_D 为流过 PN 结的电流；U 为 PN 结两端的电压；$U_T = KT/q$，称为温度电压当量，其中 K 为玻耳兹曼常数，T 为热力学温度，q 为电子的电量，在室温下即 $T = 300$ K 时，$U_T = 26$ mV；I_S 为反向饱和电流。

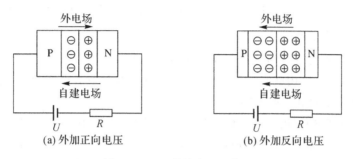

(a) 外加正向电压　　　　　　(b) 外加反向电压

图 1-7　PN 结单向导电特性

若将电源的正极接 N 区，负极接 P 区，则称此为反向接法或反向偏置，如图 1-7(b) 所示。此时外加电压在阻挡层内形成的电场与自建电场方向相同，增强了自建电场，使阻挡层变宽。此时漂移作用大于扩散作用，少数载流子在电场作用下做漂移运动，由于其电流方向与正向电压时的相反，故称为反向电流。由于反向电流是由少数载流子所形成的，故反向电流很小，而且当外加反向电压超过零点几伏时，少数载流子基本全被电场拉过去参与导电形成漂移电流，此时即使反向电压再增加，参与导电的少数载流子数也不会增加，因此反向电流也不会增加，故称为反向饱和电流 I_S。此时 PN 结处于截止状态，呈现的电阻称为反向电阻，其阻值高达几百千欧以上。

综上所述，PN 结加正向电压，处于导通状态；加反向电压，处于截止状态，即 PN 结具有单向导电特性。将上述电流与电压的关系写成如下通式：

$$I_D = I_S(e^{\frac{U}{U_T}} - 1) \tag{1-2}$$

此方程称为 PN 结伏安特性方程，对应的特性曲线称为 PN 结伏安特性曲线，如图 1-8 所示。

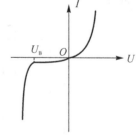

图 1-8　PN 结伏安特性曲线

3. PN 结的击穿

PN 结处于反向偏置时，在一定电压范围内，流过 PN 结的电流是很小的反向饱和电流。但是当反向电压超过某一数值 U_B 后，反向电流会急剧增加，这种现象称为 PN 结的反向击穿，电压 U_B 称为击穿电压。就其产生的机理而言，PN 结的击穿分为雪崩击穿和齐纳击穿。

当反向电压足够高时，阻挡层内电场很强，少数载流子在结区内受强烈电场的加速作用，获得很大的能量，在运动中与其他原子发生碰撞时，某些价电子便脱离共价键，形成新的电子—空穴对。这些新的载流子与原来的载流子，在强电场作用下碰撞其他原子产生更多的电子—空穴对，如此连锁反应，使反向电流迅速增大。这种击穿称为雪崩击穿。所谓齐纳击穿，

是指当 PN 结两边掺入高浓度的杂质时，其阻挡层宽度很小，即使外加反向电压不太高（一般为几伏），在 PN 结内就可形成 2×10^6 V/cm 的强电场，将共价键的价电子直接拉出来，产生电子—空穴对，使反向电流急剧增加，出现击穿现象。对硅材料的 PN 结，击穿电压 $U_\mathrm{B} > 7$ V 时通常是雪崩击穿，$U_\mathrm{B} < 4$ V 时通常是齐纳击穿，$U_\mathrm{B} = 4 \sim 7$ V 时两种击穿均有。

日常应用中，如果一个二极管发生击穿，并不一定意味着 PN 结被损坏。当 PN 结反向击穿时，只要通过电阻 R 与 PN 结串联的方式，即可把反向电流控制在合理范围内，当反向电压绝对值降低时，PN 结的性能就可以恢复正常。稳压二极管正是利用了 PN 结的反向击穿特性来实现稳压的，当流过 PN 结的电流变化时，结电压保持 U_B 基本不变。

4. PN 结的电容效应

电容效应反映的是元件所带电荷随元件两端电压的变化情况。在一定条件下，如果 PN 结两端加上电压，PN 结内就有电荷的变化，这说明 PN 结具有电容效应。根据产生原因不同，电容分为势垒电容和扩散电容。

势垒电容是由阻挡层内空间电荷引起的。空间电荷区是由不能移动的正、负杂质离子所形成的，均具有一定的电荷量，所以在 PN 结储存了一定的电荷。当外加电压使阻挡层变宽时，电荷量增加，如图 1-9(a) 所示；反之，当外加电压使阻挡层变窄时，电荷量减少。即阻挡层中的电荷量随外加电压变化而改变，形成了电容效应，称为势垒电容，用 C_T 表示。实验表明，势垒电容具有非线性特点，电容大小与 PN 结的结面积、阻挡层的宽度、半导体的介电常数以及施加的电压有关。其大小为

$$C_\mathrm{T} = \frac{\mathrm{d}Q}{\mathrm{d}U} = \varepsilon \frac{S}{W} \tag{1-3}$$

式中：ε 为介电常数；W 为 PN 结宽度。

图 1-9(b) 为某一 PN 结势垒电容和外加电压之间的关系。利用这种关系，可以制成变容二极管。

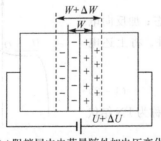
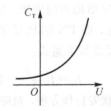

(a) 阻挡层内电荷量随外加电压变化　　　　(b) 势垒电容和外加电压的关系

图 1-9　势垒电容的形成过程及特性

扩散电容是 PN 结在外加正向电压时，多数载流子在扩散过程中引起电荷积累而产生的。当 PN 结加正向电压时，N 区的电子扩散到 P 区，同时 P 区的空穴也向 N 区扩散。显然，在 PN 结交界处 ($x = 0$)，载流子的浓度最高。由于扩散运动，离交界处愈远，载流子浓度愈低，这些扩散的载流子，在扩散区积累了电荷，总的电荷量相当于图 1-10 中曲线 1 以下的部分。若 PN 结正向电压加大，则多数载流子扩散加强，电荷积累由曲线 1 变为曲线 2，电荷增加量为 ΔQ；反之，若正向电压减小，则积累的电荷将减少，这就是扩散电容效应。扩散电容用 C_D 表示，它正比于正向电流。

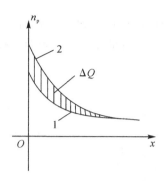

图 1-10 P 区中电子浓度的分布曲线及电荷的积累

因此，PN 结的结电容 C_j 包括两部分，即 $C_j = C_T + C_D$。一般来说，PN 结正偏时，扩散电容起主要作用，$C_j \approx C_D$；PN 结反偏时，势垒电容起主要作用，即 $C_j \approx C_T$。

1.2 半导体二极管

1.2.1 二极管的结构与符号

将 PN 结加上相应的电极引线和管壳，就成为二极管。

二极管依据其材料可分为硅二极管和锗二极管；按照结构又可分为点接触型、面接触型和平面型，如图 1-11(a)、(b)、(c)所示。点接触型二极管一般为锗管，其 PN 结面积较小，不能通过较大电流，但具有良好的高频性能，一般用于高频和小功率电路中；面接触型二极管一般为硅管，其 PN 结面积大，可以通过较大电流，但工作频率低，常应用于低频和较大功率电路中；平面型二极管适用于大功率整流管和数字电路中的开关管。二极管的文字符号为 V_D(或 VD)，图形符号如图 1-11(d)所示。就国产二极管而言，2AP 型、2AK 型为点接触型二极管，2CZ 型、2CP 型为面接触型二极管。二极管的命名方法参见 1.4 节。

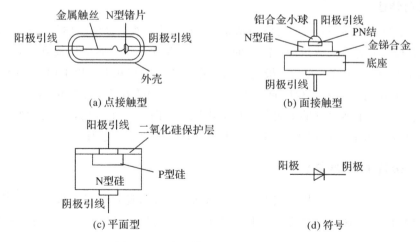

(a) 点接触型

(b) 面接触型

(c) 平面型

(d) 符号

图 1-11 半导体二极管的结构和符号

1.2.2 二极管的特性

从本质上讲，二极管是一个 PN 结，它具有单向导电特性。图 1-12 分别给出了 N 型锗材料二极管 2AP 的伏安特性曲线(图(a))和 N 型硅材料二极管 2CP 的伏安特性曲线(图(b))。其中,外加电压大于零为二极管的正向伏安特性,外加电压小于零为二极管的反向伏安特性。

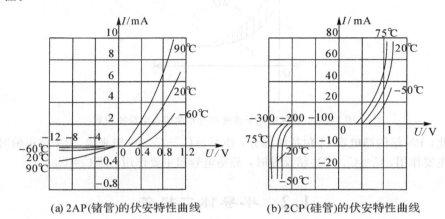

(a) 2AP(锗管)的伏安特性曲线 (b) 2CP(硅管)的伏安特性曲线

图 1-12 二极管的伏安特性曲线

1. 正向特性

正向电压低于某一数值时,正向电流很小,只有当正向电压高于某一值后,才有明显的正向电流。该电压称为开启电压或死区(门限)电压,用 U_{on} 表示。室温下,硅管的门限电压为 0.5 V,锗管的门限电压为 0.2 V。通常认为,当正向电压 $U<U_{on}$ 时,二极管截止;当 $U>U_{on}$ 时,二极管导通。二极管正向导通时,分析中通常认为,硅管的导通电压为 0.7 V,锗管的导通电压为 0.3 V。根据欧姆定律,在二极管正向导通状态下,加在其两端的电压和通过的电流已知时,可求取二极管的正向电阻。由图 1-12 可知,二极管的正向电阻是比较小的(约几百欧),而且不是常数,它随着管子两端电压的增加而迅速减小。

2. 反向特性

二极管加反向电压时,反向电流数值很小,且基本不变,该电流称为反向饱和电流。硅管的反向饱和电流为纳安数量级,锗管的为微安数量级。当反向电压加到一定值时,反向电流急剧增加,产生击穿。普通二极管反向击穿电压一般在几十伏以上(高反压管可达几千伏)。二极管的反向饱和电流和反向电压关系不大,但却随着环境温度的增加而增大。二极管在反向电压作用下所呈现的电阻称为反向电阻。由图 1-12 可见,二极管的反向电阻比较大(几十千欧至几百千欧以上),在某一温度下,可认为是一定值。

1.2.3 二极管的主要参数

二极管的特性不仅可以用伏安特性曲线来表示,而且还可通过二极管的参数反映其性能。不同结构的二极管的用途及参数不尽相同。下面扼要介绍二极管的常用技术参数。

1. 最大整流电流 I_F

最大整流电流 I_F 是二极管允许通过的最大正向平均电流。工作时应使平均工作电流小于 I_F,如超过 I_F,二极管的单向导电特性会严重变差,或将因过热而烧毁。此值取决于 PN 结的面积、材料和散热情况。对于 1N4148 而言,其最大整流电流为 200 mA。

2. 最大反向工作电压 U_R

最大反向工作电压 U_R 是二极管允许的最大工作电压。当反向电压超过此值时，二极管可能被击穿。为了留有余地，通常取击穿电压的一半作为 U_R。1N4148 的最大反向工作电压为 75 V。

3. 反向电流 I_R

反向电流 I_R 指二极管未击穿时的反向电流值。此值越小，二极管的单向导电性越好。由于反向电流是由少数载流子形成的，所以 I_R 受温度的影响很大。当 1N4148 的反向工作电压为 20 V 时，25℃ 对应的最大反向电流为 25 nA，150℃ 对应的最大反向电流为 50 μA。

4. 最高工作频率 f_M

最高工作频率 f_M 指二极管的上限截止频率。超过该频率，二极管的单向导电性将受到破坏。f_M 的值主要取决于 PN 结结电容的大小，结电容越大，则二极管允许的最高工作频率越低。1N4148 的工作频率为 1 MHz。

5. 二极管的直流电阻 R_D

加到二极管两端的直流电压与流过二极管的电流之比，称为二极管的直流电阻 R_D，即 $R_D = U_F/I_F$。此值可由二极管特性曲线求出，如图 1-13 所示。在工作点 Q 处，电压 $U_F = 1.5$ V，电流 $I_F = 50$ mA，则

$$R_D = \frac{U_F}{I_F} = \frac{1.5}{50 \times 10^{-3}} = 30 \ \Omega$$

6. 二极管的交流电阻 r_d

在二极管直流工作点附近，电压的微变值 ΔU 与相应的电流微变值 ΔI 之比，称为该点的交流电阻 r_d，即 $r_d = \Delta U/\Delta I = \mathrm{d}U/\mathrm{d}I$。从其几何意义上讲，当 $\Delta U \to 0$ 时，r_d 就是工作点 Q 处的切线斜率倒数。显然，r_d 也是非线性的，即工作电流越大，r_d 越小。交流电阻 r_d 也可从特性曲线上求出，如图 1-14 所示。过 Q 点作切线，在切线上任取两点 A、B，查出这两点间的 ΔU 和 ΔI，则得

$$r_d = \frac{\Delta U}{\Delta I} \bigg|_{I_{DQ},\,U_{DQ}} = \frac{2-1}{(80-0) \times 10^{-3}} = 12.5 \ \Omega$$

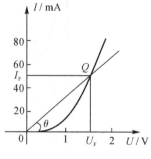

图 1-13 求直流电阻

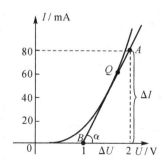

图 1-14 求交流电阻

对同一工作点而言，直流电阻 R_D 大于交流电阻 r_d；对不同工作点而言，工作点愈高，R_D 和 r_d 愈低。

1.2.4 二极管的应用

二极管的应用基础是二极管的单向导电性。因此，在分析电路中，关键是判断二极管的工作状态：导通或截止。普通二极管导通时，硅管用 0.7 V（锗管用 0.3 V）的电压源来等效。对于理想二极管而言，正向导通视其短路，反向截止视其断路。二极管的整流电路放在第 5 章直流电源中讨论。

1. 限幅电路

当输入信号电压在一定范围内变化时，输出电压随输入电压相应变化；而当输入电压超出该范围时，输出电压保持不变，这就是限幅电路。通常将输出电压开始不变的电压值称为限幅电平，当输入电压高于限幅电平时，输出电压保持不变的限幅称为上限幅；当输入电压低于限幅电平时，输出电压保持不变的限幅称为下限幅。根据负载输出和二极管的关系，将限幅电路分为如图 1-15 所示的并联二极管上限幅电路（图(a)）、并联二极管下限幅电路（图(b)）、串联二极管上限幅电路（图(c)）和串联二极管下限幅电路（图(d)）四种。

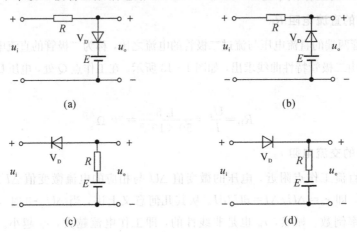

图 1-15 限幅电路

限幅电路的工作原理大致相同，下面以并联二极管上限幅电路来说明其工作原理，其输入/输出波形如图 1-16 所示。另外，改变 E 值就可改变限幅电平。

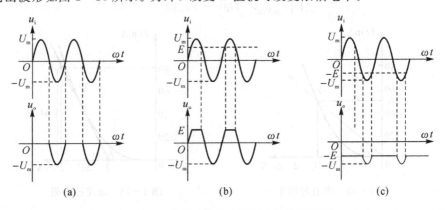

图 1-16 并联二极管上限幅电路波形关系

设二极管为理想二极管，若 $E=0$ V，限幅电平为 0 V。$u_i>0$ V 时二极管导通，$u_o=0$ V；

$u_i < 0$ V 时二极管截止，$u_o = u_i$。其波形如图 1－16(a)所示。

如果 $0 < E < U_m$，则限幅电平为 E。$u_i < E$ 时二极管截止，$u_o = u_i$；$u_i > E$ 时二极管导通，$u_o = E$。其波形如图 1－16(b)所示。

如果 $-U_m < E < 0$，则限幅电平为 $-E$。其波形如图 1－16(c)所示。

2. 逻辑门电路

二极管还可以实现一定的逻辑运算。图 1－17 为二极管逻辑"与"运算电路，只有一路输入低电平信号(电压接近 0 V)，输出即为低电平，仅当全部输入为高电平时(电压接近 U_{CC})，输出才为高电平。

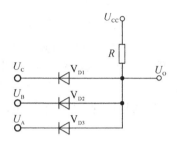

图 1－17　二极管"与"门电路

1.2.5　其他二极管

1. 稳压二极管

稳压二极管也是一种晶体二极管，它是利用 PN 结的击穿区具有稳定电压的特性来工作的。其特点是管子击穿后，两端的电压基本保持不变。这样把稳压二极管接入电路后，若由于电源电压 U_i 发生波动，或因 R_L 变化造成电路中各点电压波动时，负载两端的电压 U_o 将基本保持不变，如图 1－18 所示。稳压二极管用 V_{DZ} 表示，其伏安特性和图形符号如图 1－19 所示。

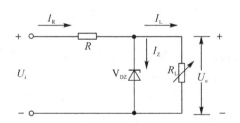

图 1－18　稳压管电路图

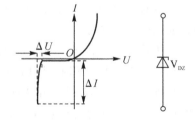

图 1－19　稳压二极管的伏安特性和图形符号

根据应用需要，稳压二极管的工作参数主要有以下几个。

1) 稳定电压 U_Z

稳定电压是稳压管工作在反向击穿区时的稳定工作电压。由于稳定电压随着工作电流的不同而略有变化，因而测试 U_Z 时应使稳压管的电流为规定值。稳定电压 U_Z 是根据要求挑选稳压管的主要依据之一。不同型号的稳压管，其稳定电压值不同。同一型号的管子，由于制造工艺的分散性，各个管子的 U_Z 值也有差别。例如稳压管 2DW7C，其 $U_Z = 6.1 \sim 6.5$ V，表明均为合格产品，其稳定值有的管子是 6.1 V，有的可能是 6.5 V 等，但这并不意味着同一个管子的稳定电压的变化范围有如此大。

2）稳定电流 I_Z

稳定电流 I_Z 是稳压管在正常工作时的参考电流值，它通常有一定的范围，即 $I_{Zmin} < I_Z < I_{Zmax}$。低于 I_{Zmin} 时稳压效果较差，工作时应使流过稳压管的电流大于此值。一般情况下，工作电流较大时，稳压性能较好。但电流要受管子功耗的限制，稳压管流过的最大电流应小于稳压管的最大稳定电流 I_{Zmax}。

3）电压温度系数 σ

电压温度系数 σ 指稳压管温度变化 1℃时，所引起的稳定电压变化的百分比。一般情况下，稳定电压大于 7 V 的稳压管，σ 为正值，即当温度升高时，稳定电压值增大。例如 2CW17，$U_Z = 9 \sim 10.5$ V，$\sigma = 0.09\%/℃$，说明当温度升高 1℃时，稳定电压增大 0.09%。而稳定电压小于 4 V 的稳压管，σ 为负值，即当温度升高时，稳定电压值减小。例如 2CW11，$U_Z = 3.2 \sim 4.5$ V，$\sigma = -(0.05\% \sim 0.03\%)/℃$，表明当温度升高 1℃时，稳定电压减小 0.05%。稳定电压在 4~7 V 的稳压管，其 σ 值较小，性能比较稳定。

4）动态电阻 r_Z

动态电阻 r_Z 是稳压管工作在稳压区时，两端电压变化量与电流变化量之比，即 $r_Z = \Delta U/\Delta I$。r_Z 值越小，则稳压性能越好。同一稳压管，一般工作电流越大，r_Z 值越小。通常手册上给出的 r_Z 值是在规定的稳定电流之下测得的数值。

5）额定功耗 P_Z

由于稳压管两端的电压值为 U_Z，而管子中又流过一定的电流，因此要消耗一定的功率。这部分功耗转化为热能，会使稳压管发热。P_Z 取决于稳压管允许的温升。

在众多的稳压二极管中，2DW7 系列的稳压管是一种具有温度补偿效应的稳压管，用于电子设备的精密稳压源中。它实际上将两个温度系数相反的二极管对接在一起，当温度变化时，两个二极管的温度系数相互抵消，从而提高了稳压管的稳定性。

稳压二极管在反向击穿前的导电特性，与普通二极管相似，因而下面重点介绍稳压二极管与普通二极管的区分方法。

常用稳压管外形与普通小功率二极管相似，当其标志清楚时，可根据型号及其代表符号进行鉴别；当其标志脱落时，使用 500 型万用表也可很方便地鉴别出来。首先把二极管的正、负极判断出来，然后将万用表拨至 $R \times 10k$ 挡上，黑表笔接二极管的负极，红表笔接二极管的正极，若此时的反向电阻值变得很小（与使用 $R \times 1k$ 挡测出的值相比较），说明该管为稳压管；反之，若测出的反向电阻值仍很大，说明该管为整流二极管。这是因为，万用表的 $R \times 1$、$R \times 10$、$R \times 100$、$R \times 1k$ 挡，内部使用的电流电压为 1.5 V，一般不会将二极管击穿，所以测出的反向电阻值比较大。而用 $R \times 10k$ 挡时，内部电池的电压一般都在 9 V 以上。当被测稳压管的击穿电压低于该值时，可以被反向击穿，使其电阻大大减小。但是，对于击穿电压较大的稳压管，此方法检测不出。

2. 发光二极管

发光二极管简称 LED，由含镓、砷、磷、氮等的化合物制成。从本质上讲，它与普通二极管一样，也是由 PN 结构成的。当外加正向电压时，电子便与空穴复合从而辐射出可见光。其中砷化镓二极管发红光，磷化镓二极管发绿光，碳化硅二极管发黄光，氮化镓二极管发蓝光。发光二极管的图形符号如图 1－20 所示。

图 1－20　发光二极管的图形符号

发光二极管通常有以下几种：

（1）普通发光二极管。该类二极管工作在正向偏置状态。一般正向电阻在 15 kΩ 左右，反向电阻无穷大。

（2）红外线发光二极管。该类二极管工作在正向偏置状态。一般正向电阻在 30 kΩ 左右，反向电阻无穷大。

（3）激光二极管。正向电阻在 20～30 kΩ 左右，反向电阻无穷大。

发光二极管直接把电能转换成光能，当在其两端加上适当的电压时就能发光。一般来说，发光二极管都必须串联限流电阻来使用，不能直接接在电源上，否则将会很快烧坏。发光二极管的正向工作电流在 2～20 mA 时就能点亮，亮度会随电流增大而增大。正常使用时，其正向电流最好控制在 5～10 mA。另外，可利用多个发光二极管制成数码管和阵列显示器。

对于新的发光二极管而言，它有两个引脚，其中长引脚是正极，短引脚是负极。很多发光二极管的管身外圆上有一小段直线，该直线所在的引脚为负极。

3．光电二极管

光电二极管又称光敏二极管，这种二极管工作在反向偏置状态。它的管壳上有一个玻璃窗口，以便接收光照。光电二极管的图形符号如图 1－21 所示。当无光照射时，它的伏安特性和普通二极管一样，反向电流很小，称为暗电流。当有光照时，半导体共价键中的电子获得了能量，产生的电子—空穴对增多，反向电流增加，且在一定的反向电压范围内，反向电流与光照强度成正比关系。正常的光电二极管正向电阻为几千欧，反向电阻无穷大。光电二极管的基本型号为 2CU 和 2DU 系列。它广泛应用于光纤通信、红外线遥控器、光电耦合器、控制伺服电机转速的检测以及光电读出装置等场合。

图 1－21　光电二极管的图形符号

4．光电耦合器件

将发光二极管和光敏元件组合构成光电耦合器件，它以光为媒介实现电信号的传递，如图 1－22 所示。光电耦合器件既可用来传递模拟信号，也可作为开关器件使用。它具有抗干扰、隔噪声、速度快、耗能低等优点，因而在各种电子设备上得到了广泛应用。

5．变容二极管

利用 PN 结的势垒电容随外加反向电压变化而变化的特性可制成变容二极管，它工作在反向偏置状态。变容二极管的图形符号如图 1－23 所示。变容二极管的容量很小，为皮法级，主要用于电视机的调谐电路等一些高频场合。

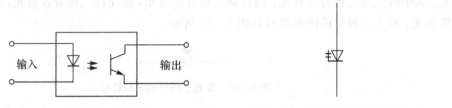

图 1-22 光电耦合器件　　　　图 1-23 变容二极管的图形符号

1.3 半导体三极管

半导体三极管又称晶体三极管，是非常重要的一种半导体器件。图 1-24 是一组常见的三极管的外形图。为了更好地理解三极管的外部特性，下面在简单介绍三极管的结构和载流子运动规律的基础上，来研究三极管的特性曲线和工作参数。

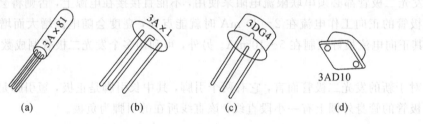

图 1-24 三极管的几种常见外形

1.3.1 三极管的结构及类型

在半导体上制造出三个掺杂区域，并形成两个 PN 结，就构成了三极管。它包含发射区、基区和集电区三个区，并相应地引出三个电极，即发射极（e）、基极（b）和集电极（c）。同时，在三个区的两两交界处形成两个 PN 结，分别称为发射结和集电结。常用的半导体材料有硅和锗，根据不同的掺杂方式，共有四种类型的三极管，对应的型号分别为 3A（锗 PNP）、3B（锗 NPN）、3C（硅 PNP）和 3D（硅 NPN）四种系列。图 1-25（a）为 NPN 型三极管对应的结构示意图和图形符号，图 1-25（b）为 PNP 型三极管对应的结构示意图和图形符号。三极管采用文字符号 V 来表示。

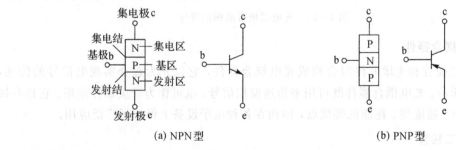

(a) NPN型　　　　　　　　　　　　(b) PNP型

图 1-25 三极管的结构示意图和图形符号

三极管通常作为放大器件，对输入信号进行放大。根据输入信号和输出信号所处的位置不同，晶体三极管可以组成三种形式的放大电路，它们分别是共基极放大电路（如图

1-26(a)所示)、共发射极放大电路(如图 1-26(b)所示)、共集电极放大电路(如图 1-26(c)所示)。共基极放大电路的特点是输入信号位于发射极上,输出信号位于集电极上,基极为公共端,该类型电路只能放大电压而不能放大电流信号;共发射极放大电路的输入信号位于基极上,输出信号位于集电极上,发射极为公共端,该类型电路既能放大电流又能放大电压信号;共集电极放大电路的输入信号位于基极上,输出信号位于发射极上,集电极为公共端,该类型电路只能放大电流而不能放大电压信号。三种电路无论是实现小信号的电流放大还是电压放大,最终电路体现为实现输入信号的功率放大。

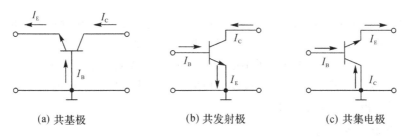

| (a) 共基极 | (b) 共发射极 | (c) 共集电极 |

图 1-26　三极管的三种连接方式

1.3.2　三极管的基本工作原理

三极管是实现对模拟信号放大的基本电子元件。要使得晶体三极管具有放大作用,在制造三极管时,其结构特点为高掺杂的发射区、很薄的基区及面积较大的集电区(称其为具有放大能力的内部条件)。应用时要使发射结处于正向偏置,集电结处于反向偏置(称其为具有放大能力的外部条件)。下面从内部载流子的运动与外部电流的分配关系上做进一步分析。

1. 载流子的传输过程

图 1-27 为三极管中载流子的传输过程。在输入回路中加入基极电源 U_{BB}(大于零)保证发射结处于正向偏置,R_b 为基极电阻;在输出回路中加入集电极电源 U_{cc} 保证集电结反偏,R_c 为集电极电阻。晶体管的放大作用表现为小的基极电流可以控制大的集电极电流。三极管中载流子的传输主要通过以下三个过程来实现。

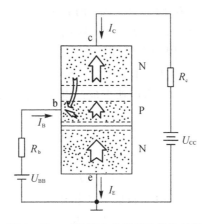

图 1-27　三极管中载流子的传输过程

1）发射区向基区发射电子

对于 NPN 型三极管而言，发射区自由电子（多数载流子）的浓度高，而基区内自由电子（少数载流子）的浓度低，此时自由电子要从浓度高的发射区向浓度低的基区扩散。由于发射结外加正向电压，发射区自由电子的扩散运动加强，不断扩散到基区，并不断从电源补充电子，从而形成发射极电流 I_E。同样的，基区的空穴（多数载流子）也要向发射区扩散，但由于基区的空穴浓度比发射区自由电子小得多，因此空穴电流很小，可忽略不计。

2）基区的扩散和复合

从发射区扩散到基区的自由电子最初都聚集在发射结附近，靠近集电结的自由电子很少，这便产生了浓度上的差别，因而从发射区扩散过来的自由电子将向集电结方向继续扩散。在扩散过程中，一部分自由电子不断与基区的多数载流子空穴相遇而复合。由于基区接电源 U_{BB} 的正极，不断补充基区上被复合掉的空穴，从而形成基极电流 I_{BN}。扩散和复合的比例决定了三极管的放大能力。

3）集电极收集电子的过程

由于集电结外接反向电压，这将阻挡集电区的自由电子向基区扩散，但使得扩散到集电结边缘的电子很快漂移到集电区，从而形成电流 I_{CN}，它基本上等于集电极电流 I_C。

除此以外，由于集电结接反向电压，集电区的少数载流子空穴和基区的少数载流子电子将向对方运动，形成电流 I_{CBO}。这个电流值很小，它是构成集电极电流和基极电流的一小部分，但受温度影响较大。

2. 电流分配

晶体三极管中的载流子运动和电流分配关系如图 1-28 所示。

集电极电流 I_C 由 I_{CN} 和 I_{CBO} 两部分组成，前者是由发射区发射的电子被集电极收集后形成的，后者是由集电区和基区的少数载流子漂移运动形成的，称为反向饱和电流。于是有

$$I_C = I_{CN} + I_{CBO} \tag{1-4}$$

发射极电流 I_E 也由 I_{EN} 和 I_{BP} 两部分组成。前者为发射区发射的电子所形成的电流，后者是由基区向发射区扩散的空穴所形成的电流。因为发射区是重掺杂，

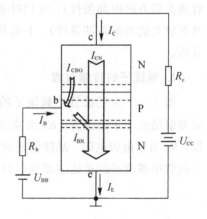

图 1-28 三极管电流分配

所以 $I_{BP} \approx 0 \ \mu A$，即 $I_E \approx I_{EN}$。对于 I_{EN} 而言，它又分成两部分，主要部分是 I_{CN}，极少部分是 I_{BN}。其中 I_{BN} 是电子在基区与空穴复合时所形成的电流，基区空穴是由电源 U_{BB} 提供的，故它是基极电流的一部分：

$$I_E \approx I_{EN} = I_{CN} + I_{BN} \tag{1-5}$$

基极电流 I_B 是 I_{BN} 与 I_{CBO} 之差：

$$I_B = I_{BN} - I_{CBO} \tag{1-6}$$

从外部看，三极管的三个极的电流满足节点电流定律，即

$$I_E = I_C + I_B \tag{1-7}$$

3. 晶体管的电流放大倍数

发射区注入的电子绝大多数能够到达集电极，形成集电极电流，即要求 $I_{CN} \gg I_{BN}$。通常用共基极直流电流放大系数衡量上述关系，用 $\bar{\alpha}$ 来表示，其定义为

$$\bar{\alpha} = \frac{I_{CN}}{I_{EN}} = \frac{I_{CN}}{I_E} \tag{1-8}$$

一般三极管的 $\bar{\alpha}$ 值为 0.97～0.99。将式(1-8)代入式(1-4)，可得

$$I_C = I_{CN} + I_{CBO} = \bar{\alpha} I_E + I_{CBO} \tag{1-9}$$

通常 $I_C \gg I_{CBO}$，可将 I_{CBO} 忽略，由上式可得出

$$\bar{\alpha} \approx \frac{I_C}{I_E} \tag{1-10}$$

将式(1-7)代入式(1-9)得

$$I_C = \bar{\alpha}(I_C + I_B) + I_{CBO}$$

经过整理后得

$$I_C = \frac{\bar{\alpha}}{1 - \bar{\alpha}} I_B + \frac{1}{1 - \bar{\alpha}} I_{CBO} \tag{1-11}$$

令

$$\bar{\beta} = \frac{\bar{\alpha}}{1 - \bar{\alpha}}$$

可得

$$I_C = \bar{\beta} I_B + (1 + \bar{\beta}) I_{CBO} = \bar{\beta} I_B + I_{CEO} \tag{1-12}$$

式中，I_{CEO} 称为穿透电流。

当 $I_C \gg I_{CBO}$ 时，

$$\bar{\beta} = \frac{I_C}{I_B} \tag{1-13}$$

$\bar{\beta}$ 称为共发射极直流电流放大系数，反映了电流的放大能力。

β 是集电极电流与基极电流的变化量之比，称为共发射极交流电流放大系数。一般三极管的 β 约为几十至几百。β 太小，管子的放大能力就差；而 β 过大，则管子不够稳定。

表 1-1 是通过实验方法测得的基本共射放大电路中三极管电流关系的一组典型数据。从该组数据中可以得到以下结论：

(1) 基极电流非常小，通常是微安量级，而集电极的电流较大，是毫安量级，发射极电流为基极电流和集电极电流之和，其值最大。即 $I_B \ll I_C < I_E$，$I_C \approx I_E$。

(2) 直流状态下，当 $I_B = 0.03$ mA $= 30$ μA 时，$I_C = 1.74$ mA，$I_E = 1.77$ mA。此时，共发射极直流电流放大系数 $\bar{\beta} = I_C / I_B = 1.74/0.03 = 58$，共基极直流电流放大系数 $\bar{\alpha} = 1.74/1.77 = 0.983$。交流状态下，在 $I_B = 0.03$ mA 附近，设 I_B 由 0.02 mA 变为 0.04 mA，可求得共发射极交流电流放大系数 $\beta = \Delta I_C / \Delta I_E = (2.33 - 1.14)/(0.04 - 0.02) = 59.5$，共基极交流电流放大系数 $\alpha = (2.33 - 1.14)/(2.37 - 1.16) = 0.983$。对于三极管而言，共发射极直流电流放大系数近似等于共发射极交流电流放大系数，共基极直流电流放大系数近似等于共基极交流电流放大系数，即 $\beta \approx \bar{\beta}$，$\alpha \approx \bar{\alpha}$。

(3) 共发射极交流电流放大系数与共基极交流电流放大系数的关系为

$$\beta = \frac{\Delta I_C}{\Delta I_B} = \frac{\Delta I_C}{\Delta I_E - \Delta I_C} = \frac{\Delta I_C / \Delta I_E}{1 - \Delta I_C / \Delta I_E} = \frac{\alpha}{1 - \alpha}$$

将 $\beta = 59.5$，$\alpha = 0.983$ 代入上式中可以得到验证。

表 1-1　三极管电流关系的一组典型数据

I_B/mA	−0.001	0	0.01	0.02	0.03	0.04	0.05
I_C/mA	0.001	0.01	0.56	1.14	1.74	2.33	2.91
I_E/mA	0	0.01	0.57	1.16	1.77	2.37	2.96

1.3.3　三极管的特性曲线

三极管的特性曲线是指三极管各极间电压与电流的关系曲线，它是三极管内部载流子运动的外部表现。从应用角度来看，外部特性显得尤为重要。下面以一个三极管组成的共发射极测试电路为例来分析其特性曲线，如图 1-29 所示。

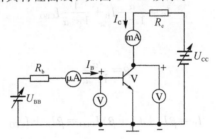

图 1-29　三极管共发射极测试电路

三极管的特性曲线有输入特性曲线和输出特性曲线。输入回路的基极电流 I_B 和基射极间的电压 U_{BE} 通过微安电流计和电压表来测量，输出回路的集电极电流 I_C 和集射极间的电压 U_{CE} 通过毫安电流表与电压表来测量。

1. 输入特性

当 U_{CE} 不变时，输入回路中的电流 I_B 与电压 U_{BE} 之间的关系曲线称为输入特性，即

$$I_B = f(U_{BE}) |_{U_{CE} = \text{常数}}$$

输入特性曲线如图 1-30 所示。

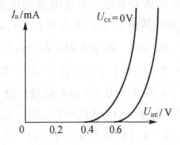

图 1-30　三极管的输入特性

当 $U_{CE} = 0$ V 时，相当于集电极与发射极短路，即发射结与集电结并联。因此，输入特性曲线与 PN 结的特性曲线一样呈指数关系。

当 $0 < U_{CE} \leqslant 1$ V 增大时，曲线将右移。原因是由于发射区注入基区的部分电子越过基区和集电结形成集电极电流 I_C，使得在基区参与复合运动的电子随 U_{CE} 的增大而减小；为了获得与 $U_{CE} = 0$ V 时同样大的基极电流 I_B，就必须增大 U_{BE}，使发射区向基区发射更多的电子。

当 $U_{CE} > 1$ V 时，在一定的 U_{BE} 条件下，集电结的反偏足以将发射到基区的电子全部吸收到集电极，此时，即使 U_{CE} 再继续增大，I_B 也变化不大。因此，当 $U_{CE} > 1$ V 时，不同的 U_{CE} 的多条输入特性曲线几乎重叠在一起。对于小功率管，可以用 $U_{CE} > 1$ V 的任何一条曲线来近似表示 $U_{CE} > 1$ V 的所有曲线。在实际应用过程中，三极管的 U_{CE} 常常大于 1 V，因而 $U_{CE} > 1$ V 的曲线更接近电路的工作状况。

由输入特性还可以看出，同二极管一样，三极管的输入特性曲线是非线性的，三极管输入特性也有一段死区，只有在发射结电压大于死区电压时，基极才产生基极电流。硅管的死区电压约为 0.5 V，锗管的死区电压约为 0.1 V。三极管在正常工作情况下，NPN 型硅管的发射结导通电压为 0.6～0.7 V。

2. 输出特性

当输入回路的基极电流 I_B 不变时，输出回路中的集电极电流 I_C 与电压 U_{CE} 之间的关系曲线称为输出特性，即

$$I_C = f(U_{CE}) \big|_{I_B = 常数}$$

以 NPN 型三极管为例，其输出特性曲线如图 1-31 所示。

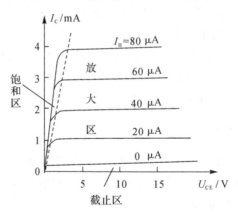

图 1-31　三极管的输出特性

由三极管的输出特性曲线可以看出，固定一个 I_B 值，可得到一个输出特性曲线，改变 I_B 值，可以得到一族输出特性曲线。按照三极管工作状态的不同，可以将三极管分为三个工作区域：截止区、放大区和饱和区。

1) 截止区

一般将 $I_B \leqslant 0$ 的区域称为截止区，位于图中 $I_B = 0$ μA 的一条曲线的以下部分。此时 I_C 也近似为零，故三极管没有放大作用。其实 I_B 为零时，I_C 并不等于零，而是等于穿透电流 I_{CEO}。

一般硅三极管的穿透电流小于 1 μA，在特性曲线上无法表示出来。锗三极管的穿透电流约几十微安至几百微安。

当发射结反向偏置时，发射区不再向基区注入电子，则三极管处于截止状态。所以，在截止区，三极管的两个 PN 结均处于反向偏置状态。对 NPN 型三极管，$U_{BE} < 0$，$U_{BC} < 0$。

2）放大区

此时，发射结正向偏置，集电结反向偏置。在曲线上是比较平坦的部分，表示当 I_B 一定时，I_C 的值基本上不随 U_{CE} 而变化。在这个区域内，当基极电流发生微小的变化量 ΔI_B 时，相应的集电极电流将产生较大的变化量 ΔI_C，此时二者的关系为 $\Delta I_C = \beta \Delta I_B$，该式体现了三极管的电流放大作用。

对于 NPN 三极管，工作在放大区时 $U_{BE} \geqslant 0.7$ V，而 $U_{BC} < 0$ V。如果以发射极为参考电位，则三极管的三个极的电势关系依次为 $U_C > U_B > U_E = 0$ V。

3）饱和区

曲线靠近纵轴附近，各条输出特性曲线的上升部分属于饱和区。在这个区域，不同 I_B 值的各条特性曲线几乎重叠在一起，即当 U_{CE} 较小时，管子的集电极电流 I_C 基本上不随基极电流 I_B 而变化，这种现象称为饱和。此时，三极管失去了放大作用，$I_C = \overline{\beta} I_B$ 或 $\Delta I_C = \beta \Delta I_B$ 关系不成立。

一般认为 $U_{CE} = U_{BE}$，即 $U_{CB} = 0$ V 时，三极管处于临界饱和状态，当 $U_{CE} < U_{BE}$ 时称为过饱和。三极管饱和时的管压降用 U_{CES} 表示。在深度饱和时，小功率管的管压降通常小于 0.3 V。

三极管工作在饱和区时，发射结和集电结都处于正向偏置状态。对 NPN 型三极管，$U_{BE} > 0$，$U_{BC} > 0$，此时三极管的三个极的电势关系为 $U_B > U_C$，$U_B > U_E$。

通过三极管的输出特性可知，三极管可以工作在放大电路和开关电路两种电路中。其中，在三极管开关电路中，三极管从截止状态迅速通过放大状态进入饱和状态，或者从饱和状态迅速转为截止状态，而不在放大状态停留。

1.3.4　三极管的主要参数

三极管的特性除用特性曲线表示外，还可用一组数据来说明，这些数据就是三极管的工作参数。了解三极管的工作参数，是合理选用器件设计电路的基础。其主要参数有以下几个。

1. 电流放大系数 β、$\overline{\beta}$、α、$\overline{\alpha}$

1）共发射极交流电流放大系数 β

β 是指在基本共发射极电路中，当 U_{CE} 为常数时，集电极电流变化量 ΔI_C 与基极电流变化量 ΔI_B 之比，即

$$\beta = \frac{\Delta I_C}{\Delta I_B}\bigg|_{U_{CE} = 常数}$$

β 体现了共射极接法的电流放大作用。

2）共发射极直流电流放大系数 $\overline{\beta}$

在忽略反向饱和电流 I_{CBO} 时，$\overline{\beta}$ 为

$$\overline{\beta} = \frac{I_C - I_{CBO}}{I_B} \approx \frac{I_C}{I_B}$$

3）共基极交流电流放大系数 α

α 是指在基本共基极电路中，当 U_{BE} 为常数时，集电极电流变化量 ΔI_C 与发射极电流变化量 ΔI_E 之比，即

$$\alpha = \frac{\Delta I_C}{\Delta I_E}\bigg|_{U_{BE}=常数}$$

α 体现了共基极接法的电流放大作用。

4）共基极直流电流放大系数 $\bar{\alpha}$

在忽略反向饱和电流 I_{CBO} 时，$\bar{\alpha}$ 为

$$\bar{\alpha} = \frac{I_C - I_{CBO}}{I_E} \approx \frac{I_C}{I_E}$$

2．极间反向电流

1）集电极—基极反向饱和电流 I_{CBO}

I_{CBO} 是当发射极开路时，由于集电结处于反向偏置，集电区和基区中的少数载流子向对方运动所形成的电流。I_{CBO} 受温度影响大。一般硅管在温度稳定性方面胜于锗管。在使用过程中，要求 I_{CBO} 越小越好。图 1-32（a）为 I_{CBO} 的测量电路。

2）集电极—发射极反向饱和电流 I_{CEO}

I_{CEO} 是指当将基极开路，集电结处于反向偏置和发射结处于正向偏置时的集电极电流。该电流又称为三极管的穿透电流。一般来说，硅管的 I_{CEO} 约为几微安，锗管的 I_{CEO} 约为几十微安，在使用过程中，其值越小越好。图 1-32（b）为 I_{CEO} 的测量电路。

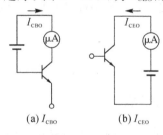

(a) I_{CBO}　　　(b) I_{CEO}

图 1-32　三极管极间反向电流的测量

3．极限参数

1）集电极最大允许电流 I_{CM}

图 1-33 为三极管的放大系数 β 与集电极电流 I_C 的变化关系。可以看出，I_C 超过一定数值时，β 值要下降。当 β 降为正常数值的 2/3 时对应的集电极电流，称为集电极最大允许电流 I_{CM}。在使用三极管的过程中，要求 $I_C < I_{CM}$，否则三极管的放大能力会受到影响。

2）集电极最大允许功率损耗 P_{CM}

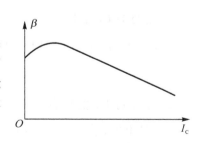

图 1-33　β 与 I_C 关系曲线

当三极管正常工作时，管子两端电压为 U_{CE}，集电极电流为 I_C，因此集电极损耗的功率为 $P_C = I_C U_{CE}$。

由于集电极电流在流经集电结时将产生热量，使结温升高，从而会引起三极管参数变

化。如果结温过高,将出现管子特性变坏甚至烧毁的后果。因此定义三极管因受热而引起的参数变化不超过允许值时,集电极所消耗的最大功率为集电极最大允许功率损耗 P_{CM}。对于确定型号的三极管,P_{CM} 为一确定值,即 $P_{CM} = I_C U_{CE} = $ 常数,在输出特性曲线上为一条曲线,如图 1-34 所示(曲线上方为过损耗区)。因此,在选用三极管的过程中,特别是大功率管,要注意它的工作条件,通过采用散热措施保证集电极损耗的功率要小于 P_{CM}。

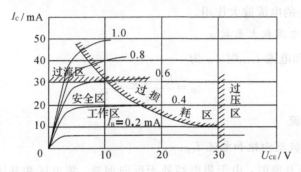

图 1-34 三极管的安全工作区

4. 反向击穿电压

三极管某一极开路时,另外两个电极间所允许的最高反向电压称为反向击穿电压。

$U_{(BR)CBO}$ 是发射极开路时,集电极—基极间的反向击穿电压。

$U_{(BR)CEO}$ 是基极开路时,集电极—发射极间的反向击穿电压。

$U_{(BR)CES}$ 是基射极间短路时,集电极—发射极间的反向击穿电压。

$U_{(BR)EBO}$ 是集电极开路时,发射极—基极间的反向击穿电压,此电压一般较小,仅有几伏左右。

上述电压一般存在如下关系:

$$U_{(BR)CBO} > U_{(BR)CES} > U_{(BR)CEO} > U_{(BR)EBO}$$

1.3.5 温度对三极管参数的影响

由于三极管是半导体元件,所以它的工作参数几乎都与温度有关。对于电子电路,如果三极管的热稳定性问题处理不妥,将直接影响电路的应用。因此,了解温度对三极管参数的影响非常必要。

1. 温度对 U_{BE} 的影响

当温度升高时,发射结内的载流子浓度升高,造成发射结的结电压下降。其变化关系为

$$\frac{\Delta U_{BE}}{\Delta T} = -2.5 \text{ mV/℃}$$

2. 温度对 I_{CBO} 的影响

I_{CBO} 是由少数载流子形成的。当温度上升时,少数载流子增加,故 I_{CBO} 也上升。其变化规律是,温度每上升 10℃,I_{CBO} 约上升 1 倍。I_{CEO} 随温度的变化规律大致与 I_{CBO} 的相同。在输出特性曲线上,温度上升,曲线上移。

3. 温度对 β 的影响

β 随温度升高而增大,变化规律是:温度每升高 1℃,β 值增大 0.5%~1%。在输出特

性曲线图上,曲线间的距离随温度升高而增大。

综上所述,温度对 U_{BE}、I_{CBO}、β 的影响,均使 I_C 随温度上升而增加,这将严重影响三极管的工作性能。

1.4 能力训练

晶体管主要是二极管和三极管,应用相当广泛。就本质而言,它们均为由 PN 结组成的半导体器件。下面就其命名方法、极性判别以及应用等几个方面来介绍。

1.4.1 晶体二极管

1. 命名方法

根据《GB249—2017 半导体分立器件型号命名方法》技术标准规定,国产二极管的型号由五部分组成,具体含义如图 1-35 所示。其中,第二部分的极性是针对载流子而言的:如果材料以电子载流子导电为主,那么就叫 N 型;如果以空穴载流子导电为主,那么就叫 P 型。常见的国产整流二极管型号为 2CPXX(普通硅二极管)和 2CZXX(高、低频硅整流二极管)。

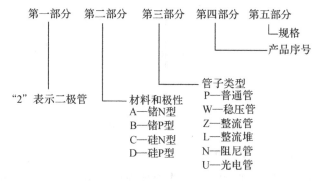

图 1-35 二极管命名规则

进口二极管采用 1N4XXX 方式标识二极管,其中 1N 表示 1 个 PN 结。例如:1N4001 是一款普通整流二极管,此管的反向电压为 50 V,正向电流为 1 A,正向压降小于 1.1 V;1N4148 是一款高速开关管,正向最大工作电流为 75 mA,正向压降为 0.7 V,反向峰值耐压为 100 V。

2. 极性判别

根据二极管的单向导电性可知,二极管在正向电压作用下,正向电阻较小,通过的电流较大;在反向电压作用下,反向电阻很大,通过的电流很小。这就是二极管的单向导电性。用二极管进行整流、检波就是利用了它的单向导电性。

利用万用表检验二极管的极性及其单向导电性能的好坏,就是通过测量它的电阻值来判断的。

将 500 型万用表拨在 $R \times 100$ 或 $R \times 1k$ 电阻挡上,两只表笔分别接触二极管的两个电极,若测出的电阻为几十欧至几千欧,则黑表笔所接触的电极为二极管的正极(+),红表笔所接触的电极为二极管的负极(-)。若测出来的电阻为几十千欧至几百千欧,则黑表笔所接触的电极为二极管的负极（一），红表笔所接触的电极为二极管的正极（＋）。对于塑料封装的整流二极管，靠近色环的引线（通常为白颜色）为负极。

通常二极管的正、反向电阻相差越悬殊，说明它的单向导电性越好。在检测时，若二极管的正、反向电阻都很大，说明其内部开路；若其正、反向电阻都很小，说明其内部有短路故障；如果两次差别不大，说明此管失效。这几种情况都说明二极管已损坏。

对于 1N4148 二极管可以采用直观法判别。1N4148 为玻璃封装的小功率普通二极管，其管身的一端印有黑色圆环，表明该端引脚为负极，另一端便为正极。

3. 应用

1）续流二极管在开关电路中的应用

图 1-36 为一开关电源的工作原理图。开关管 S 在导通时，电流从左到右流过电感，一方面给电容充电，另一方面给负载供电。电路开关管在断开时，电感线圈产生自感电动势，其端电压为右正左负，此时电流会经过负载和二极管 V_D 形成回路，从而对开关管进行保护。此时开关二极管称为续流二极管，该二极管绝对不允许开路，否则电路中的开关管将会烧坏，甚至电容器发生爆炸。

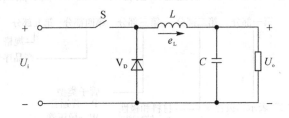

图 1-36 二极管在开关电源中的应用

2）变容二极管在调频电路中的应用

变容二极管常用于调频电路中，其工作原理为用调制信号去改变加在变容二极管上的反偏电压，以改变其结电容的大小，从而改变高频振荡频率的大小，达到调频的目的。由变容二极管结电容 C_j 变化实现调频的电路图如图 1-37 所示。其中变容二极管 2CC13F 电容变化范围为 60～230 pF。

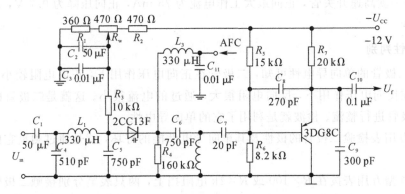

图 1-37 变容二极管在调频电路中的应用

3）二极管在整流电路中的应用

整流二极管是一种将交流电变为直流电的二极管，用于各种整流电路中。图 1-38 为由二极管组成的半波整流电路。整流二极管的常见型号为 2CZ11、2CP48、1N4001 等。

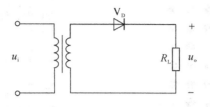

图 1-38　二极管在整流电路中的应用

4）二极管在光电耦合器中的应用

光电耦合器是以光为媒介传递信号的一种光电转换器件。它由发光源和受光器两部分组成，其中发光源利用发光二极管来实现。HCNR201 为一种由发光二极管 V_{D1} 和光敏二极管 V_{D2}、V_{D3} 组成的线性光电耦合器，内部电路如图 1-39(a)所示；4N25 是一种由发光二极管和光电晶体管组成的光电耦合器，内部电路如图 1-39(b)所示。

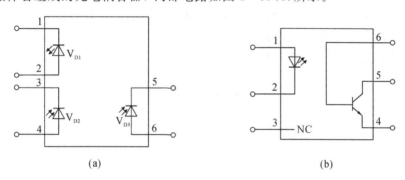

(a)　　　　　　　　　　(b)

图 1-39　二极管在光电耦合器中的应用

5）二极管在显示器中的应用

利用发光二极管可以组成七段字符显示器，又称 LED 数码管，按照数码管公共端的极性，数码管可分为共阴极数码管和共阳极数码管两种。如图 1-40 所示，图(a)为数码管外观图，图(b)为共阴极数码管，图(c)为共阳极数码管。另外，用多个发光数码管可以组成 LED 矩阵显示器，其外观图及内部电路图如图 1-41(a)、(b)所示。

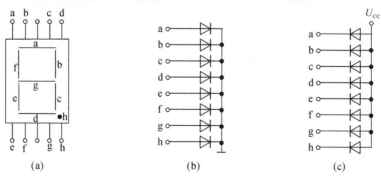

(a)　　　　　　　(b)　　　　　　　(c)

图 1-40　LED 数码管

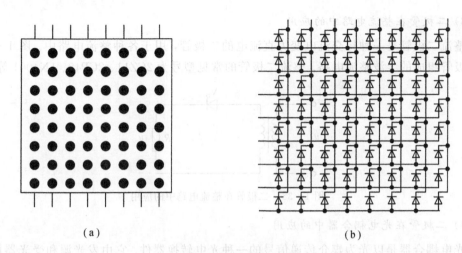

| (a) | (b) |

图 1-41 LED 矩阵显示器

6) 二极管在检波电路中的应用

检波电路中的二极管为检波二极管，它是用于把叠加到高频载波上的低频信号筛选出来的器件。该器件具有结电容低、工作频率高和反向电流小的特点，常见的型号为 2AP1553、1N34、1N60 等。检波电路如图 1-42 所示，V_{D1} 为检波二极管，C_1 为高频滤波电容，R_1 是负载电阻，C_2 是耦合电容。

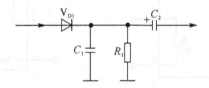

图 1-42 二极管在检波电路中的应用

1.4.2 晶体三极管

1. 命名方法

国产三极管的命名方法与二极管的类似，也由五部分组成，只是各部分代表的含义不同，第一个 3 表示三极管。国产三极管的常见型号如图 1-43 所示。

$$PNP 管 \begin{cases} 3AGXX(锗高频管) \\ 3AXXX(锗低频管) \\ 3AKXX(锗开关管) \\ 3ADXX(锗低频大功率管) \\ 3CGXX(硅高频小功率管) \\ 3CXXX(硅低频管) \end{cases} \qquad NPN 管 \begin{cases} 3DGXX(硅高频管) \\ 3DXXX(硅低频管) \\ 3DKXX(硅开关管) \\ 3DDXX(硅低频大功率管) \\ 3DAXX(硅高频大功率管) \\ 3BXXX(锗低频管) \end{cases}$$

图 1-43 国产三极管的常见型号

电路应用过程中，多采用国外元件厂家生产的 90XX 系列小功率三极管以及 8550、8050 型号的三极管，这些三极管基本涵盖了小功率三极管的常用用途。表 1-2 给出了此类型三极管的基本参数。

表 1－2　常用三极管参数

型号	极性	集电极最大耗散功率 P_{CM}/mW	集电极最大电流 I_{CM}/mA	集电极—发射极电压 U_{CEO}/V	特征频率 f_T/MHz	适合用途
9011	NPN	400	30	30	150	通用
9012	PNP	625	500	20	—	低频功放
9013	NPN	625	500	20	—	低频功放
9014	NPN	450	100	45	150	低噪放大
9015	PNP	450	100	45	150	低噪放大
9016	NPN	400	25	30	300	高频放大
9018	NPN	400	50	30	1000	高频放大
8050	NPN	1000	1500	25	100	功率放大
8550	PNP	1000	1500	25	100	功率放大

2. 管型判别和电极判别

1) 管型判别

所谓管型判别，是指判别一个三极管是 PNP 型还是 NPN 型，是硅管还是锗管；而管极判别，则是指分辨出它的 e、b、c 极。

对于标有型号的三极管，管型和电极采用目测法来判别。一般而言，三极管是 NPN 型还是 PNP 型应从管壳上标注的型号来辨别。依据技术标准规定，三极管型号的第二位(字母)，A、C 表示 PNP 型管，B、D 表示 NPN 型管。例如：

3AX 为 PNP 型低频小功率管，3BX 为 NPN 型低频小功率管；

3CG 为 PNP 型高频小功率管，3DG 为 NPN 型高频小功率管；

3AD 为 PNP 型低频大功率管，3DD 为 NPN 型低频大功率管；

3CA 为 PNP 型高频大功率管，3DA 为 NPN 型高频大功率管。

此外，还有国际流行的 9011～9018 系列高频小功率管，除 9012 和 9015 为 PNP 型管外，其余均为 NPN 型管。

2) 电极的判别

常用中小功率三极管有金属圆壳和塑料封装(半柱型)等外形，图 1－44 给出了三种典型三极管的外形和电极排列方式。

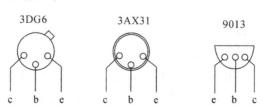

图 1－44　三极管的外形和电极排列方式

对于失掉型号的三极管，管型和电极的判别可利用万用表电阻挡进行确定。

判别电极时应首先确认基极。对于 NPN 型管，用黑表笔接假定的基极，用红表笔分别接触另外两个极，若测得电阻都小，约为几百欧至几千欧，而将黑、红两表笔对调，测得电阻均较大，在几百千欧以上，则此时黑表笔接的就是基极。PNP 型管情况正相反，测量时两个 PN 结都正偏的情况下，红表笔接基极。

实际上，小功率管的基极一般排列在三个管脚的中间，可用上述方法，分别将黑、红表笔接基极，既可测定三极管的两个 PN 结是否完好（与二极管 PN 结的测量方法一样），又可确认管型。

确定基极后，假设余下管脚之一为集电极 c，另一为发射极 e，用手指分别捏住 c 极与 b 极（即用手指代替基极电阻 R_b），同时，将万用表两表笔分别与 c、e 接触，若被测管为 NPN 型，则用黑表笔接 c 极、用红表笔接 e 极（PNP 型管相反），观察指针偏转角度；然后再设另一管脚为 c 极，重复以上过程，比较两次测量指针的偏转角度，大的一次表明 I_c 大，管子处于放大状态，相应假设的 c、e 极正确。

在上述判别的基础上，取一节干电池和一只 $50\sim100$ kΩ 的电阻，按照图 1-45 所示电路连接好，检测发射结上的正向压降。若为锗管，则偏压为 $0.2\sim0.3$ V；若为硅管，则偏压为 $0.6\sim0.8$ V。这样，便可以判断出硅管或锗管。目前，绝大多数硅管为 NPN 型。

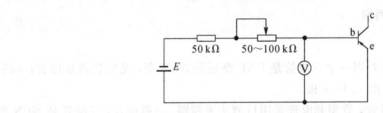

图 1-45　集电极和发射极的判别

3. 三极管性能的简易检测

1）用万用表电阻挡测 I_{CEO}

基极开路，万用表黑表笔接 NPN 型管的集电极 c、红表笔接发射极 e（PNP 型管相反），此时 c、e 间电阻值大则表明 I_{CEO} 小，电阻值小则表明 I_{CEO} 大。

用手指代替基极电阻 R_b，用上述方法测 c、e 间电阻，若阻值比基极开路时小得多，则表明 β 值大。

2）用万用表 h_{FE} 挡测 β

利用数字万用表 h_{FE} 挡，按表上规定的极型插入三极管即可测得电流放大系数 β。若 β 很小或为零，则表明三极管已损坏，可用电阻挡分别测两个 PN 结，确认是否有击穿或断路。

4. 半导体三极管的选用

选用晶体管一要符合设备及电路的要求，二要符合节约的原则。根据用途的不同，一般应考虑以下几个因素：工作频率、集电极电流、耗散功率、电流放大系数、反向击穿电压、稳定性及饱和压降等。这些因素又具有相互制约的关系，在选管时应抓住主要矛盾，兼顾次要因素。

低频管的特征频率 f_T 一般在 2.5 MHz 以下,而高频管的 f_T 都从几十兆赫到几百兆赫甚至更高。选管时应使 f_T 为工作频率的 3～10 倍。原则上讲,高频管可以代换低频管,但是高频管的功率一般都比较小,动态范围窄,在代换时应注意功率条件。

一般希望 β 选大一些,但也不是越大越好。β 太高容易引起自激振荡。通常 β 的取值范围为 40～100,但低噪声高 β 值的管子(如 1815、9011～9015 等),β 值达数百时温度稳定性仍较好。另外,对整个电路来说还应该从各级的配合来选择 β。例如,前级用 β 高的,后级就可以用 β 较低的管子;反之,前级用 β 较低的,后级就可以用 β 较高的管子。

集电极—发射极反向击穿电压 U_{CEO} 应选大于电源电压。穿透电流越小,对温度的稳定性越好。普通硅管的稳定性优于锗管,但普通硅管的饱和压降一般大于锗管,在某些电路中会影响电路的性能,应根据电路的具体情况选用。选用晶体管的耗散功率时,应根据不同电路的要求留有一定的余量。

对高频放大、中频放大、振荡器等电路用的晶体管,应选用特征频率 f_T 高、极间电容较小的晶体管,以保证在高频情况下仍有较高的功率增益和稳定性。

5. 应用

1)三极管在基本放大电路中的应用

三极管可以组成放大电路,用于对小信号的放大。通过选用不同性能的三极管,可以分别实现低频放大、高频放大、功率放大等。从三极管的输出特性来看,其工作于放大区内。图 1-46 为一基本共射极放大电路,小信号 u_i 作为输入,放大后的信号 u_o 作为输出。

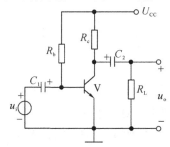

图 1-46 三极管在基本放大电路中的应用

2)三极管在开关电路中的应用

从三极管的输出特性来看,如果其工作于截止区与饱和区,则可构成开关电路。图 1-47 为一 NPN 型三极管在开关电路中的应用。当输入电压 $u_i=0$ V 时,输出 $u_o=12$ V;若 $u_i=3$ V,则 $u_o=0$ V。

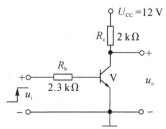

图 1-47 三极管在开关电路中的应用

3) 三极管在门电路中的应用

利用三极管可以组成门电路，图 1-48(a) 为一个三输入与门电路，当 A、B、C 同时为高电平时，输出才为高电平；图 1-48(b) 为一个三输入或门电路，当 A、B、C 至少有一个为高电平时，输出即为高电平。

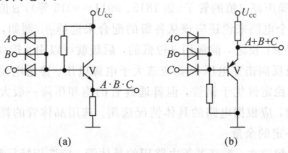

图 1-48　三极管在门电路中的应用

总之，二极管和三极管是电子技术中经常用到的半导体器件，应用广泛。图 1-49 所示为该类器件在汽车蓄电池电量检测方面的应用。

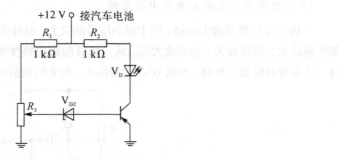

图 1-49　蓄电池电量检测电路

上述电路在电池电压下降到 10 kΩ 电位器所设定的电平时，发光二极管就不再发光。如果设许多个这样的电路，就可以按照 1 V 的挡级甚至小到 0.1 V 的挡级读出电池电压的变化。这个电路可与弱光灯结合起来使用。在现代化汽车中，安培表均被弱光灯所取代。发光二极管的型号没有严格要求。两个电阻 R_1、R_2 均为 1 kΩ，电位器为 10 kΩ，三极管选用 2N39C4。

习　　题

[题 1.1]　填空题。

1. 自然界中的物质，根据其导电性能的不同大体可分为＿＿＿＿、＿＿＿＿和＿＿＿＿三大类。

2. PN 结具有＿＿＿＿性，＿＿＿＿偏置时导通，＿＿＿＿偏置时截止。

3. 半导体二极管 2AP7 是由＿＿＿＿半导体材料制成的，2CZ56 是由＿＿＿＿半导体材料制成的。

4. 锗二极管的导通电压约为＿＿＿＿V。硅二极管的导通电压约为＿＿＿＿V。

5. 晶体三极管的三个电极分别为＿＿＿＿、＿＿＿＿和＿＿＿＿。

6. 对于基本共射放大电路而言，晶体管工作在放大状态的外部条件是发射结＿＿＿＿＿且集电结＿＿＿＿＿。

7. 从晶体管的输出特性曲线可知，它的三个工作区域分别为＿＿＿＿＿＿、＿＿＿＿＿＿和＿＿＿＿＿＿。

8. 对于一晶体三极管而言，其电流放大倍数为100，基极电流为 I_B，发射极电流为 I_E，集电极电流为 I_C，则三者之间的电流关系为＿＿＿＿＿＿；如果 $I_C=100I_B$，则说明晶体管具有＿＿＿＿＿＿作用。

[题 1.2]　判断题。

1. 半导体二极管的反向电流 I_R 与温度有关，温度升高 I_R 增大。　　　　　　（　　）

2. 用万用表欧姆挡测 2AP9 时，用 $R×10$ 挡。　　　　　　　　　　　　　　（　　）

3. 用万用表测某二极管为小电阻（正向电阻）时，插在万用表标有"＋"插笔（通常为红表笔）所连接的二极管管脚为阳极，另一电极为阴极。　　　　　　　　　　（　　）

4. 发光二极管使用时必须反偏。　　　　　　　　　　　　　　　　　　　　　（　　）

5. 当二极管两端正向偏置电压大于开启电压时，二极管才能导通。　　　　　　（　　）

6. 半导体整流二极管反向击穿后立即烧毁。　　　　　　　　　　　　　　　　（　　）

7. 二极管的反向电阻越大，其单向导电性能就越好。　　　　　　　　　　　　（　　）

8. 用晶体三极管可以组成三种形式的放大电路，它们分别是共基极放大电路、共发射极放大电路和共集电极放大电路。这些电路均能实现对输入信号电压的放大。　（　　）

[题 1.3]　选择题。

1. 半导体二极管阳极电位为 -9 V，阴极电位为 -5 V，则该管处于＿＿＿＿＿＿。

A. 反偏　　　　　　　　　　B. 正偏　　　　　　　　　　C. 不确定

2. 以下关于 2AP 型二极管的说法正确的是＿＿＿＿＿＿。

A. 点接触型，适用于小信号检波

B. 面接触型，适用于整流

C. 面接触型，适用于小信号检波

3. 硅二极管正偏，正偏电压为 0.7 V 和正偏电压为 0.5 V 时，二极管呈现的电阻值＿＿＿＿＿＿。

A. 相同　　　　　　　　　　B. 不相同　　　　　　　　　C. 无法判断

4. 二极管反偏时，以下说法正确的是＿＿＿＿＿＿。

A. 在达到反向击穿电压之前通过电流很小，称为反向饱和电流

B. 在达到阈值电压之前，通过电流很小

C. 二极管反偏一定截止，电流很小，与外加反偏电压大小无关

5. 光敏二极管使用时必须＿＿＿＿＿＿。

A. 正偏　　　　　　　　　　B. 零偏　　　　　　　　　　C. 反偏

6. 在下列选项中，＿＿＿＿＿＿的指示灯会亮。

A. 12 V　　7 V　　　　　　　B. 5 V　　10 V　　　　　　　C. 12 V　　8 V

7. 在测量二极管反向电阻时，若用手把管脚捏紧，电阻值将＿＿＿＿＿＿。

A. 变大　　　　　　　　B. 变小　　　　　　　　C. 不变化

8. 工作在放大区的某三极管，如果 I_B 从 $12\ \mu A$ 增大到 $22\ \mu A$，I_C 从 $1\ mA$ 变为 $2\ mA$，那么它的 β 约为 _____。

A. 83　　　　　　　　　B. 91　　　　　　　　　C. 100

[题 1.4]　试说明金属导电与半导体导电的区别。

[题 1.5]　试说明什么是 N 型半导体，什么是 P 型半导体。

[题 1.6]　试说明二极管导通时，电流是从哪个电极流入的，从哪个电极流出的。

[题 1.7]　试说明发光二极管、光敏二极管分别在什么偏置状态下工作。

[题 1.8]　分别从外部条件和内部载流子的运动情况来简述晶体管的电流放大作用。

[题 1.9]　共射直流电流放大系数和共基直流电流放大系数是晶体管的主要工作参数，简述其含义及符号。

[题 1.10]　试判断图 1-50 中二极管是导通还是截止，并求出输出电压 U_o。

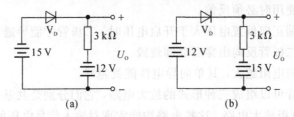

图 1-50　[题 1.10]图

[题 1.11]　在图 1-51 所示的各个电路中，已知直流电压 $U_i = 3\ V$，电阻 $R = 1\ k\Omega$，二极管的正向压降为 $0.7\ V$，求 U_o。

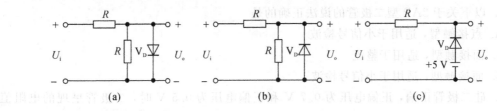

图 1-51　[题 1.11]图

[题 1.12]　在用 μA 表组成的测量电路中，常用二极管来保护 μA 表头，以防直流电源极性接错或通过电流过大而损坏，电路图如图 1-52 所示。试分别说明图 1-52(a)、(b)中二极管各起什么作用，并说明原因。

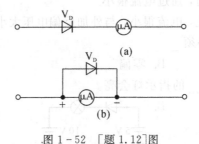

图 1-52　[题 1.12]图

[题 1.13]　图 1-53 所示电路，V_D 为理想二极管，正偏导通时 $U_D = 0$，反偏时可靠截

止，$I_R = 0$，计算各回路中电流和 U_{AB}。

图 1-53　[题 1.13]图

[题 1.14]　图 1-54 是由上限幅电路和下限幅电路组成的双向限幅电路，试分析其工作原理。

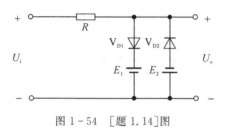

图 1-54　[题 1.14]图

[题 1.15]　图 1-55 为由二极管组成的最简单的或门电路，试分析其工作原理。

[题 1.16]　根据光电二极管的工作原理，分析图 1-56 所示路灯的工作原理。

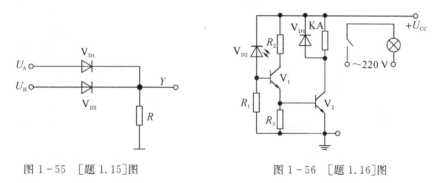

图 1-55　[题 1.15]图　　　　　图 1-56　[题 1.16]图

[题 1.17]　现测得放大电路中两只管子两个电极的电流如图 1-57 所示。分别求另一电极的电流，标出其实际方向，并在圆圈中画出三极管，且分别求出它们的电流放大系数 β。

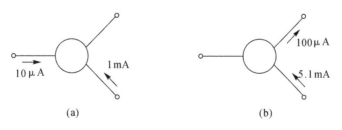

图 1-57　[题 1.17]图

[题 1.18]　测得放大电路中六只晶体管的直流电位如图 1-58 所示。在圆圈中画出三极管，并分别说明它们是硅管还是锗管。

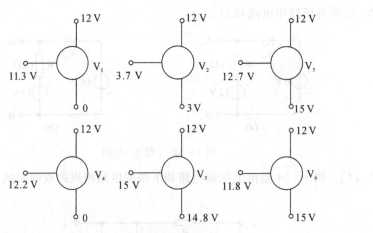

图 1-58 [题 1.18]图

[题 1.19] 电路如图 1-59 所示，晶体管的 $U_{BE}=0.7$ V，$\beta=50$。试分析 U_I 为 0 V、1 V、3 V 三种情况下 V 的工作状态及输出电压 U_O 的值。

[题 1.20] 电路如图 1-60 所示，晶体管的 $\beta=50$，$|U_{BE}|=0.2$ V，饱和管压降 $|U_{CES}|=0.1$ V；稳压管的稳定电压 $U_Z=5$ V，正向导通电压 $U_D=0.5$ V。试问：当 U_i 分别为 0 V 或 −5 V 时，输出电压 U_O 的值为多少？

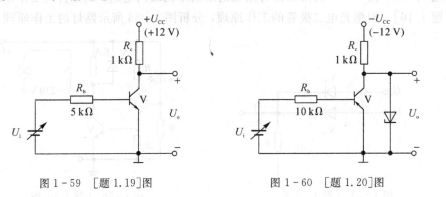

图 1-59 [题 1.19]图   图 1-60 [题 1.20]图

第2章　放大电路基础

由晶体三极管组成的基本放大电路有三种：共发射极放大电路、共集电极放大电路和共基极放大电路。本章首先介绍三种基本放大电路的组成原理及分析方法，重点阐述共发射极放大电路的组成及其动静态分析，对动态分析方法中的难点——微变等效电路法作出详细分析；其次，介绍多级放大电路的组成及分析；最后，针对多级放大电路中存在的温漂现象，引入差分放大电路。

晶体三极管的一个基本应用就是构成放大电路，放大电路在电子技术中有着广泛的应用。所谓放大，是指在保持信号不失真的前提下，使其由小变大、由弱变强。实质上，电子电路中的放大是能量的控制和转换，用小能量的信号通过晶体三极管的电流控制作用，将放大电路中直流电源的能量转化成交流能量输出。

1. 基本放大电路的组成原则

基本放大电路通常是指由一个晶体三极管构成的单级放大器。根据输入、输出回路公共端所接的电极不同，有共发射极、共集电极和共基极三种基本放大电路。用晶体三极管组成放大电路时应遵循如下原则：

（1）必须有放大器件——晶体三极管、场效应管或电子管等，对信号起放大作用。

（2）必须有直流电源，一方面保证信号放大的能源，另一方面保证晶体三极管具有放大能力。

（3）电路元件的连接必须保证信号的顺利传输，即有输入信号时，输出端可以获得放大后的输出信号。

（4）电路元件参数的选择，必须保证信号不失真地放大（即保证晶体三极管有一个合适的静态工作点）。

2. 放大电路的主要性能指标

为了衡量一个放大器的使用性能，通常用若干技术指标来定量描述。下面介绍放大电路的几个主要性能指标。

1）电压放大倍数 $\dot{A}_u$

放大倍数又称为增益，它定义为输出波形不失真时输出电压 $\dot{U}_o$ 与输入电压 $\dot{U}_i$ 的比值，即

$$\dot{A}_u = \frac{\dot{U}_o}{\dot{U}_i} \tag{2-1}$$

2）输入电阻 r_i

输入电阻是从放大电路输入端看进去的等效电阻，定义为输入电压有效值 U_i 与输入电流有效值 I_i 之比，即

$$r_i = \frac{U_i}{I_i} \tag{2-2}$$

对信号源来说，放大电路相当于它的负载，r_i 则表征该负载能从信号源获取信号的能力。r_i 越大，放大电路所得到的输入电压 U_i 越接近信号源电压 U_s，放大电路从信号源获取信号的能力就越强。

3）输出电阻 r_o

输出电阻是从放大电路输出端看进去的电阻。对负载来说，放大电路相当于它的信号源，而 r_o 正是该信号源的内阻。根据戴维南定理，放大电路的输出电阻定义为

$$r_o = \frac{U_o}{I_o} \bigg|_{U_s = 0 \text{ 或 } I_s = 0} \tag{2-3}$$

r_o 是一个表征放大电路带负载能力的参数。r_o 越小，放大电路的带负载能力越强。

4）非线性失真系数 THD

由于晶体三极管输入、输出特性的非线性，因而放大电路输出波形不可避免地产生或大或小的非线性失真。具体表现为，当输入某一频率的正弦信号时，其输出电流波形中除基波成分之外，还包含有一定数量的谐波。为此，定义放大电路非线性失真系数为

$$\text{THD} = \frac{\sqrt{\sum_{n=2}^{\infty} I_m^2}}{I_{1m}} \tag{2-4}$$

此外，还有通频带、最大效率、最大不失真输出功率等性能指标。

2.1 共发射极放大电路

本节以 NPN 型晶体三极管组成的基本共发射极放大电路为例，阐明放大电路的组成原理及放大电路的分析方法。

2.1.1 放大电路的组成

图 2-1 所示基本放大电路中，输入信号在基极和发射极间输入，输出信号在集电极和发射极间输出，发射极作为输入信号和输出信号的公共端，故称之为共发射极放大电路。

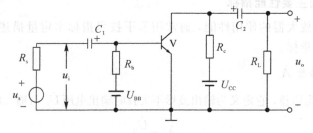

图 2-1 共发射极基本放大电路

图 2-1 所示放大电路中，晶体三极管 V 是核心元件，它起着电流放大作用。为保证晶体三极管 V 工作在放大区，发射结必须正向运用，集电结必须反向运用。图中 R_b、U_{BB} 即保证发射结正向运用；R_c、U_{CC} 保证集电结反向运用。R_s 为信号源内阻，u_s 为信号源电压，u_i 为放大器输入信号。电容 C_1 为耦合电容，其作用是使交流信号顺利加到放大器输入端，同时隔直流，使信号源与放大器无直流联系。C_1 一般选用容量大的电解电容，它有极性，使

用时它的正极与电路的高电位相连，不能接反。C_2 的作用与 C_1 相似，使交流信号能顺利传送至负载，同时使放大器与负载之间无直流联系。

2.1.2 直流通路和交流通路

在放大电路中，直流电源的作用和交流信号的作用总是共存的，但由于电容、电感等电抗元件的存在，使得直流量流经的通路与交流量流经的通路不完全相同。因此，放大电路的分析主要包含两个部分：静态分析和动态分析。静态分析主要分析直流电源对电路的作用，动态分析主要分析输入交流信号对电路的作用。为便于分析，下面引入直流通路和交流通路。

直流通路是直流电流流经的通路，用于求出放大电路的静态工作点 Q。所谓静态工作点，指的是在放大电路中输入信号为零，直流电源单独作用时晶体三极管的基极电流 I_B、集电极电流 I_C、集电极与发射极间直流电压 U_{CE} 以及基极与发射极间直流电压 U_{BE} 这四个物理量。应当指出，合适的静态工作点对于放大电路来说极其重要，它不仅影响电路是否产生失真，而且影响放大电路几乎所有的动态参数。

交流通路是交流信号流经的通路，当放大电路输入信号不为零，电路中各处的电压、电流处于变化的状态时，电路便处于动态工作状态。该通路主要用于动态分析，以及求出电压放大倍数、输入电阻和输出电阻等主要性能指标；同时从该通路图上还可直观判断出放大电路的接法类型。

直流通路和交流通路遵循如下两条原则：

（1）直流通路：输入信号源视其为零值，但保留其内阻；电容开路；电感线圈短路。

（2）交流通路：不变的物理量视为零值（直流电源短路；大容量电容短路；大电感线圈开路）。

图 2-2 所示单电源共发射极放大电路中，u_s 为输入信号源，R_s 为信号源内阻。

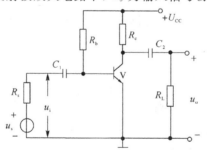

图 2-2 基本共发射极放大电路

根据以上原则，该电路的直流通路和交流通路如图 2-3 所示。

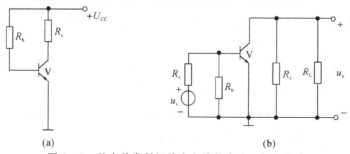

(a)　　　　　　　　　　(b)

图 2-3 基本共发射极放大电路的直流、交流通路

直流通路和交流通路是分析放大电路的依据。在分析放大电路时,应遵循"先静态,后动态"的原则。先分析直流通路,判断晶体三极管是否具有合适的静态(直流)工作点,然后分析交流通路,求解放大电路的主要性能指标。

2.2 放大电路的静态分析(直流分析)

基本共发射极放大电路中,直流电源和交流信号共同作用,也就是说静态分析和动态分析共存。静态分析主要分析静态工作点(Q 点)的 I_{BQ}、I_{CQ} 和 U_{CEQ} 值,其依据是放大电路的直流通路,分析方法有解析法和图解分析法。

2.2.1 解析法

解析法分析静态工作点时,认为 U_{BE} 为已知量。晶体三极管导通时其发射结的直流压降 $U_{BEQ}=0.7$ V(硅管)或 $U_{BEQ}=0.2$ V(锗管)。对于图 2-2 所示电路,由图 2-3(a)所示直流通路图可求出静态时基极电流 I_{BQ}:

$$I_{BQ}=\frac{U_{CC}-U_{BEQ}}{R_b} \qquad (2-5)$$

根据晶体三极管各极电流关系,可求出静态工作点的集电极电流 I_{CQ}:

$$I_{CQ}=\beta I_{BQ} \qquad (2-6)$$

再根据集电极输出回路可求出 U_{CEQ}:

$$U_{CEQ}=U_{CC}-I_{CQ}R_c \qquad (2-7)$$

【例 2-1】 估算图 2-2 放大电路的静态工作点。设 $U_{CC}=12$ V,$R_c=3$ kΩ,$R_b=280$ kΩ,$\beta=50$。

解 根据式(2-5)~式(2-7)得

$$I_{BQ}=\frac{U_{CC}-U_{BEQ}}{R_b}=\frac{12-0.7}{280}\approx0.04 \text{ mA}=40 \text{ μA}$$

$$I_{CQ}=\beta I_{BQ}=50\times0.04=2 \text{ mA}$$

$$U_{CEQ}=U_{CC}-I_{CQ}R_c=12-2\times3=6 \text{ V}$$

2.2.2 图解法

根据电路给定的条件,利用晶体三极管的输入、输出特性曲线,通过作图的方法求解放大电路的静态工作点,称为图解法。

图 2-2 所示共发射极放大电路的输出回路直流通路如图 2-4(a)所示,由图中 a、b 两端向左看,其 $i_C \sim u_{CE}$ 关系由晶体三极管的输出特性曲线确定,如图 2-4(b)所示;由图中 a、b 两端向右看,其 $i_C \sim u_{CE}$ 关系由回路的电压方程 $u_{CE}=U_{CC}-i_C R_c$ 确定,如图 2-4(c)所示,该方程所确定的直线称为直流负载线。在图 2-4(b)中找到 $I_B=I_{BQ}$ 的输出特性曲线,该曲线与直流负载线的交点即为静态工作点 Q,如图 2-4(d)所示。

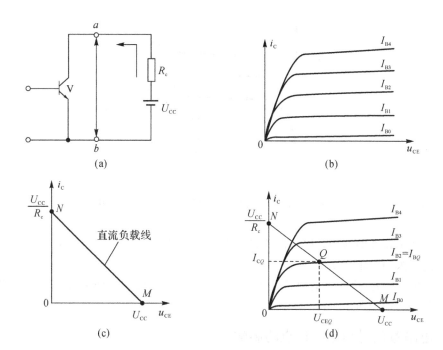

图 2 - 4 静态工作点的图解法

【例 2 - 2】 如图 2 - 5(a)所示电路，已知 $R_b = 280$ kΩ，$R_c = 3$ kΩ，$U_{CC} = 12$ V。晶体三极管的输出特性曲线如图 2 - 5(b)所示，试用图解法确定静态工作点。

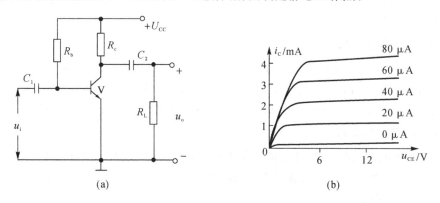

图 2 - 5 例 2 - 2 电路图

解 首先写出直流负载方程，即 $u_{CE} = U_{CC} - i_C R_c$，并作出直流负载线：$i_C = 0$，$u_{CE} = U_{CC} = 12$ V，得与横轴交点 M 点；$u_{CE} = 0$ V，$i_C = \dfrac{U_{CC}}{R_c} = \dfrac{12}{3} = 4$ mA，得与纵轴交点 N 点。连接两点即可得直流负载线 MN。

然后，由基极输入回路计算 I_{BQ}：

$$I_{BQ} = \frac{U_{CC} - U_{BEQ}}{R_b} = \frac{12 - 0.7}{280 \times 10^3} \approx 0.04 \text{ mA} = 40 \text{ } \mu\text{A}$$

直流负载线 MN 与 $i_B = I_{BQ} = 40$ μA 这一条特性曲线的交点即为 Q 点，如图 2 - 6 所示。从图 2 - 6 中可查出：$I_{BQ} = 40$ μA，$I_{CQ} = 2$ mA，$U_{CEQ} = 6$ V。

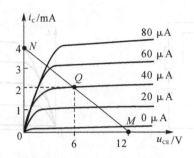

图 2-6 例 2-2 图解法

图解法可形象直观地反映晶体三极管的工作情况。由上述分析可知，图解法求 Q 点的步骤如下：

（1）在输出特性曲线中，按直流负载线方程 $u_{CE}=U_{CC}-i_C R_c$ 作出直流负载线。

（2）由基极回路求出 I_{BQ}。

（3）找出 $i_B=I_{BQ}$ 这一条输出特性曲线，与直流负载线的交点即为 Q 点。读出 Q 点坐标的电流、电压值即为所求。

2.2.3 电路参数对静态工作点的影响

1. R_b 对 Q 点的影响

R_b 的变化，主要影响特性曲线 $i_B=I_{BQ}$ 的位置。

R_b 增大，I_{BQ} 减小，Q 点沿直流负载线下移；R_b 减小，I_{BQ} 增大，Q 点沿直流负载线上移。如图 2-7(a)所示。

2. R_c 对 Q 点的影响

R_c 的变化，仅改变直流负载线的 N 点，即仅改变直流负载线的斜率。

R_c 减小，N 点上升，直流负载线变陡，工作点沿 $i_B=I_{BQ}$ 这一条特性曲线右移。R_c 增大，N 点下降，直流负载线变平坦，工作点沿 $i_B=I_{BQ}$ 这一条特性曲线向左移。如图 2-7(b)所示。

3. U_{CC} 对 Q 点的影响

U_{CC} 对 Q 点的影响较复杂，U_{CC} 的变化不仅影响 I_{BQ}，还影响直流负载线。

U_{CC} 上升，I_{BQ} 增大，直流负载线 M 点和 N 点同时增大，故直流负载线平行上移，所以工作点向右上方移动。

U_{CC} 下降，I_{BQ} 下降，同时直流负载线平行下移，所以工作点向左下方移动，如图 2-7(c)所示。

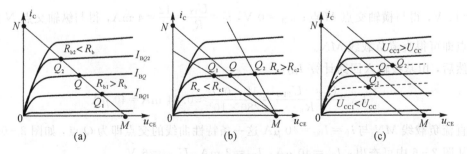

图 2-7 电路参数对 Q 点的影响

实际调试中，主要通过改变电阻 R_b 来改变静态工作点，而很少通过改变 U_{CC} 来改变静态工作点。

2.3　放大电路的动态分析(交流分析)

2.3.1　图解法

1. 交流负载线的作法

放大电路有交流电压输入后，电路中各处的电压、电流会在原有的静态值基础上叠加一个与输入信号波形相似的变化量，由交流通路确定的负载线称为交流负载线。交流负载线具有如下两个特点：

(1) 交流负载线必通过静态工作点，因为当输入信号 u_i 的瞬时值为零时，如忽略电容 C_1 和 C_2 的影响，则电路状态和静态时相同。

(2) 交流负载线的斜率由 R'_L ($R'_L = R_c /\!/ R_L$)表示。

交流负载线的具体作法为：首先作一条 $\Delta U / \Delta I = R'_L$ 的辅助线(此线有无数条)，然后过 Q 点作一条平行于辅助线的线，即为交流负载线，如图 2-8 所示。

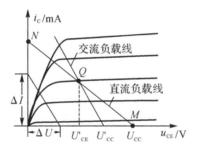

图 2-8　交流负载线的画法

由于 $R'_L = R_c /\!/ R_L$ ，故一般情况下交流负载线比直流负载线陡。

交流负载线也可以通过求出在 u_{CE} 坐标上的截距，即 $U'_{CC} = U_{CEQ} + I_{CQ} R'_L$ 再与 Q 点相连来得到。

【例 2-3】　作出图 2-5(a)的交流负载线。已知：$U_{CC} = 12$ V，$R_c = 3$ kΩ，$R_L = 3$ kΩ，$R_b = 280$ kΩ，其输出特性曲线如图 2-5(b)所示。

解　首先作出直流负载线 MN，求出 Q 点，如图 2-9 所示。

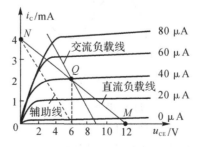

图 2-9　例 2-3 交流负载线的画法

$R'_{\mathrm{L}}=R_{\mathrm{c}}/\!/R_{\mathrm{L}}=1.5\ \mathrm{k}\Omega$，作一条辅助线使$\dfrac{\Delta U}{\Delta I}=R'_{\mathrm{L}}=1.5\ \mathrm{k}\Omega$。

取 $\Delta U=6\ \mathrm{V}$、$\Delta I=4\ \mathrm{mA}$，连接该两点即为交流负载线的辅助线，过 Q 点作辅助线的平行线，即为交流负载线。可以看出 $U'_{\mathrm{CC}}=9\ \mathrm{V}$ 与按 $U'_{\mathrm{CC}}=U_{\mathrm{CEQ}}+I_{\mathrm{C}}R'_{\mathrm{L}}=6+2\times1.5=9\ \mathrm{V}$ 相一致。

2．交流波形的画法

仍以例 $2-3$ 为例，设输入交流信号电压为 $u_{\mathrm{i}}=U_{\mathrm{im}}\sin\omega t$，则基极电流将在 I_{BQ} 上叠加交流量 i_{b}，即 $i_{\mathrm{B}}=I_{\mathrm{BQ}}+I_{\mathrm{bm}}\sin\omega t$，如电路使 $I_{\mathrm{bm}}=20\ \mu\mathrm{A}$，则

$$u_{\mathrm{BE}}=U_{\mathrm{BEQ}}+u_{\mathrm{be}}=U_{\mathrm{BEQ}}+U_{\mathrm{bem}}\sin\omega t$$
$$i_{\mathrm{B}}=I_{\mathrm{BQ}}+i_{\mathrm{b}}=I_{\mathrm{BQ}}+I_{\mathrm{bm}}\sin\omega t$$
$$i_{\mathrm{C}}=I_{\mathrm{CQ}}+i_{\mathrm{c}}=I_{\mathrm{CQ}}+I_{\mathrm{cm}}\sin\omega t$$
$$u_{\mathrm{CE}}=U_{\mathrm{CEQ}}+u_{\mathrm{ce}}=U_{\mathrm{CEQ}}+U_{\mathrm{cem}}\cos\omega t$$

在一个周期内计算各特征点并取值，如表 $2-1$ 所示。

表 $2-1$　一个周期内各特征点参数表

ωt	0π	$\dfrac{1}{2}\pi$	π	$\dfrac{3}{2}\pi$	2π
$i_{\mathrm{B}}/\mu\mathrm{A}$	40	60	40	20	40
$i_{\mathrm{C}}/\mathrm{mA}$	2	3	2	1	2
$u_{\mathrm{CE}}/\mathrm{V}$	6	4.5	6	7.5	6

以表 $2-1$ 为根据描点绘出波形图如图 $2-10$ 所示。由图可知，输入电压与输出电压相位相反。这是共发射极放大电路的特征之一。

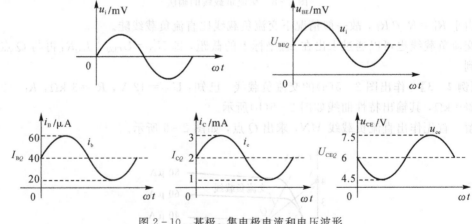

图 $2-10$　基极、集电极电流和电压波形

关于图解法分析动态特性的步骤归纳如下：

（1）首先作出直流负载线，求出静态工作点 Q。

（2）作出交流负载线。根据要求从交流负载线可画出输出电流、电压波形，或求出最大不失真输出电压值。

3. 放大电路的非线性失真

1）由晶体三极管特性曲线非线性引起的失真

一个理想的放大器，其输出信号应当如实反映输入信号，即它们尽管在幅度上不同，时间上也可能有延迟，但波形应当是相同的。但是，在实际放大电路中，由于种种原因，输出信号不可能与输入信号的波形完全相同，这种现象叫做失真。由于放大器件的工作点进入了特性曲线的非线性区，使输入信号和输出信号不再保持线性关系，这样产生的失真称为非线性失真。在共发射极放大电路中，设输入电压为正弦波，若静态工作点合适，基极动态电流也应为正弦波，但是由于晶体三极管输入特性的非线性使得基极电流不再与输入信号的波形完全相同，从而引起不同程度的失真，如图 2－11 所示。

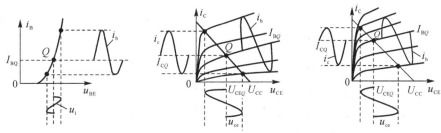

(a) 因输入特性弯曲引起的失真　(b) 输出曲线族上疏下密引起的失真　(c) 输出曲线族上密下疏引起的失真

图 2－11　晶体三极管特性的非线性引起的失真

2）工作点不合适引起的失真

由于电路元件参数选择不当，使静态工作点位置不适也会产生不同程度的失真。当 Q 点位置过低时，在输入信号正半周时，输出电压无失真。但是，在输入电流的负半周，晶体三极管将工作在截止区，从而使基极电流产生底部失真，集电极电流 i_c 和集电极电阻 R_c 上电压的波形必然随 i_b 产生同样的失真，而由于输出电压 u_o 与 R_c 上电压的变化相位相反，从而导致 u_o 波形顶部被削产生失真。如图 2－12(a) 所示。这种失真是由于放大器工作到特性曲线的截止区产生的，称为截止失真。

当 Q 点位置过高时，虽然基极电流 i_b 为不失真的正弦波，但是由于在输入信号正半周时，晶体三极管进入了饱和区，导致集电极电流 i_c 产生顶部失真，集电极电阻 R_c 上的电压波形随之产生同样的失真。由于输出电压 u_o 与 R_c 上电压的变化相位相反，从而导致 u_o 波形底部被削产生失真，如图 2－12(b) 所示。这种失真是由于放大器工作到特性曲线的饱和区产生的，称为饱和失真。

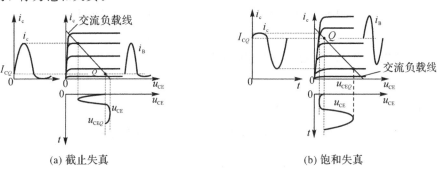

(a) 截止失真　　　　　　　　　　　(b) 饱和失真

图 2－12　静态工作点不合适产生的非线性失真

2.3.2 微变电路等效法的交流分析

1. 晶体三极管的 h 参数微变等效电路

为便于分析放大电路的动态特性,当晶体三极管处于共发射极状态时,在低频小信号作用下,输入回路和输出回路等效为图 2-13 所示模型。

h_{12}、h_{22} 是 u_{CE} 通过基区宽度变化对 i_C 及 u_{BE} 的影响,一般这个影响很小,所以可忽略不计。电压反馈系数 h_{12} 很小,晶体三极管的输入回路可近似等效为一动态电阻;h_{22} 很小,晶体三极管的输出回路近似等效为一个受控电流源。因此,h 参数等效模型可简化为图 2-14 所示。

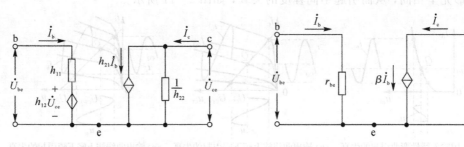

图 2-13 完整的 h 参数等效电路   图 2-14 简化的 h 参数等效模型

2. r_{be} 的近似计算

图 2-15 所示为晶体三极管的结构示意图。由图 2-15(a)可知,b-e 间电阻由基区体电阻 $r_{bb'}$、发射结电阻 $r_{b'e}$ 和发射区体电阻 r_e 三部分组成。$r_{bb'}$ 数值较大,$r_{b'e}$ 数值很小可忽略不计。因此,晶体三极管输入回路的等效电路如图 2-15(b)所示。

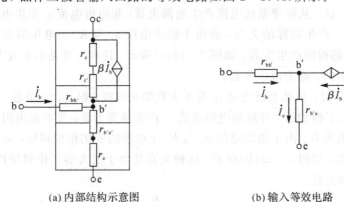

(a) 内部结构示意图   (b) 输入等效电路

图 2-15 r_{be} 估算等效电路

流过 $r_{bb'}$ 的电流为 $\dot{I}_b$,流过 $r_{b'e}$ 的电流为 $\dot{I}_e$,则

$$\dot{U}_{be} = \dot{I}_b r_{bb'} + \dot{I}_e r_{b'e}$$

由于 $\dot{I}_e = \dot{I}_b + \dot{I}_c = (1+\beta)\dot{I}_b$,则

$$\dot{U}_{be} = \dot{I}_b r_{bb'} + (1+\beta)\dot{I}_b r_{b'e} = \dot{I}_b [r_{bb'} + (1+\beta)r_{b'e}]$$

$$r_{be} = \frac{\dot{U}_{be}}{\dot{I}_b} = r_{bb'} + (1+\beta)r_e$$

$$r_{b'e} = \frac{U_T}{I_{EQ}} = \frac{26\ (\text{mV})}{I_{EQ}\ (\text{mA})} = \frac{26}{I_{EQ}} (\Omega)$$

由此得出 r_{be} 的近似表达式：

$$r_{be} = r_{bb'} + (1+\beta)\frac{26}{I_{EQ}} (\Omega) \tag{2-8}$$

3. 放大电路微变等效分析

在电子电路中，任何一个放大电路均可看成图 2-16 所示的两端口网络。左边为输入端口，右边为输出端口。从输入端回路可知，当有内阻为 R_s 的正弦波信号源 u_s 作用时，放大器相当于电路中的负载，其中 u_i 为输入电压，$\dot{I}_i$ 为输入电流，r_i 为输入电阻；从输出回路可知，放大器相当于电路中的信号源(等效为一个电压源与电阻串联)，其中 R_L 为外接负载，u_o 为输出电压，I_o 为输出电流，r_o 为输出电阻。

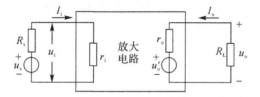

图 2-16 放大电路示意图

在放大电路的交流通路中，利用 h 参数的微变等效电路可以求解电压放大倍数、输入电阻和输出电阻。现以图 2-1 所示基本共发射极放大电路为例，分析该电路的各项动态参数。图 2-1 所示共发射极基本放大电路的交流微变等效电路如图 2-17(a)所示。

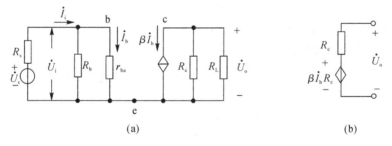

(a)   (b)

图 2-17 基本共发射极放大电路动态分析

1) 电压放大倍数 $\dot{A}_u$

根据电压放大倍数的定义，输出电压

$$\dot{U}_o = -\dot{I}_c(R_c /\!/ R_L) = -\beta \dot{I}_b(R_c /\!/ R_L)$$

输入电压 $\dot{U}_i = \dot{I}_b r_{be}$，则电压放大倍数的表达式为

$$\dot{A}_u = \frac{\dot{U}_o}{\dot{U}_i} = -\frac{\beta R_L'}{r_{be}}(R_L' = R_c /\!/ R_L) \tag{2-9}$$

2) 源电压放大倍数 $\dot{A}_{us}$

源电压放大倍数是输出电压与信号源电压之比，即

$$\dot{A}_{us} = \frac{\dot{U}_o}{\dot{U}_s} = \frac{\dot{U}_i}{\dot{U}_s} \cdot \frac{\dot{U}_o}{\dot{U}_i} = \frac{\dot{U}_i}{\dot{U}_s} \cdot \dot{A}_u = \frac{r_i}{R_s + r_i} \cdot \dot{A}_u \tag{2-10}$$

3）输入电阻 r_i

根据输入电阻的定义可得出：

$$r_i = \frac{U_i}{I_i} = R_b /\!/ r_{be} \tag{2-11}$$

通常情况下 $R_b \gg r_{be}$，可近似认为 $r_i \approx r_{be}$。

4）输出电阻 r_o

放大电路对外部接入的负载 R_L 而言，可视为一个有内阻的等效电源。根据电源模型等效变换原理将放大电路输出回路进行等效变换，使之成为一个有内阻的电压源，如图 2-17（b）所示。根据输出电阻定义，可得出放大电路的输出电阻 $r_o = R_c$。

应当指出，对于放大电路的分析应遵循"先静态，后动态"的原则。因为利用 h 参数微变等效电路分析的动态参数与 Q 点紧密相连，只有 Q 点合适，动态分析才有意义。

【例 2-4】 图 2-1 所示电路中，已知 $U_{BB} = 1$ V，$R_b = 24$ kΩ，$U_{CC} = 12$ V，$R_c = 3$ kΩ，$R_L = 3$ kΩ，晶体三极管的 $r_{bb'} = 100$ Ω，$\beta = 100$，导通时的 $U_{BEQ} = 0.7$ V。

（1）求静态工作点 Q；

（2）求解动态性能指标 $\dot{A}_u$、r_i 和 r_o。

解 （1）该电路为基本共射放大电路，估算静态工作 Q 点为

$$I_{BQ} = \frac{U_{BB} - U_{BEQ}}{R_b} = \left(\frac{1 - 0.7}{24 \times 10^3}\right) A = 12.5 \ \mu A$$

$$I_{CQ} = \beta I_{BQ} = (100 \times 12.5) \mu A = 1.25 \ mA$$

$$U_{CEQ} = U_{CC} - I_{CQ} R_c = (12 - 1.25 \times 3) V = 8.25 \ V$$

U_{CEQ} 大于 U_{BEQ}，说明晶体三极管工作在放大区。

（2）动态性能指标分析：

$$r_{be} = r_{bb'} + \beta \frac{U_T}{I_{CQ}} \approx \left(100 + 100 \frac{26}{1.25}\right) \Omega = 2.2 \ k\Omega$$

$$\dot{A}_u = -\frac{\beta R'_L}{r_{be}} = -\frac{100 \times \frac{3 \times 3}{3 + 3}}{2.2} \approx -68$$

$$r_i = R_b /\!/ r_{be} = \left(\frac{24 \times 2.2}{24 + 2.2}\right) k\Omega \approx 2.02 \ k\Omega$$

$$r_o = R_c = 3 \ k\Omega$$

2.4 静态工作点稳定的共发射极放大电路

2.4.1 温度对静态工作点的影响

静态工作点不仅影响电路是否产生失真，同时还影响着电压放大倍数、输入电阻等动态参数，因此，保持 Q 点的稳定极其重要。引起 Q 点的变化有诸多因素，比如元器件老化、电源电压波动、温度变化等。其中，温度变化对晶体三极管的影响最为主要。

在图 2-18 中，实线为晶体三极管在 20℃时的输出特性曲线，虚线为晶体三极管在

50℃时的输出特性曲线。从图中可看出，温度上升对晶体三极管输出特性的影响如下：

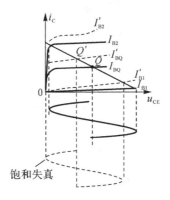

图 2-18　温度对 Q 点和输出波形的影响

（1）温度上升，反向饱和电流 I_{CBO} 增加，穿透电流 $I_{CEO}=(1+\beta)I_{CBO}$ 也增加，反映在输出特性曲线上是使其上移。

（2）温度上升，发射结电压 U_{BE} 下降，在外加电压和电阻不变的情况下，基极电流 I_B 上升。

（3）温度上升，晶体三极管的电流放大倍数 β 增大，使特性曲线间距增大。

由晶体三极管特性可知，温度的变化主要引起集电极电流 i_C 的变化。因此，若电路能够在电流 i_C 随温度上升而增加时，设法自动将 i_C 减小；若温度下降使 i_C 降低，能够自动地将 i_C 值增加上去，这样就可以维持电流 i_C 值近似不变，达到稳定静态工作点的目的。

2.4.2　工作点稳定的典型电路

1. 电流反馈式偏置电路

典型的静态工作点稳定电路如图 2-19 所示。该电路通过引入直流电流负反馈的方法使 I_{BQ} 在温度变化时产生与 I_{CQ} 相反的变化。

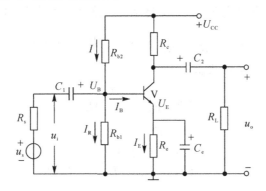

图 2-19　电流反馈式偏置电路

要保持基极电位 U_B 恒定，使它与 I_B 无关，由其直流通路可得：

$$U_{CC}=(I_R+I_B)R_{b2}+I_R R_{b1}$$

为了稳定 Q 点，通常参数的选取满足：

$$I_R \gg I_B \tag{2-12}$$

得出：

$$I_{R} \approx \frac{U_{CC}}{R_{b2}+R_{b1}} \qquad (2-13)$$

该电路中晶体三极管的基极电位近似为

$$U_{B} \approx \frac{R_{b1}}{R_{b1}+R_{b2}}U_{CC} \qquad (2-14)$$

此式说明 U_B 与晶体三极管无关，不随温度变化而改变，故可认为 U_B 恒定不变。

由于 $I_E = U_E/R_e$，所以要稳定工作点，应使 U_E 恒定，不受 U_{BE} 的影响，因此要求满足条件：

$$\begin{cases} U_{B} \gg U_{BE} \\ I_{E}=\dfrac{U_{E}}{R_{e}}=\dfrac{U_{B}-U_{BE}}{R_{e}} \end{cases}$$

当温度升高时，集电极电流 I_C 增大，流过电阻 R_e 的电流 I_E 随之增大，E 点的电位 U_E 升高；由于 B 点的电位 U_B 可认为恒定不变，发射结压降 U_{BE} 必然减小，导致基极电流 I_B 减小，I_C、I_E 随之相应减小。结果，I_E 随温度升高而增大的部分被由于 I_B 减小而引起的部分相互抵消，使 I_E 趋于平衡，从而起到稳定 Q 点的作用。

2. 静态分析

对图 2-19 所示稳定电路求解静态工作点，可按下述公式进行估算：

$$U_{B}=\frac{R_{b1}}{R_{b1}+R_{b2}}U_{CC} \qquad (2-15)$$

$$U_{E}=U_{B}-U_{BE} \qquad (2-16)$$

$$I_{EQ}=\frac{U_{E}}{R_{e}} \approx I_{CQ} \qquad (2-17)$$

$$I_{BQ}=\frac{I_{EQ}}{1+\beta} \qquad (2-18)$$

$$U_{CEQ} \approx U_{CC}-I_{CQ}(R_{e}+R_{e}) \qquad (2-19)$$

如果要精确计算，应按戴维南定理，将基极回路直流等效为（如图 2-20 所示）

$$U_{BB}=\frac{R_{b1}}{R_{b2}+R_{b1}}U_{CC}, \qquad R_{b}=R_{b1} /\!/ R_{b2}$$

然后按下式计算直流工作状态：

$$I_{BQ}=\frac{U_{BB}-U_{BE}}{R_{b}+(1+\beta)R_{e}}$$

$$I_{CQ}=\beta I_{BQ}$$

$$I_{EQ}=(1+\beta)I_{BQ}$$

$$U_{CEQ} \approx U_{CC}-I_{CQ}R_{e}-I_{EQ}R_{e}$$

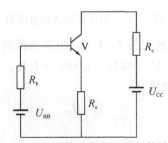

图 2-20 利用戴维南定理后的等效电路

3. 动态分析

图 2-19 所示电路的微变等效电路如图 2-21 所示。

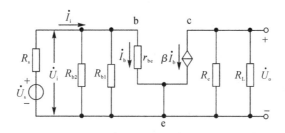

图 2-21 电流反馈式偏置电路的微变等效电路

其动态性能指标如下：

（1）电压放大倍数：

$$\dot{A}_u = \frac{\dot{U}_o}{\dot{U}_i} = \frac{-\beta \dot{I}_b R_L'}{\dot{I}_b r_{be}} = -\frac{\beta R_L'}{r_{be}} \qquad (R_L' = R_c // R_L) \qquad (2-20)$$

（2）输入电阻 r_i：由图 2-22 可得

$$r_i = R_{b1} // R_{b2} // r_{be} \qquad (2-21)$$

（3）输出电阻 r_o：

$$r_o = R_c \qquad (2-22)$$

若图 2-19 所示电路中没有旁路电容 C_e，则其对应的微变等效电路如图 2-22 所示。

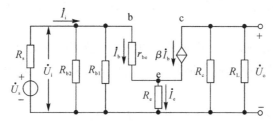

图 2-22 电流反馈式偏置电路无旁路电容 C_e 的微变等效电路

其动态性能指标如下：

（1）电压放大倍数：

$$\dot{A}_u = \frac{\dot{U}_o}{\dot{U}_i} = \frac{-\dot{I}_c R_L'}{\dot{I}_b r_{be} + \dot{I}_e R_e} = -\frac{\beta R_L'}{r_{be} + (1+\beta)R_e} \quad (R_L' = R_c // R_L) \qquad (2-23)$$

（2）输入电阻 r_i：由图 2-22 可得

$$r_i = \frac{U_i}{I_i} = R_{b1} // R_{b2} // [r_{be} + (1+\beta)R_e] \qquad (2-24)$$

（3）输出电阻 r_o：

$$r_o = R_c \qquad (2-25)$$

【例 2-5】 设图 2-19 中 $U_{CC} = 24$ V，$R_{b1} = 20$ kΩ，$R_{b2} = 60$ kΩ，$R_e = 1.8$ kΩ，$R_c = 3$ kΩ，$R_L = 3$ kΩ，晶体三极管的 $\beta = 50$，$r_{be} = 1$ kΩ，$U_{BEQ} = 0.7$ V。

（1）求其静态工作点；

（2）求解动态性能指标 $\dot{A}_u$、r_i 和 r_o。

解 （1）
$$U_B = \frac{R_{b1}}{R_{b2}+R_{b1}}U_{CC} = \frac{20}{60+20}\times 24 = 6 \text{ V}$$

$$U_E = U_B - U_{BE} = 6 - 0.7 = 5.3 \text{ V}$$

$$I_{EQ} = \frac{U_E}{R_e} = \frac{5.3}{1.8} \approx 2.9 \text{ mA}$$

$$I_{BQ} = \frac{I_{EQ}}{1+\beta} \approx 58 \text{ }\mu\text{A}$$

$$U_{CEQ} \approx U_{CC} - I_C(R_c + R_e) = 24 - 2.9 \times 5.1 = 9.21 \text{ V}$$

（2）该电路含有旁路电容 C_e，因此其动态性能指标分析如下：
$$R_L' = R_c /\!/ R_L = 1.5 \text{ k}\Omega$$

$$\dot{A}_u = \frac{\dot{U}_o}{\dot{U}_i} = \frac{-\beta \dot{I}_b R_L'}{\dot{I}_b r_{be}} = -\frac{\beta R_L'}{r_{be}} = -\frac{50 \times 1.5}{1} = -75$$

$$r_i = R_{b1} /\!/ R_{b2} /\!/ r_{be} \approx 1 \text{ k}\Omega$$

$$r_o = R_c = 3 \text{ k}\Omega$$

2.5 共集电极放大电路

2.5.1 电路的组成

共集电极放大电路的交流信号通道是以集电极为公共端的一种放大电路，图 2-23 所示为共集电极放大电路。

图 2-24(a)、(b)分别为共集电极放大电路的直流通路和交流通路。从交流通路上可看出，集电极是输入回路和输出回路的公共端。共集电极放大电路由于从发射极输出电压，故又称为射极输出器。

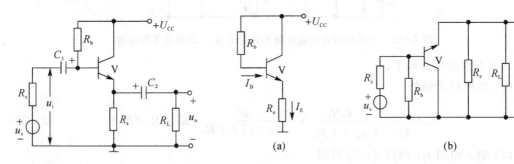

图 2-23 共集电极放大电路　　　图 2-24 共集电极放大电路的直流通路与交流通路

2.5.2 电路分析

1. 静态分析

对图 2-23 所示电路求解静态工作点，可按下述公式进行估算：
$$I_{BQ} = \frac{U_{CC}-U_{BEQ}}{R_b+(1+\beta)R_e} \tag{2-26}$$

$$I_{CQ} = \beta I_{BQ} \qquad\qquad (2-27)$$

$$I_{EQ} = (1+\beta) I_{BQ} \qquad\qquad (2-28)$$

$$U_{CEQ} = U_{CC} - I_{EQ} R_e \qquad\qquad (2-29)$$

2. 动态分析

图 2-23 电路的微变等效电路如图 2-25 所示。

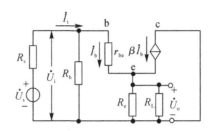

图 2-25　图 2-23 电路的微变等效电路

1）电压放大倍数 $\dot{A}_u$

输出电压：

$$\dot{U}_o = (1+\beta) \dot{I}_b R'_e \quad (R'_e = R_e /\!/ R_L)$$

输入电压：

$$\dot{U}_i = \dot{I}_b r_{be} + \dot{U}_o = \dot{I}_b r_{be} + (1+\beta) R'_e \dot{I}_b$$

电压放大倍数：

$$\dot{A}_u = \frac{\dot{U}_o}{\dot{U}_i} = \frac{(1+\beta) R'_e}{r_{be} + (1+\beta) R'_e} \qquad\qquad (2-30)$$

当 $(1+\beta) R'_e \gg r_{be}$ 时，$\dot{A}_u \approx 1$，即 $\dot{U}_o \approx \dot{U}_i$ 且 $\dot{U}_o$ 与 $\dot{U}_i$ 同相，故常称共集电极放大电路为射极跟随器。

2）输入电阻 r_i

由图 2-25 可知，

$$\dot{I}_i = \dot{I}_R + \dot{I}_b$$

$$\dot{I}_R = \frac{\dot{U}_i}{R_b}$$

$$\dot{I}_b = \frac{\dot{U}_i}{r_{be} + (1+\beta) R'_e}$$

根据输入电阻定义，

$$r_i = \frac{U_i}{I_i} = \frac{U_i}{I_R + I_b} = \frac{U_i}{\dfrac{U_i}{R_b} + \dfrac{U_i}{r_{be} + (1+\beta) R'_e}} = \frac{R_b \cdot [r_{be} + (1+\beta) R'_e]}{R_b + [r_{be} + (1+\beta) R'_e]} \qquad (2-31)$$

由上式可知，共集电极放大电路输入电阻高，这是共集电极电路的特点之一。

3）输出电阻 r_o

为计算输出电阻，令输入信号为零，在输出端加正弦电压 $\dot{U}_2$，其产生的电流为 $\dot{I}_2$（如

图 2-26 所示），则根据输出电阻定义 $r_o = \dfrac{U_2}{I_2}$ 得

$$I' = \frac{U_2}{R_e}$$

$$I'' = \frac{U_2}{R_s' + r_{be}} = -I_b \qquad (R_s' = R_s /\!/ R_b)$$

$$I''' = -\beta I_b = \frac{\beta U_2}{R_s' + r_{be}}$$

$$I_2 = I' + I'' + I''' = \frac{U_2}{R_e} + \frac{(1+\beta)U_2}{R_s' + r_{be}}$$

$$r_o = \frac{U_2}{I_2} = R_e /\!/ \frac{R_s' + r_{be}}{1+\beta} \qquad\qquad (2-32)$$

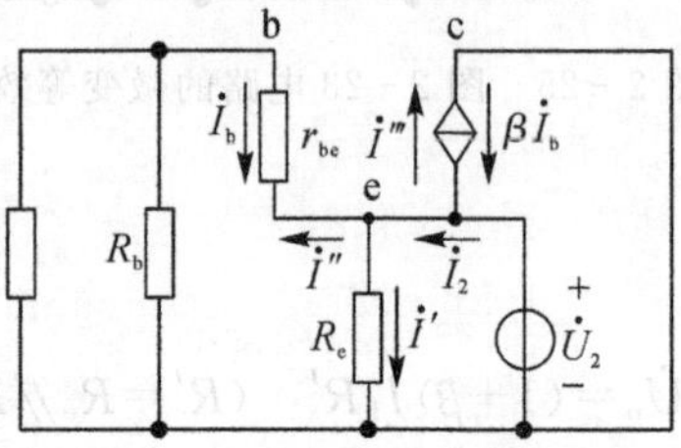

图 2-26 求 r_o 等效电路

【例 2-6】 设图 2-23 电路中 $U_{CC} = 15$ V，$R_b = 150$ kΩ，$R_L = 3$ kΩ，$R_e = 2$ kΩ，$R_s = 1$ kΩ，$\beta = 80$，$U_{BEQ} = 0.7$ V，$r_{bb'} = 200$ Ω。

（1）求静态工作点 Q；

（2）求解动态性能指标 $\dot{A}_u$、r_i 和 r_o。

解　（1）静态工作点如下：

$$I_{BQ} = \frac{U_{CC} - U_{BEQ}}{R_b + (1+\beta)R_e} = \frac{15 - 0.7}{150 + 81 \times 2} \approx 0.046 \text{ mA}$$

$$I_{CQ} = \beta I_{BQ} = 80 \times 0.046 = 3.68 \text{ mA}$$

$$I_{EQ} = (1+\beta)I_{BQ} = 81 \times 0.046 \text{ mA} \approx 3.73 \text{ mA}$$

$$U_{CEQ} = U_{CC} - I_{EQ}R_e = (15 - 3.73 \times 2)\text{V} = 7.54 \text{ V}$$

$$r_{be} = r_{bb'} + \beta \frac{U_T}{I_{CQ}} = \left(200 + 80 \times \frac{26}{3.68}\right)\Omega \approx 0.76 \text{ kΩ}$$

（2）动态性能指标分析：

$$R_e' = \frac{2 \times 3}{2+3} = 1.2 \text{ kΩ}$$

$$\dot{A}_u = \frac{(1+\beta)R_e}{r_{be} + (1+\beta)R_e'} = \frac{(1+80) \times 1.2}{0.76 + (1+80) \times 1.2} \approx 0.99$$

$$r_i = \frac{R_b \cdot [r_{be} + (1+\beta)R_e']}{R_b + [r_{be} + (1+\beta)R_e']} = \frac{150 \times (0.76 + 81 \times 1.2)}{150 + (0.76 + 81 \times 1.2)}\text{kΩ} \approx 59.3 \text{ kΩ}$$

$$R_s' = R_s /\!/ R_b = \frac{1 \times 150}{1 + 150}\text{kΩ} \approx 0.99 \text{ kΩ}$$

$$r_o = R_e // \frac{R_s' + r_{be}}{1 + \beta} = \frac{2 \times \dfrac{0.99 + 0.76}{1 + 80}}{2 + \dfrac{0.99 + 0.76}{1 + 80}} \approx 0.022 \text{ k}\Omega = 22 \ \Omega$$

综上所述，共集电极放大电路是一个具有高输入电阻、低输出电阻、电压增益近似为1的放大电路。所以共集电极放大电路可用来作输入级和输出级，也可作为缓冲级，用来隔离它前后两级之间的相互影响。

2.6　共基极放大电路

2.6.1　电路的组成

共基极放大电路的交流信号通道是以基极为公共端的一种放大器，图2-27所示为共基极放大电路。

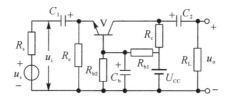

图 2-27　共基极放大电路

图2-28(a)、(b)分别为共基极放大电路的直流通路和交流通路。从交流通路上可看出，基极是输入回路和输出回路的公共端。

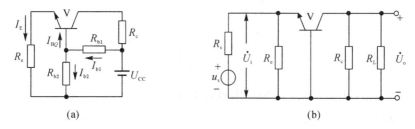

(a)　　　　　　　　　　　　　(b)

图 2-28　共基极放大电路的直流通路与交流通路

2.6.2　电路分析

1. 静态分析

对图2-27所示电路求解静态工作点：

$$U_{BQ} \approx \frac{R_{b2}}{R_{b1} + R_{b2}} \cdot U_{CC} \tag{2-33}$$

$$I_{CQ} \approx I_{EQ} = \frac{U_{BQ} - U_{BEQ}}{R_e} \tag{2-34}$$

$$I_{BQ} = \frac{I_{CQ}}{\beta} \tag{2-35}$$

$$U_{CEQ} = U_{CC} - I_{EQ}R_e - I_{CQ}R_c \tag{2-36}$$

2. 动态分析

图 2-27 电路的微变等效电路如图 2-29 所示。

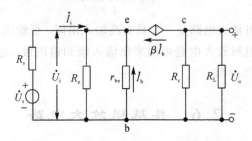

图 2-29 图 2-27 电路的微变等效电路

1) 电压放大倍数 $\dot{A}_u$

输出电压:

$$\dot{U}_o = -\beta \dot{I}_b R'_L \qquad (R'_L = R_c /\!/ R_L)$$

输入电压:

$$\dot{U}_i = -\dot{I}_b r_{be}$$

根据电压放大倍数定义得

$$\dot{A}_u = \frac{\beta R'_L}{r_{be}} \tag{2-37}$$

2) 输入电阻 r_i

$$\dot{U}_i = -\dot{I}_b r_{be}$$

$$\dot{I}_i = -\frac{\dot{U}_i}{R_e} - \dot{I}_e = -\frac{\dot{U}_i}{R_e} - (1+\beta)\frac{\dot{U}_i}{r_{be}}$$

$$r_i = \frac{U_i}{I_i} = \frac{U_i}{\dfrac{U_i}{R_e} + (1+\beta)\dfrac{U_i}{r_{be}}} = \frac{R_e \cdot r_{be}}{r_{be} + (1+\beta)R_e} \tag{2-38}$$

与共发射极放大电路相比,其输入电阻减小到 $r_{be}/(1+\beta)$。

3) 输出电阻 r_o

当 $\dot{U}_s = 0$ 时,$\dot{I}_b = 0$,$\beta \dot{I}_b = 0$,故

$$r_o = R_c \tag{2-39}$$

【例 2-7】 图 2-27 所示电路中,$U_{BEQ} = 0.7 \text{ V}$,$U_{CC} = 12 \text{ V}$,$R_c = R_L = R_{b2} = 5 \text{ k}\Omega$,$R_e = 2.3 \text{ k}\Omega$,$\beta = 120$,$r_{be} = 3 \text{ k}\Omega$,$R_{b1} = 15 \text{ k}\Omega$。

(1) 求静态工作点 Q;

(2) 求解动态性能指标 $\dot{A}_u$、r_i 和 r_o。

解 (1) 静态工作点如下:

$$U_{BQ} \approx \frac{R_{b2}}{R_{b1} + R_{b2}} \cdot U_{CC} = \frac{5}{15+5} \times 12 \text{ V} = 3 \text{ V}$$

$$I_{CQ} \approx I_{EQ} = \frac{U_{BQ} - U_{BEQ}}{R_e} = \frac{3-0.7}{2.3} \text{mA} = 1 \text{ mA}$$

$$I_{BQ} = \frac{I_{CQ}}{\beta} = \frac{1}{120} \approx 8.33\ \mu A$$

$$U_{CEQ} = U_{CC} - I_{EQ}R_e - I_{CQ}R_c = [12 - 1 \times (5 + 2.3)]V = 4.7\ V$$

（2）动态性能指标分析：

$$\dot{A}_u = \frac{\dot{U}_o}{\dot{U}_i} = \frac{\beta(R_c /\!/ R_L)}{r_{be}} = \frac{120 \times \dfrac{1}{1/5 + 1/5}}{3} = 100$$

$$r_i = R_e /\!/ \frac{r_{be}}{1 + \beta} \approx \frac{3000}{120 + 1} \approx 25\ \Omega$$

$$r_o = R_c = 5\ k\Omega$$

2.7　多级放大电路

在电子电路中，输入信号通常很微弱，由于单级放大电路的放大倍数较低，仅靠单级放大电路常常不能满足实际需求，因此常把两级或两级以上的不同组态的基本放大电路连接起来，组成多级放大电路。

2.7.1　多级放大电路的组成

根据每级所处的位置和作用不同，多级放大电路一般由输入级、中间级和输出级组成，如图 2-30 所示。

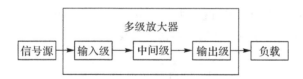

图 2-30　多级放大电路的组成

输入级一般要求有较高的输入阻抗或较好的抗干扰能力，使它与信号源相连接时，索取较小的电流，所以常采用射极输出器或差分放大电路；中间级又称电压放大级，主要完成信号的电压放大所用，一般常用共发射极放大电路；输出级的主要作用是输出具有一定功率的信号，主要考虑对输出电阻的要求。为适应负载变动而输出电压不变的要求，一般选用输出电阻较小的共集电极电路。

2.7.2　多级放大电路的耦合方式

组成多级放大电路的每一个基本电路称为一级。在多级放大器中各级之间、放大电路与信号源之间、放大电路与负载之间的连接方式称为耦合方式。多级放大电路的耦合方式通常有三种：直接耦合、阻容耦合及变压器耦合。耦合电路应满足两个要求：一是耦合电路必须保证信号畅通地、不失真地传输到下一级，尽量减少损失；二是保证各级均有合适的静态工作点。

1. 阻容耦合

将放大电路的前级输出端通过电容接到后级输入端组成的多级放大电路称为阻容耦合

放大电路。图 2-31 为两级阻容耦合放大电路，第一级和第二级均为共发射极放大电路。

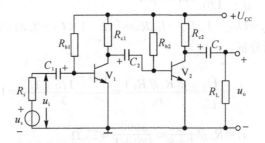

图 2-31 阻容耦合放大电路

阻容耦合多级放大电路具有如下特点：

(1) 由于电容对直流信号的"隔离"作用，使得阻容耦合多级放大电路各级之间的直流通路各不相通，各级的静态工作点相互独立，在求解或调试 Q 点时可按单级处理，电路的分析、设计和调试简单易行。该耦合方式在分立元件电路中得到了广泛应用。

(2) 阻容耦合放大电路的低频特性差，不能放大变化缓慢的信号。

(3) 在集成电路中无法制造大容量电容，该耦合方式不便于集成化。

综上所述，只有在信号频率很高、输出功率很大等特殊情况下，才采用阻容耦合方式的分立元件放大电路。

2. 直接耦合

将放大电路的前级输出端直接接到后级输入端组成的多级放大电路称为直接耦合放大电路，如图 2-32 所示。图中，R_{c1} 既作为第一级的集电极电阻，又作为第二级的基极电阻，只要 R_{c1} 取值合适，就可以为 V_2 管提供合适的基极电流。

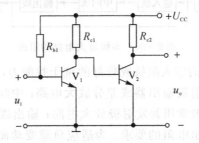

图 2-32 直接耦合放大电路

从图 2-32 所示电路图中可看出，静态时，V_1 管的管压降 U_{CEQ1} 等于 V_2 管的 b-e 间电压 U_{BEQ2}。通常情况下，若 V_2 管为硅管，U_{BEQ2} 约为 0.7 V，则 V_1 管的静态工作点靠近饱和区，在动态信号作用时容易引起饱和失真。因此，可通过改进电路来设置合适的静态工作点。电路中接入 R_{e2}，如图 2-33(a)所示，保证第一级集电极有较高的静态电位，但第二级放大倍数严重下降，从而影响整个电路的放大能力；用稳压管替代 R_{e2}，如图 2-33(b)所示，由于稳压管动态电阻很小，可以使第二级的放大倍数损失小。但集电极电压变化范围减小。对图 2-33(b)进一步改进如图 2-33(c)所示，改进后的放大电路可降低第二级的集电极电位，同时又不损失放大倍数，但稳压管噪声较大。图 2-33(d)为直接耦合放大电路常采用的方式，它通过将 NPN 管和 PNP 管混合使用，来获得合适的静态工作点。

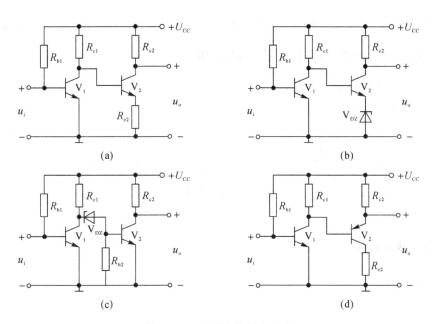

图 2 - 33 改进直接耦合方式

直接耦合多级放大电路具有如下特点：

（1）直接耦合放大电路的突出优点是具有良好的低频特性，可以放大变化缓慢的信号。

（2）直接耦合放大电路中没有大容量电容，所以易于构成集成放大电路。

（3）直接耦合放大电路各级之间的直流通路相连，因而静态工作点相互影响，对电路的分析、设计和调试带来了一定的困难。

（4）直接耦合放大电路存在零点漂移现象。

3. 变压器耦合

将放大电路前级的输出信号通过变压器接到后级的输入端或负载电阻上，称为变压器耦合。图 2 - 34 所示为变压器耦合放大电路。

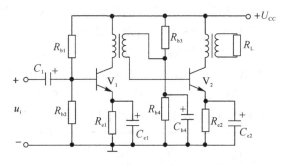

图 2 - 34 变压器耦合放大电路

变压器耦合放大电路主要应用在分立元件功率放大电路中，具有如下特点：

（1）变压器耦合放大电路前后级靠磁路耦合，与阻容耦合电路一样，它的各级放大电路的静态工作点相互独立，便于分析、设计和调试。

（2）变压器耦合放大电路可实现阻抗变换，通过选择合适的匝数比，负载可以获得足够大的功率。

（3）变压器耦合放大电路的低频特性差，不能放大变化缓慢的信号且不能集成化。

2.7.3 多级放大电路动态性能指标的分析

一个 n 级放大电路的交流等效电路可用图 2-35 所示框图表示。由图可知，放大电路中前级的输出电压是后级的输入电压。

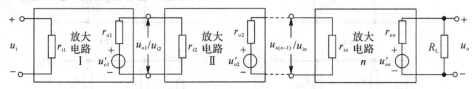

图 2-35 多级放大电路方框图

1. 电压放大倍数

电压放大倍数 $$\dot{A}_u = \frac{\dot{U}_o}{\dot{U}_i}$$

由于 $\dot{U}_{i2} = \dot{U}_{o1}$、$\dot{U}_{i3} = \dot{U}_{o2}$、$\dot{U}_o = \dot{U}_{o3}$，则上式可写成：

$$\dot{A}_u = \frac{\dot{U}_{o1}}{\dot{U}_i} \cdot \frac{\dot{U}_{o2}}{\dot{U}_{i2}} \cdot \frac{\dot{U}_{o3}}{\dot{U}_{i3}} = \dot{A}_{u1} \cdot \dot{A}_{u2} \cdot \dot{A}_{u3}$$

加以推广到 n 级放大器

$$\dot{A}_u = \dot{A}_{u1} \cdot \dot{A}_{u2} \cdot \dot{A}_{u3} \cdots \dot{A}_{un} \tag{2-40}$$

2. 输入电阻和输出电阻

一般来说，多级放大电路的输入电阻就是输入级的输入电阻，而输出电阻就是输出级的输出电阻。由于多级放大电路的放大倍数为各级放大倍数的乘积，所以在设计多级放大电路的输入级和输出级时，主要考虑输入电阻和输出电阻的要求，而放大倍数的要求由中间级完成。

具体计算输入电阻和输出电阻时，可直接利用已有的公式。但要注意，有的电路形式要考虑后级对输入级电阻的影响和前一级对输出电阻的影响。

【例 2-8】 图 2-36 为三级放大电路。已知：$U_{CC} = 15$ V，$R_{b1} = 150$ kΩ，$R_{b22} = 100$ kΩ，$R_{b21} = 15$ kΩ，$R_{b32} = 100$ kΩ，$R_{b31} = 22$ kΩ，$R_{e1} = 20$ kΩ，$R_{e2} = 750$ Ω，$R'_{e2} = 100$ Ω，$R_{e3} = 1$ kΩ，$R_{c2} = 5$ kΩ，$R_{c3} = 3$ kΩ，$R_L = 1$ kΩ，$r_{bb'}$ 均为 300 Ω，晶体三极管的电流放大倍数均为 $\beta = 50$。试求电路的静态工作点、电压放大倍数、输入电阻和输出电阻。

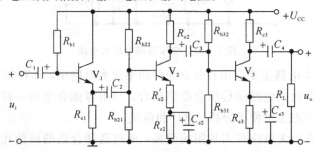

图 2-36 例 2-8 三级阻容耦合放大电路

解　图示放大电路，第一级是射极输出器，第二、三级都是具有电流反馈的阻容耦合 Q 点稳定电路，所以各级静态工作点均可单独计算。

第一级：

$$I_{BQ}=\frac{U_{CC}-U_{BEQ}}{R_{b1}+(1+\beta)R_{e1}}=\frac{15-0.7}{150+51\times20}\approx0.0122\text{ mA}=12.2\ \mu\text{A}$$

$$I_{CQ}=\beta I_{BQ}=50\times0.0122=0.61\text{ mA}$$

$$U_{CEQ}\approx U_{CC}-I_{CQ}R_{e1}=15-0.61\times20=2.8\text{ V}$$

第二级：

$$U_{B2}=\frac{R_{b21}}{R_{b21}+R_{b22}}U_{CC}=\frac{15}{100+15}\times15\approx1.96\text{ V}$$

$$U_{E2}=U_{B2}-U_{BEQ}=1.96-0.7=1.26\text{ V}$$

$$I_{CQ2}\approx I_{EQ2}=\frac{U_E}{R_{e2}+R'_{e2}}=\frac{1.26}{850}\text{A}\approx1.48\text{ mA}$$

$$U_{CEQ2}\approx U_{CC}-I_{CQ2}(R_{c2}+R'_{e2}+R_{e2})=15-1.48\times(5+0.1+0.75)=6.3\text{ V}$$

第三级：

$$U_{B3}=\frac{R_{b31}}{R_{b31}+R_{b22}}U_{CC}=\frac{22}{100+22}\times15\approx2.7\text{ V}$$

$$U_{E3}=U_{B3}-U_{BEQ}=2.7-0.7=2\text{ V}$$

$$I_{CQ3}\approx I_{EQ3}=\frac{U_{E3}}{R_{e3}}=\frac{2}{1}=2\text{ mA}$$

$$U_{CEQ3}\approx U_{CC}-I_{CQ3}(R_{c3}+R_{e3})=15-2\times(3+1)=7\text{ V}$$

电压放大倍数：

$$\dot{A}_u=\dot{A}_{u1}\cdot\dot{A}_{u2}\cdot\dot{A}_{u3}$$

第一级：第一级是射极输出器，其电压放大倍数 $\dot{A}_{u1}\approx1$。

第二级：

$$r_{be2}=r_{bb'}+(1+\beta)\frac{26}{I_{EQ2}}=300+51\times\frac{26}{1.48}\approx1.2\text{ k}\Omega$$

$$r_{be3}=r_{bb'}+(1+\beta)\frac{26}{I_{EQ3}}=300+51\times\frac{26}{2}=0.96\text{ k}\Omega$$

$$r_{i3}=R_{b31}/\!/R_{b32}/\!/r_{be3}=100/\!/22/\!/0.96\approx0.96\text{ k}\Omega$$

$$R'_{c2}=R_{c2}/\!/r_{i3}=5/\!/0.96\approx0.8\text{ k}\Omega$$

$$\dot{A}_{u2}=\frac{-\beta R'_{c2}}{r_{be2}+(1+\beta)R'_{e2}}=\frac{-50\times0.8}{1.2+51\times0.1}=-5.13$$

第三级：

$$R'_{c3}=R_{c3}/\!/R_L=3/\!/1\approx0.75\text{ k}\Omega$$

$$\dot{A}_{u3}=-\frac{-\beta R'_{c3}}{r_{be3}}=\frac{-50\times0.75}{0.96}=-39.06$$

电路总的电压放大倍数

$$\dot{A}_u=\dot{A}_{u1}\cdot\dot{A}_{u2}\cdot\dot{A}_{u3}=1\times5.13\times39.06\approx200$$

输入电阻（即第一级输入电阻）：

$$r_{be1} = r_{bb'} + (1+\beta)\frac{26}{I_{EQ1}} = 300 + 51\frac{26}{0.61} \approx 2.48 \text{ k}\Omega$$

$$r'_{i2} = R_{b21} \text{ // } R_{b22} \text{ // } [r_{be2} + (1+\beta)R'_{e2} = 100 \text{ // } 15 \text{ // } 6.3 \approx 4.17 \text{ k}\Omega$$

$$R'_{e1} = R_{e1} \text{ // } r'_{i2} = 20 \text{ // } 4.17 = 3.45 \text{ k}\Omega$$

$$r'_{i1} = r_{be1} + (1+\beta)R'_{e1} = 2.48 + 51 \times 3.45 = 178 \text{ k}\Omega$$

$$r_i = R_{i1} = R_{b1} \text{ // } R'_{i1} = 150 \text{ // } 178 \approx 81 \text{ k}\Omega$$

输出电阻（即第三级的输出电阻）：

$$r_o = r_{o3} = R_{c3} = 3 \text{ k}\Omega$$

2.8　差分放大电路

输入电压 u_i 为零而输出电压 u_o 不为零且缓慢变化的现象称为零点漂移现象。温度的变化，是产生零点漂移的主要原因，因此也称零点漂移为温度漂移，简称温漂。无论哪种耦合方式，各级都存在温漂，但直接耦合的第一级温漂对电路的影响最大，因为第一级的温漂要经过放大电路逐级放大后传至输出端。为了稳定放大电路第一级的工作点，通常在直接耦合放大电路的前级采用差分放大电路。

2.8.1　电路的组成

为了抑制直接耦合放大电路的温度漂移，采用两个特性完全相同的晶体三极管对称组成图 2-37 所示的差分放大电路，即电路由两个参数与结构完全相同的共发射极放大电路对接而成。若电路参数完全相同，管子特性也完全相同，两只管子的集电极静态电位在温度变化时也时时相等，电路以两只管子的集电极电位差作为输出，就克服了温漂现象。

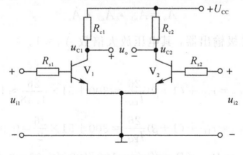

图 2-37　差分放大电路

差分放大电路由于参数对称，在温度变化时虽然集电极电位会随温度变化而改变，但是温度变化引起两只晶体三极管输出电压漂移的大小与方向（极性）是一致的，因而从两集电极输出的电压等于零；若输入信号 U_{i1} 与 U_{i2} 不等，则 V_1 管和 V_2 管的集电极电位变化将不相等，电路有电压输出，输出电压为两晶体三极管集电极电位差 $u_o = u_{c1} - u_{c2}$。可见，图 2-37 所示电路，只有当输入信号有差别时，放大电路才有输出，因此，这个电路称为差分放大电路。

2.8.2　典型差分放大电路的分析

图 2-38 所示为典型的差分放大电路，因 R_e 接负电源 $-U_{EE}$，拖一个尾巴，故又称为长尾式差分放大电路。

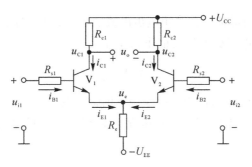

图 2 - 38　典型差分放大电路

图 2 - 38 中的电阻 R_e 与图 2 - 20 所示工作点稳定的电流反馈式偏置电路的电阻 R_e 作用相同。电路参数理想对称：V_1 管和 V_2 管特性相同，$R_{s1}=R_{s2}=R_s$，$R_{c1}=R_{c2}=R_c$，$\beta_1=\beta_2=\beta$，$r_{be1}=r_{be2}=r_{be}$，R_e 为公共的发射极电阻。

1. 静态工作点的稳定性

当输入信号 $U_{i1}=U_{i2}=0$ 时，电阻 R_e 中的电流为 V_1 管和 V_2 管的发射极电流之和，即

$$I_{Re}=I_{EQ1}+I_{EQ2}=2I_{EQ}$$

根据基极回路方程得

$$U_{EE}-U_{BEQ}=2I_{EQ}R_e+I_{BQ}R_{s1}$$

$$I_{EQ}=\frac{U_{EE}-U_{BE}}{2R_e+\dfrac{R_s}{1+\beta}}\approx\frac{U_{EE}-U_{BE}}{2R_e}\approx\frac{U_{EE}}{2R_e}$$

$$I_{BQ}=\frac{I_{EQ}}{1+\beta}$$

$$U_{CEQ}=U_{CQ}-U_{EQ}\approx U_{CC}-I_{CQ}R_c+U_{BEQ}$$

2. 动态分析

1）对共模信号的抑制作用

共模信号指的是大小相等极性相同的输入信号。在差分放大电路中，当电路输入共模信号（$u_{i1}=u_{i2}=u_i$）时，在图 2 - 39 所示交流通路中，基极电流和集电极的电流变化量相等，集电极电位的变化也相等，因为输出电压是 V_1 管和 V_2 管的集电极电位差，所以输出电压为零，即差分放大电路对共模信号不放大。

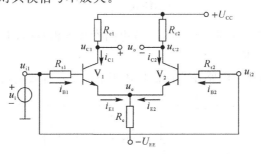

图 2 - 39　典型差分放大电路共模交流通路图

实际上，差分放大电路对共模信号的抑制，不但利用了电路参数对称性所起的补偿作用，使两只晶体三极管的集电极电位变化相等，而且还利用了发射极电阻 R_e 对共模信号的

负反馈作用，抑制了每只晶体三极管集电极电流的变化，从而抑制了集电极电位的变化。

共模信号输入时的电压放大倍数记作 A_c，定义为

$$A_c = \frac{\Delta u_{oc}}{\Delta u_{ic}} \tag{2-41}$$

式中，Δu_{ic} 为共模输入电压，Δu_{oc} 为 Δu_{ic} 作用下的输出电压。

图 2-38 所示差分放大电路中，在电路参数理想对称的情况下，输出电压为零，则 $A_c = 0$。

2）对差模信号的放大作用

差模信号指的是大小相等极性相反的输入信号。在差分放大电路中，当电路输入差模信号 $\left(u_{i1} = -u_{i2} = \frac{u_i}{2} \right)$ 时，在图 2-40 所示交流通路中，V_1 管和 V_2 管产生的电流的变化大小相等而方向相反，因此集电极电位的变化也是大小相等变化方向相反，即 $\Delta u_{C1} = -\Delta u_{C2}$，这样得到的输出电压 $\Delta u_o = \Delta u_{C1} - \Delta u_{C2} = 2\Delta u_{C1}$，从而实现电压放大。

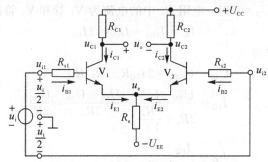

图 2-40 典型差分放大电路差模交流通路图

差模信号输入时的电压放大倍数记作 A_d，定义为

$$A_d = \frac{\Delta u_{od}}{\Delta u_{id}} \tag{2-42}$$

式中，Δu_{id} 为差模输入电压，Δu_{od} 为 Δu_{id} 作用下的输出电压。

为了综合考查差分放大电路的性能，特引入一个参数指标——共模抑制比，记作 CMRR，定义为

$$\text{CMRR} = \left| \frac{A_d}{A_c} \right| \tag{2-43}$$

【例 2-9】 设图 2-38 所示长尾式差分电路参数理想对称，U_o 端接入负载 R_L 时，求其 A_d、r_i、r_o、A_c、CMRR。

解 画出典型差分放大电路在差模信号作用下的微变等效电路如图 2-41 所示，则

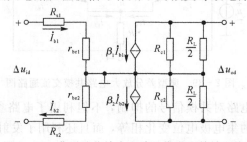

图 2-41 典型差分放大电路差模微变等效电路

$$A_{d} = \frac{\Delta u_{od}}{\Delta u_{id}} = \frac{\dot{U}_{o1}}{\dot{U}_{i1}} = \frac{-\beta \dot{I}_{b1} R'_{L}}{\dot{I}_{b1}(R_{s}+r_{be})} = \frac{-\beta R'_{L}}{R_{s}+r_{be}} = \frac{-\beta \left(R_{c} \, /\!/ \, \frac{1}{2} R_{L}\right)}{R_{s}+r_{be}}$$

因为电路对称，所以在共模输入信号作用下 $U_{c1} = U_{c2}$，因此

$$r_{i} = 2(R_{s}+r_{be}), \quad r_{o} = 2R_{c}$$

$$A_{c} = \frac{U_{oc}}{U_{ic}} = \frac{U_{c1}-U_{c2}}{U_{ic}} = 0$$

$$\mathrm{CMRR} = \left| \frac{A_{d}}{A_{c}} \right| = \infty$$

2.8.3 具有恒流源的差分放大器

利用工作点稳定电路取代典型差分放大电路中的发射极电阻 R_{e}，就得到图 2-42(a)所示具有恒流源的差分放大电路，工作点稳定电路的输出电阻 r_{o} 即为等效的电阻 R_{e}。该电路采用较低的电源电压 U_{EE} 和较大的等效电阻 R_{e}，能够有效地抑制电路的温漂并提高共模抑制比。图中 R_{1}、R_{2}、R_{3} 和 V_{3} 组成工作点稳定电路，电源 U_{EE} 取几伏，电路参数应满足：

$$U_{R2} \approx \frac{R_{2}}{R_{1}+R_{2}} \cdot U_{EE}$$

$$I_{C3} \approx I_{E3} = \frac{U_{R2}-U_{BE3}}{R_{3}}$$

图 2-42(b)所示为恒流源的微变等效电路，计算工作点稳定电路的输出电阻为 r_{o}。

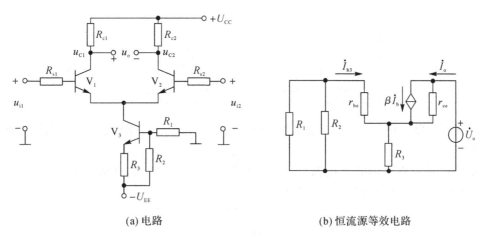

(a) 电路   (b) 恒流源等效电路

图 2-42 恒流源差分放大电路

令输入信号为零，在输出端加正弦电压 $\dot{U}_{o}$，求出因其产生电流 $\dot{I}_{o}$，输出电阻 $r_{o} = \dfrac{\dot{U}_{o}}{\dot{I}_{o}}$，即

$$\dot{U}_{o} = (\dot{I}_{o} - \beta \dot{I}_{b3}) r_{ce} + (\dot{I}_{o} + \dot{I}_{b3}) R_{3}$$

$$\dot{I}_{b3}(r_{be} + R_{1} \, /\!/ \, R_{2}) + (\dot{I}_{o} + \dot{I}_{b3}) R_{3} = 0$$

$$\dot{I}_{b3} = - \frac{R_{3}}{r_{be} + R_{3} + R_{1} \, /\!/ \, R_{2}} \dot{I}_{o}$$

$$r_{\mathrm{o}}=\frac{U_{\mathrm{o}}}{I_{\mathrm{o}}}=\left(1+\frac{\beta R_3}{r_{\mathrm{be}}+R_3+R_1 /\!/ R_2}\right)r_{\mathrm{ce}}+R_3 /\!/ (r_{\mathrm{be}}+R_1 /\!/ R_2)$$

$$\approx\left(1+\frac{\beta R_3}{r_{\mathrm{be}}+R_3+R_1 /\!/ R_2}\right)r_{\mathrm{ce}}$$

设 $\beta=80$，$r_{\mathrm{ce}}=100\ \mathrm{k\Omega}$，$r_{\mathrm{be}}=1\ \mathrm{k\Omega}$，$R_1=R_2=6\ \mathrm{k\Omega}$，$R_3=5\ \mathrm{k\Omega}$，则 $r_{\mathrm{o}}\approx4.5\ \mathrm{M\Omega}$。用如此大的电阻作为 R_{e}，可大大提高其对共模信号的抑制能力。而此时，恒流源所要求的电压源电压却不高，即

$$U_{\mathrm{EE}}=U_{\mathrm{BE2}}+U_{\mathrm{CE3}}+I_{\mathrm{E3}}R_3+I_{\mathrm{B1}}R_{\mathrm{s1}}$$

对应的静态电流为

$$I_{\mathrm{E1}}=I_{\mathrm{E2}}\approx\frac{1}{2}I_{\mathrm{E3}}$$

2.9　能　力　训　练

共发射极放大电路、共集电极放大电路和共基极放大电路是放大电路中最基本的接法电路，它们有各自的特点和用途。表 2-2 给出了三种基本放大电路的特点比较。

表 2-2　三种基本放大电路的特点比较

基本接法	共发射极电路	共集电极电路	共基极电路
电压放大倍数 A_u	$A_u\gg1$	$A_u<1$	$A_u\gg1$
输入电阻 R_i	低	高	低
输出电阻 R_o	高	低	高
频率特性	差	较好	好
适用频带	低频	中频	宽频/高频
用途	一般放大、中间级	输入级、输出级	宽频带放大器

在实际电路应用中，为了满足某种功放功能，通常是将三种基本放大电路组合在一起来应用。

扩音器是最常见的放大电路应用，它将微弱的声音放大成比原来强得多的声音。图 2-43 为某一扩音器的音频放大电路原理图。

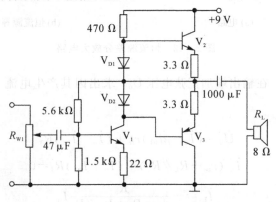

图 2-43　音频放大电路原理图

该电路为两级直接耦合放大电路。输入级 V_1 的基极工作电压等于两输出级晶体三极管 V_2、V_3 的中点电压，一般为电源电压的一半，这个稳定的电压由输出晶体三极管基极的两个二极管控制。3.3 Ω 电阻串联在输出晶体三极管的发射极上，以稳定偏流，减小环境、温度、不同器件参数对电路的影响。

图 2-44 所示为某扩音器的原理图，它由输入级—前置放大级—中间级—输出级—扬声器组成。输入级与 R_{W1} 组成回路，前置放大级由 V_1、R_1、R_{W2}、R_2、R_3、R_4、R_5、C_1、C_2、C_3、C_4 等组成，连接成共发射极放大电路，该电路采用分压式电流负反馈偏置稳压电路。中间级采用直接耦合方式，它由 V_2、R_6、R_{W4}、R_7、R_8、R_9、V_{D1}、V_{D2}、R_{W3}、R_{10}、C_5、C_6、C_7 组成，连接成共发射极分压式偏置稳压电路。输出级有向负载输出信号的任务，它由 V_3、V_4 组成的 NPN 型复合管，V_5、V_6 组成的 PNP 型复合管以及 R_{11}、R_{12}、R_{13}、R_{14}、C_8 共同组成互补对称电路。

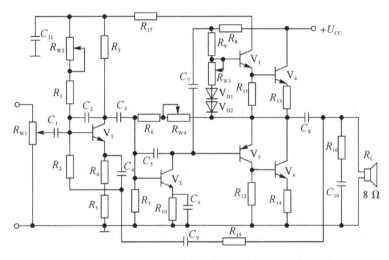

图 2-44　扩音器原理图

习　题

[题 2.1]　选择题。

1. 电路如图 2-45 所示，设晶体三极管工作在放大状态，欲使静态电流 I_C 减小，则应
_____ 。

　　A. 保持 U_{CC}，R_b 一定，减小 R_c 　　　　　　B. 保持 U_{CC}，R_c 一定，减小 R_b

　　C. 保持 R_b，R_c 一定，减小 U_{CC}

2. 对于基本共发射极放大电路，试判断某一参数变化时放大电路动态性能的变化情况（A. 增大，B. 减小，C. 不变），选择正确的答案填入空格。

　　(1) R_b 减小时，输入电阻 r_i _____ 。

　　(2) R_b 增大时，输出电阻 r_o _____ 。

　　(3) 信号源内阻 R_s 增大时，输入内阻 r_i _____ 。

　　(4) 负载内阻 R_L 增大时，电压放大倍数 $|\dot{A}_u|$ _____ 。

(5) 负载电阻 R_L 减小时，输出电阻 r_o _____。

3. 基本共发射极放大电路静态工作点 Q 如图 $2-46$ 所示，欲使工作点移至 Q'，需___
_____。

    A. 增大电阻 R_b B. 减小电阻 R_b C. 减小电阻 R_c

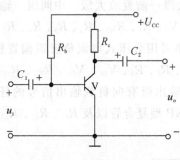 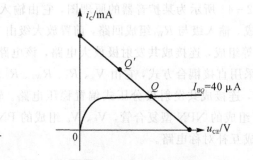

图 $2-45$ ［题 2.1］1 图   图 $2-46$ ［题 2.1］3 图

4. 分压式偏置单管放大电路的发射极旁路电容 C_e 因损坏而断开，则该电路的电压放大倍数将 _____。

    A. 增大   B. 减小   C. 不变

5. 两级放大电路，$A_{u1}=-40$，$A_{u2}=-50$，若输入电压 $U_i=1$ mV，则输出电压 U_o 为
_____。

    A. 10 mV   B. -90 mV   C. 2 V

6. 晶体三极管组成的三种基本接法电路中，_____ 既能放大电压又能放大电流。

    A. 共发射极电路   B. 共集电极电路   C. 共基极电路

7. 选用差分放大电路的原因是 _____。

    A. 克服温漂   B. 提高输入电阻   C. 稳定放大倍数

［题 2.2］ 说明图 $2-47$ 所示电路对正弦交流信号有无放大作用，其原因是什么？

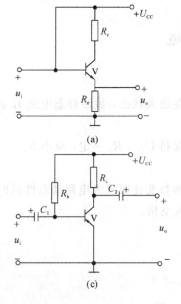 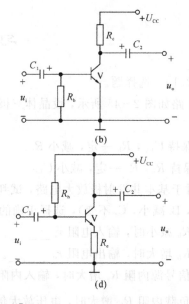

图 $2-47$ ［题 2.2］图

[题 2.3]　某硅晶体三极管的输出特性曲线和用该晶体三极管组成的放大电路及其直流、交流负载线如图 2-48 所示。由此求解：

(1) 电源电压 U_{CC}、静态电流 I_{CQ} 和静态电压 U_{CEQ}；

(2) 电路参数 R_c、R_L；

(3) 为了获得更大的不失真输出电压，R_b 应增大还是减小？

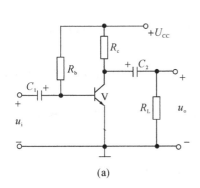
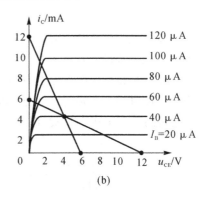

图 2-48　[题 2.3]图

[题 2.4]　如图 2-49(a) 所示电路，已知：$U_{CC}=12$ V，$U_{BB}=1$ V，$R_b=15$ kΩ，$R_c=3$ kΩ，晶体三极管导通时 $U_{BEQ}=0.7$ V。图 2-49(b) 为晶体三极管的输出特性曲线。试利用图解法分别求解 $R_L=\infty$ 和 $R_L=3$ kΩ 时的静态工作点。

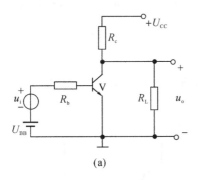
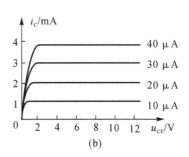

图 2-49　[题 2.4]图

[题 2.5]　图 2-50 所示电路中，已知 $+U_{CC}=12$ V，晶体三极管的 $\beta=100$，填空（要求先填文字表达式后填得数）：

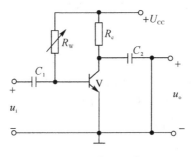

图 2-50　[题 2.5]图

(1) 当输入电压有效值 $U_i=0$ V 时，测得 $U_{BEQ}=0.7$ V，若 $I_{BQ}=20$ μA，则 $R_W=$ ____

$\approx$ _____ kΩ；若测得 $U_{CEQ}=6$ V，则 $R_c=$ _____ $\approx$ _____ kΩ。

（2）若测得输入电压有效值 $U_i=5$ mV，输出电压有效值 $U_o=0.6$ V，则电压放大倍数 $\dot{A}_u=$ _____ $\approx$ _____；若负载电阻 R_L 值与 R_c 相等，则带上负载后输出电压有效值 U_o' = _____ = _____ V。

[题 2.6]　图 2-51(a)所示共发射极放大电路，由于电路参数的改变使静态工作点产生图 2-51(b)所示的变化。试问：

（1）当静态工作点从 Q_1 移动到 Q_2，从 Q_2 移动到 Q_3，从 Q_3 移动到 Q_4 时，分别是电路的哪个参数变化造成的？这些参数是如何变化的？

（2）当电路的静态工作点分别为 $Q_1 \sim Q_4$ 时，从输出电压的角度看，哪种情况下最易产生截止失真？哪种情况下最易产生饱和失真？

（3）电路的静态工作点为 Q_4 时，集电极电源 U_{CC} 的值为多少伏？集电极电阻 R_c 为多少千欧？

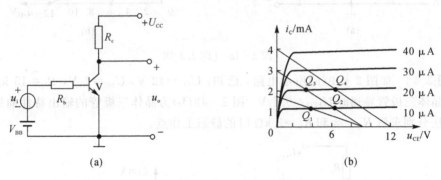

图 2-51　[题 2.6]图

[题 2.7]　图 2-52(a)所示共发射极放大电路的输出波形如图 2-52(b)所示。问：分别发生了什么失真？该如何改善？

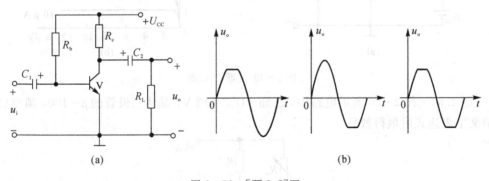

图 2-52　[题 2.7]图

[题 2.8]　如图 2-53 所示电路，已知：$U_{CC}=12$ V，$R_{b1}=10$ kΩ，$R_{b2}=30$ kΩ，$R_c=3$ kΩ，$R_e=1$ kΩ，$R_L=3$ kΩ，晶体三极管的 $\beta=60$，$r_{bb'}=200$ Ω。

（1）估算静态工作点 I_{CQ}、U_{CEQ}；

（2）估算电压放大倍数 $\dot{A}_u$；

（3）增大输入电压幅值直至输出电压临界不失真，然后保持输入电压幅度不变，逐渐增大 R_{b2}，输出电压将会出现什么失真（饱和、截止）？

[题 2.9]　图 2-54 所示电路中，已知 $U_{CC}=16$ V，$R_b=10$ kΩ，$R_c=3$ kΩ，$U_{BB}=1$ V，$R_L=3$ kΩ，晶体三极管的 $\beta=80$，$r_{bb'}=200$ Ω，导通时 $U_{BEQ}=0.7$ V。试求：

（1）静态工作点 Q；

（2）求放大电路的电压放大倍数 $\dot{A}_u$、r_i 和 r_o。

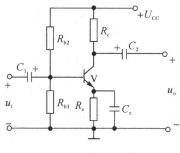
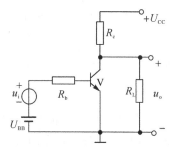

图 2-53　[题 2.8]图　　　　　图 2-54　[题 2.9]图

[题 2.10]　图 2-55 所示电路中，已知：$U_{CC}=15$ V，$R_b=56$ kΩ，$R_s=3$ kΩ，$R_c=5$ kΩ。晶体三极管的 $\beta=80$，$r_{bb'}=100$ Ω，$U_{BEQ}=0.7$ V。分别计算 $R_L=\infty$ 和 $R_L=3$ kΩ 时的 Q 点、$\dot{A}_u$、r_i 和 r_o。

[题 2.11]　图 2-56 所示电路中，已知 $U_{CC}=12$ V，$R_b=600$ kΩ，$R_c=3$ kΩ，$R_L=3$ kΩ，晶体三极管的 $\beta=50$，$r_{be}=1$ kΩ，导通时的 $U_{BEQ}=0.7$ V。

（1）求静态工作点 Q；

（2）求解动态性能指标 $\dot{A}_u$、r_i 和 r_o。

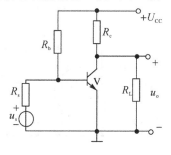
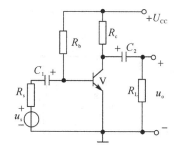

图 2-55　[题 2.10]图　　　　　图 2-56　[题 2.11]图

[题 2.12]　在图 2-57 所示的放大电路中，已知 $U_{CC}=12$ V，$R_b=360$ kΩ，$R_c=3$ kΩ，$R_L=3$ kΩ，$R_e=2$ kΩ，三极管的 $\beta=60$，$r_{bb'}=300$ Ω。

（1）求静态工作点 Q；

（2）画出微变等效电路；

（3）求解动态性能指标 $\dot{A}_u$、r_i 和 r_o。

[题 2.13]　已知图 2-58 所示电路中，$U_{CC}=12$ V，$R_{b1}=10$ kΩ，$R_{b2}=51$ kΩ，$R_c=3$ kΩ，$R_e=1$ kΩ，晶体三极管的发射结压降为 0.7 V，$\beta=80$。试计算：

（1）放大电路的静态工作点 I_C 和 U_{CE} 的数值；

（2）若晶体三极管 V 换成 $\beta=100$ 的晶体三极管后，静态工作点 I_C 和 U_{CE} 的数值有何变化？

（3）若要求 $I_C = 1.8$ mA，应如何调整 R_{b2}？

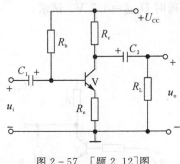

图 2-57 [题 2.12]图

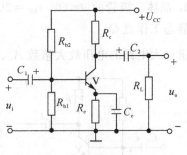

图 2-58 [题 2.13]图

[题 2.14] 图 2-59 所示电路中，已知 $U_{CC} = 12$ V，$R_{b1} = 20$ kΩ，$R_{b2} = 60$ kΩ，$R_L = 3$ kΩ，$R_c = 3$ kΩ，$R_e = 3$ kΩ；晶体三极管的 $r_{bb'} = 300$ Ω，$\beta = 50$，导通时 $U_{BEQ} = 0.6$ V，$r_{bb'} = 200$ Ω。

（1）求静态工作点 Q；

（2）画出该电路的微变等效电路并求解 r_i 和 r_o；

（3）求电压放大倍数 $\dot{A}_u$ 和源电压放大倍数 $\dot{A}_{us}$。

[题 2.15] 如图 2-60 所示电路，已知 $U_{CC} = 12$ V，$R_{b1} = 40$ kΩ，$R_{b2} = 120$ kΩ，$R_c = 3$ kΩ，$R_{e1} = 200$ Ω，$R_{e2} = 1.8$ kΩ，$R_L = 3$ kΩ，三极管的 $\beta = 100$，$U_{BEQ} = 0.6$ V。

（1）画出直流通路并求解静态工作点 Q；

（2）输入电阻 r_i 和输出电阻 r_o；

（3）电压放大倍数 $\dot{A}_u$。

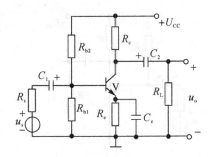

图 2-59 [题 2.14]图

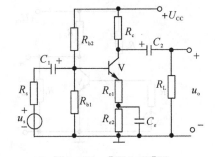

图 2-60 [题 2.15]图

[题 2.16] 图 2-61 所示电路中，已知 $U_{CC} = 10$ V，$R_{b1} = 15$ kΩ，$R_{b2} = 20$ kΩ，$R_c = 2$ kΩ，$R_e = 2$ kΩ；晶体三极管的 $r_{bb'} = 300$ Ω，$\beta = 100$，导通时 $U_{BEQ} = 0.7$ V。试求：

（1）求静态工作点 Q；

（2）输入电阻 r_i 和输出电阻 r_{o1}、r_{o2}；

（3）源电压放大倍数 $\dot{A}_{us1} = \dfrac{\dot{U}_{o1}}{\dot{U}_s}$ 和 $\dot{A}_{us2} = \dfrac{\dot{U}_{o2}}{\dot{U}_s}$。

[题 2.17] 图 2-62 所示电路为射极输出器，已知：$U_{CC} = 12$ V，$R_b = 560$ kΩ，$R_e = 5.6$ kΩ，晶体三极管的导通压降 $U_{BEQ} = 0.7$ V，$\beta = 100$，$r_{bb'} = 300$ Ω。

（1）求静态工作点 Q；

（2）画出微变等效电路，分别求 $R_L = \infty$ 和 $R_L = 1.2$ kΩ 时的电压放大倍数 $\dot{A}_u$；

（3）分别求 $R_L = \infty$ 和 $R_L = 1.2\ \text{k}\Omega$ 时的输入电阻 r_i；

（4）求输出电阻 r_o。

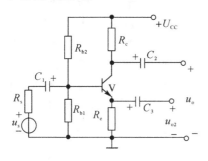
图 2-61　[题 2.16]图

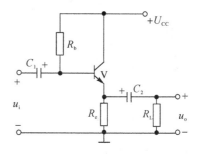
图 2-62　[题 2.17]图

[题 2.18]　图 2-63 所示电路中，已知 $U_{CC} = 10\ \text{V}$，$R_s = 20\ \Omega$，$R_e = 2\ \text{k}\Omega$，$R_{b1} = 22\ \text{k}\Omega$，$R_{b2} = 10\ \text{k}\Omega$，$R_c = 3\ \text{k}\Omega$，$R_L = 27\ \text{k}\Omega$，三极管的 $\beta = 50$，$r_{bb'} = 100\ \Omega$，$U_{BEQ} = 0.7\ \text{V}$。

（1）求静态值 I_{BQ}、I_{CQ} 和 U_{CEQ}；

（2）画出微变等效电路；

（3）求解动态性能指标 $\dot{A}_u$、r_i 和 r_o。

[题 2.19]　图 2-64 所示共基极放大电路，已知：$U_{CC} = 15\ \text{V}$，$R_e = 2.9\ \text{k}\Omega$，$R_{b1} = 60\ \text{k}\Omega$，$R_{b2} = 60\ \text{k}\Omega$，$R_c = 2.1\ \text{k}\Omega$，$R_L = 1\ \text{k}\Omega$，晶体三极管的导通压降 $U_{BEQ} = 0.7\ \text{V}$，$\beta = 100$，$r_{bb'} = 300\ \Omega$。

（1）求静态工作点 Q；

（2）求放大电路的电压放大倍数 $\dot{A}_u$ 以及 r_i 和 r_o。

（3）若 $R_s = 50\ \Omega$，求源电压放大倍数 $\dot{A}_{us}$。

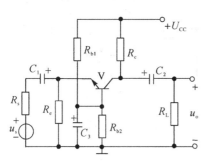
图 2-63　[题 2.18]图

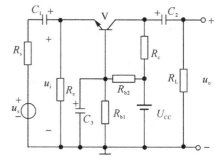
图 2-64　[题 2.19]图

[题 2.20]　图 2-65 所示的两级放大电路中，已知：$U_{CC} = 10\ \text{V}$，$R_s = 5\ \text{k}\Omega$，$R_{b1} = 200\ \text{k}\Omega$，$R_e = 1.5\ \text{k}\Omega$，$R_{c1} = 1.5\ \text{k}\Omega$，$R_{c2} = 2\ \text{k}\Omega$，$\beta_1 = \beta_2 = 50$，$r_{bb'1} = r_{bb'2} = 200\ \Omega$，$U_{BEQ1} = 0.6\ \text{V}$，$U_{BEQ2} = -0.3\ \text{V}$。试求：

（1）静态工作点 Q；

（2）放大电路的 $\dot{A}_u$、r_i 和 r_o。

[题 2.21]　在图 2-66 所示放大电路中，设 $U_{CC} = 12\ \text{V}$，$R_{b11} = 100\ \text{k}\Omega$，$R_{b21} = 39\ \text{k}\Omega$，$R_{c1} = 6\ \text{k}\Omega$，$R_{e1} = 3.9\ \text{k}\Omega$，$R_{b12} = 39\ \text{k}\Omega$，$R_{e3} = 24\ \text{k}\Omega$，$R_{c2} = 3\ \text{k}\Omega$，$R_{e2} = 2.2\ \text{k}\Omega$，$R_L = 3\ \text{k}\Omega$，

晶体三极管的 $\beta=50$，$r_{bb'}=300\ \Omega$。试求：放大电路的电压放大倍数 $\dot{A}_u$ 以及 r_i 和 r_o。

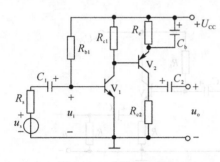

图 2-65 ［题 2.20］图

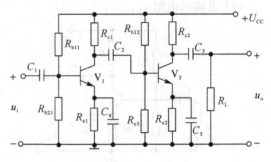

图 2-66 ［题 2.21］图

［题 2.22］ 某差分放大电路如图 2-67 所示，已知：$U_{CC}=12\ V$，$-U_{EE}=-12\ V$，$R_{c1}=R_{c2}=10\ k\Omega$，$R_{s1}=R_{s2}=20\ k\Omega$，$R_e=10\ k\Omega$，该对管的 $\beta=50$，$r_{be}=300\ \Omega$，$U_{BEQ}=0.7\ V$，R_W 的影响可以忽略不计，试估算：

（1）V_1、V_2 的静态工作点；

（2）差模电压放大倍数 A_d。

［题 2.23］ 如图 2-68 所示差分放大电路，已知：$R_{s1}=R_{s2}=1\ k\Omega$，$R_{c1}=R_{c2}=10\ k\Omega$，$U_{CC}=12\ V$，$U_{EE}=6\ V$，$R_L=5.1\ k\Omega$；晶体三极管的 $\beta=100$，$r_{be}=2\ k\Omega$，$U_{BEQ}=0.7\ V$，V_1 管和 V_2 管的发射极静态电流均为 $0.5\ mA$。试求：

（1）R_e 的取值为多少？V_1 管和 V_2 管的管压降 U_{CEQ} 为多少？

（2）差模电压放大倍数 A_d 以及 r_i 和 r_o。

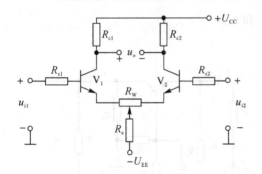

图 2-67 ［题 2.22］图

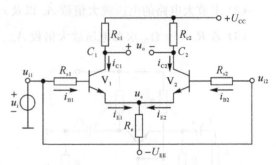

图 2-68 ［题 2.23］图

第 3 章　集成运算放大电路及其应用

　　本章以集成运算放大电路(以下简称集成运放)为研究对象,在介绍其内部单元电路的基础上,对集成运放的工作原理及性能指标做简要说明,最后介绍集成运放在信号运算电路中的广泛应用。

3.1　集成运算放大电路

　　集成电路根据其集成度不同,分为小规模、中规模、大规模和超大规模集成电路。就功能而言,有数字集成电路和模拟集成电路,而后者又分为集成运算放大器、集成功率放大器、集成稳压电源、集成数/模和模/数转换电路。其中,集成运算放大器是基础,它是具有两个不同相位输入端的高增益放大器,除广泛应用于精密检测、自动控制等领域外,在收音机、电视机、音箱设备、摄像设备等家用电器中也得到了广泛应用。其电路具有以下特点:

　　(1)在集成元件工艺中难于制造电感元件,不便于制造大电阻与大电容。

　　(2)运算放大电路的输入级采用差分放大电路。

　　(3)在集成运算放大电路中往往采用晶体管恒流源代替电阻,作为有源负载,并为单元电路提供合适的静态工作点。

3.1.1　基本结构

　　从本质上讲,集成运放是一个双端输入,具有高输入电阻、低输出电阻、能够抑制温漂的直接耦合的多级高增益放大电路。从外部来看,其结构特点为两个输入端,分别为同相输入端和反相输入端,其中同相和反相是指运放的输入电压与输出电压之间的相位关系。其中同相输入端用 u_P 表示,反相输入端用 u_N 表示,输出电压用 u_o 表示,均以地为公共端。从内部来看,集成运放常由输入级、中间级、输出级和偏置电路四部分组成,如图 3-1 所示。

图 3-1　集成运放电路的组成

　　输入级是提高运放性能的关键部分,要求其输入电阻高、静态电流小、差模放大倍数高、抑制零点漂移和共模干扰信号的能力强。为此,输入级均采用差分放大电路(见 2.8 节),它具有同相和反相两个输入端。中间级主要进行电压放大,要求它的电压放大倍数高,一般由共发射极放大电路组成,其放大管常采用复合管,以提高电流放大能力,集电极负载电阻常采用晶体管恒流源代替,以提高电压放大倍数。输出极与负载相连,要求其输出电阻低,带负载能力强,能够输出足够大的电压和电流,一般由互补功率放大电路和射极输出器组成。偏置电路的作用是为整个运放电路提供稳定合适的偏置电流，一般由各种恒流源电路组成，从而保证放大电路的各级静态工作点稳定工作。

3.1.2 差分放大电路

差分放大电路是由两个完全相同的三极管组成的对称结构的放大电路。它具有抑制共模信号放大差模信号的功能，并且可以有效地防止零点漂移现象。

1. 差分放大电路的四种接法

在差分放大电路中，为了防止干扰和满足负载的需要，常将信号源的一端接地，或者将负载电阻的一端接地。根据输入端和输出端接地情况不同，差分放大电路共有四种不同接法的电路，它们分别是双端输入、双端输出电路(如图 3-2(a)所示)，双端输入、单端输出电路(如图 3-2(b)所示)，单端输入、双端输出电路(如图 3-2(c)所示)，以及单端输入、单端输出电路(如图 3-2(d)所示)。

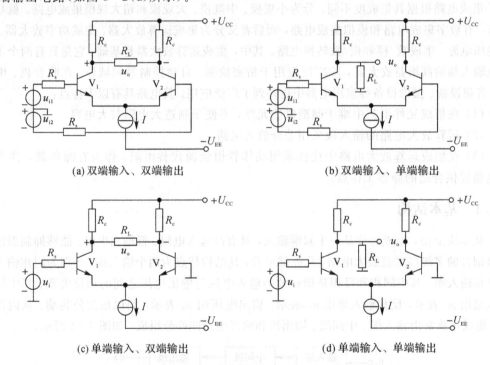

(a) 双端输入、双端输出　　　　　　　(b) 双端输入、单端输出

(c) 单端输入、双端输出　　　　　　　(d) 单端输入、单端输出

图 3-2　差分放大电路的四种接法

四种差分放大电路的比较如表 3-1 所示。

表 3-1　四种差分放大电路

输入方式	双　端		单　端	
输出方式	双　端	单　端	双　端	单　端
差模放大倍数	$-\dfrac{\beta\left(R_c /\!/ \dfrac{R_L}{2}\right)}{R_s + r_{be}}$	$-\dfrac{\beta(R_c /\!/ R_L)}{2(R_s + r_{be})}$	$-\dfrac{\beta R_c}{R_s + r_{be}}$	$-\dfrac{\beta R_c}{2(R_s + r_{be})}$
差模输入电阻	$2(R_s + r_{be})$		$2(R_s + r_{be})$	
差模输出电阻	$2R_c$	R_c	$2R_c$	R_c

综上所述，差动放大电路电压放大倍数仅与输出形式有关，只要是双端输出，它的差模电压放大倍数与单管基本放大电路相同；如为单端输出，它的差模电压放大倍数是单管基本电压放大倍数的一半，输入电阻都是相同的。

2. 差分放大电路的主要指标

（1）差模电压放大倍数 A_{ud}：指在差模输入信号作用下，产生输出电压 U_{od} 与差模输入电压 U_{id} 之比，即

$$A_{ud} = \frac{U_{od}}{U_{id}}$$

（2）共模电压放大倍数 A_{uc}：指在共模输入信号作用下，产生输出电压 U_{oc} 与共模输入电压 U_{ic} 之比，即

$$A_{uc} = \frac{U_{oc}}{U_{ic}}$$

（3）共模抑制比 K_{CMRR}：指差模电压放大倍数 A_{ud} 与共模放大倍数 A_{uc} 之比的绝对值，也常用分贝表示。它可以确切地反映差分放大电路的共模抑制能力。

$$K_{CMRR} = \left| \frac{A_{ud}}{A_{uc}} \right| \quad \text{或者} \quad K_{CMRR} = 20\lg \left| \frac{A_{ud}}{A_{uc}} \right| (\text{dB})$$

（4）差模输入电阻 r_{id}：它是差分放大电路对差模信号源呈现的等效电阻。其在数值上等于差模输入电压与差模输入电流之比，即

$$r_{id} = \frac{U_{id}}{I_{id}}$$

（5）差模输出电阻 r_{od}：它是在差模信号作用下差分放大电路相对于负载电阻 R_L 而言的戴维南等效电路的内阻。也可以认为是在差模信号作用下，从 R_L 两端向放大电路看进去的等效电阻。其在数值上等于差模信号作用下，输出开路电压 $U_{o\infty d}$ 与输出短路电流 I_{o0d} 之比，即

$$r_{od} = \frac{U_{o\infty d}}{I_{o0d}}$$

（6）共模输入电阻 r_{ic}：它是差分放大电路对共模信号源呈现的等效电阻，即

$$r_{ic} = \frac{U_{ic}}{I_{ic}}$$

3.1.3　恒(电)流源电路

集成运算放大电路中恒流源电路是重要的组成部分，一方面为多级放大电路提供稳定的静态工作电流，另一方面作为放大电路的有源负载，进一步提高了电路的放大能力。下面介绍集成电路中常用的恒流源电路。

1. 镜像电流源电路

图 3-3 为一镜像电流源电路，它由两只特性完全相同的晶体管 V_1 和 V_2 组成。对于 V_1 而言，$U_{BE1} = U_{CE1}$，其集电极电流 $I_{C1} = \beta I_{B1}$。图中 V_1 和 V_2 的基—射间的电压相等，即 $U_{BE1} = U_{BE2}$，故它们的基极电流 $I_{B1} = I_{B2} = I_B$，而由于电流放大系数 $\beta_1 = \beta_2 = \beta$，故集电极电流 $I_{C1} = I_{C2} = I_o = \beta I_B$。

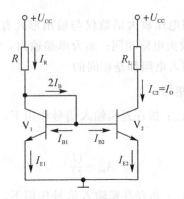

图 3-3 镜像电流源

电阻中 R 流过的电流为基准电流，其表达式为

$$I_R = \frac{U_{CC} - U_{BE}}{R} = I_C + 2I_B = I_C + 2\frac{I_C}{\beta}$$

所得的集电极电流为

$$I_C = \frac{\beta}{\beta + 2}I_R$$

当 $\beta \gg 2$ 时，输出电流

$$I_C \approx I_R = \frac{U_{CC} - U_{BE}}{R} \approx \frac{U_{CC}}{R} \qquad (3-1)$$

可见 I_o 和 I_R 呈镜像关系，故称此电路为镜像电流源。R_L 为负载，I_o 为负载的输出电流。

镜像电流源结构简单，应用广泛，但电源一定情况下，增大负载电流会造成电阻 R 的功率增大。因此，派生了其他类型的电流源电路。

2. 比例电流源

比例电流源是为了克服镜像电流源 $I_{C2} = I_o \approx I_R$ 的关系，而使 I_o 可以大于或小于 I_R，并与 I_R 成比例关系。它解决了镜像电流源在增加负载时出现电路功耗过高的情况。其电路如图 3-4 所示。

从电路图可得

$$U_{BE1} + I_{E1}R_{e1} = U_{BE2} + I_{E2}R_{e2}$$

由于 V_1 和 V_2 的发射结都处于导通状态，其伏安特性曲线十分陡峭（因为发射区都是重掺杂的），发射结正偏压的微小变化，就会导致发射极电流的显著变

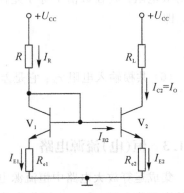

图 3-4 比例电流源

化，所以，当 I_{E1} 与 I_{E2} 相差不大（小于 10 倍）时，对应的发射结正偏压 U_{BE1} 与 U_{BE2} 相差十分微小，故可近似认为 $U_{BE1} = U_{BE2}$，上式可简化为

$$I_{E1}R_{e1} = I_{E2}R_{e2}$$

当 $\beta \gg 1$ 时

$$I_{E2} = I_{C2} + I_{B2} \approx I_{C2} = I_o$$

$$I_{E1} = I_R - I_{B2} \approx I_R$$

故有 $I_R R_{e1} = I_o R_{e2}$，即

$$\frac{I_o}{I_R} = \frac{R_{e1}}{R_{e2}}$$

$$I_R = \frac{U_{CC} - U_{BE}}{R + R_{e1}} \approx \frac{U_{CC}}{R + R_{e1}}$$

所以在 $0.1 < \frac{R_{e1}}{R_{e2}} < 10$ 的范围内，负载的输出电流为

$$I_o = \frac{R_{e1}}{R_{e2}} I_R \approx \frac{R_{e1}}{R_{e2}} \frac{U_{CC}}{R + R_{e1}} \tag{3-2}$$

由式(3-2)可知，在改变电阻 R 和调节电阻 R_{e1} 的条件下，可改变流过电阻 R 的基准电流，通过改变 R_{e1} 与 R_{e2} 的比例关系，可以实现对负载电流 I_o 的调节作用。

3. 微电流源

为了采用阻值较小的电阻获得较小的输出电流，可以将比例电流源中 R_{e1} 的电阻减小为零，便可得到微电流源，如图 3-5 所示。其输出的电流 I_o 的分析过程如下。

由电路图可知：

$$U_{BE2} = U_{BE1} - I_{E2} R_{e2}$$

调节 R_{e2} 的值，使 $U_{BE2} \ll U_{BE1}$，则 $I_{E2} \ll I_{E1}$。因为 $\beta \gg 1$，所以

$$I_{B2} = \frac{1}{1 + \beta} I_{E2} \ll I_{E2}$$

$$I_o = I_{C2} = I_{E2} - I_{B2} \approx I_{E2}$$

因为 $I_{B2} \ll I_{E2} \ll I_{E1}$，所以

$$I_R = I_{E1} + I_{B2} \approx I_{E1}$$

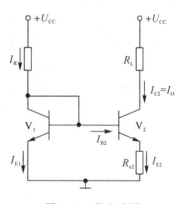

图 3-5　微电流源

把 $I_o \approx I_{E2}$，$I_R \approx I_{E1}$ 代入 $I_{E2} \ll I_{E1}$ 得 $I_o \ll I_R$。正确地选取 R_{e2} 的值，可以使 I_o 达到微安量级，而此时 I_R 仍然很大，所以限流电阻 $R = (U_{CC} - U_{BE1})/I_R$ 不会太大。可见，该电路能够在 R 不太大的条件下，获得微小的输出电流。

定量分析如下：

$$I_{E2} R_{e2} = U_{BE1} - U_{BE2}$$

$$U_{BE1} \approx U_T \ln \frac{I_{E1}}{I_{S1}}, \quad U_{BE2} \approx U_T \ln \frac{I_{E2}}{I_{S2}}$$

式中，U_T 是温度电压当量，I_{S1} 与 I_{S2} 分别是 V_1 与 V_2 发射结的反向饱和电流。由于 V_1 与 V_2 特性相同，所以

$$U_{BE1} - U_{BE2} = U_T \ln \frac{I_{E1}}{I_{E2}}$$

则

$$I_{E2} R_e = U_T \ln \frac{I_{E1}}{I_{E2}}$$

因为 $I_{E2} \approx I_o$，$I_{E1} \approx I_R$，代入上式得

$$I_o = I_{C2} \approx \frac{U_T}{R_{e2}} \ln \frac{I_R}{I_o} \tag{3-3}$$

$$I_R = \frac{U_{CC} - U_{BE1}}{R} \approx \frac{U_{CC}}{R} \tag{3-4}$$

【例 3-1】 在图 3-5 电路中，$U_{CC} = 15$ V，$I_R = 1$mA，$I_o = I_{C2} = 10$ μA，常温下，$U_T = 26$ mV，试确定 R_{e2} 及 R 的值。

解 由公式(3-3)得

$$R_{e2} = \frac{U_T}{I_o} \ln \frac{I_R}{I_o} = \frac{26 \times 10^{-3}}{10 \times 10^{-6}} \ln \frac{1 \times 10^{-3}}{10 \times 10^{-6}} \approx 12 \text{ k}\Omega$$

由公式(3-4)得

$$R \approx \frac{U_{CC} - U_{BE1}}{I_R} \approx \frac{U_{CC}}{I_R} = \frac{15}{1 \times 10^{-3}} = 15 \text{ k}\Omega$$

4. 多路电流源

前面几个电流源电路都是用一个参考电流去获得另一个固定电流，如果加以推广，可以用一个参考电流去获得多个电流，而且各个电流的数值可以不同。这样，就可以为集成运放多级放大电路提供合适的静态电流。利用一个基准电流去获得多个不同的输出电流的电路称为多路电流源电路。

图 3-6 所示电流是在镜像电流源和微电流源的基础上得到的多路电流源电路。其中 V_1 是参考电流源。根据电路的关系，可得到以下关系式：

$$U_{BE1} + I_{E1}R_1 = U_{BE2} + I_{E2}R_2 = U_{BE3} + I_{E3}R_3 = U_{BE4} + I_{E4}R_4$$

由于这几个晶体管的 U_{BE} 数值大致相等，因此有下列近似关系：

$$I_{E1}R_1 = I_{E2}R_2 = I_{E3}R_3 = I_{E4}R_4 \tag{3-5}$$

当 I_{E1} 确定后，可能通过选择合适的电阻，以获得不同数值的电流。

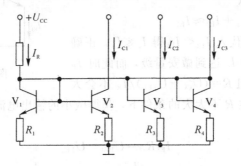

图 3-6　多路电流源

5. 电流源作为有源负载

恒流源在集成电路中除了设置偏置电流外，还可能作为放大电路的有源负载，以提高电路的放大倍数。下面通过一个简单的基本共射放大电路来说明。

图 3-7(a)是带负载电阻 R_L 基本共射放大电路，在负载电阻已定的情况下，若 R_C 越大，则 A_u 越大。这里用一个恒流源代替 R_C，如图 3-7(b)所示，则交流等效电路如图 3-7(c)所示。由于恒流源的等效内阻为无穷大，可视为开路，即变化的电流 βI_b 全部流向负载电阻 R_L，所以提高了放大倍数。图 3-7(d)是用镜像电流源组成的电路。图 3-7(e)是它的交流等效电路。其中 V_2 等效为一个内阻 r_{ce2}。在要求精度比较高或者 R_L 的数值与 r_{ce2} 可以相比的情况下，需考虑 V_1 等效模型中 r_{ce1} 的影响。这样得到的电压放大倍数为

$$A_u = -\frac{\beta(r_{ce1} \mathbin{/\!/} r_{ce2} \mathbin{/\!/} R_1)}{R_b + r_{be}} \tag{3-6}$$

三极管是有源元件，用三极管作为 V_1 的负载就称其为有源负载。

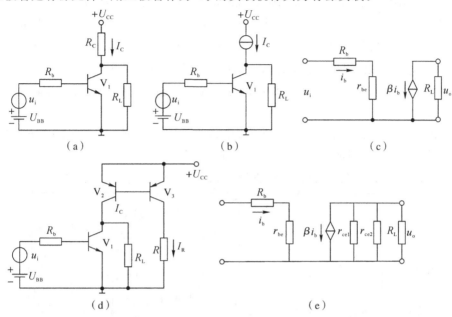

图 3-7　有源负载共射放大器

3.1.4　集成运算放大器简介

如前边所述，集成运放是一种高电压增益、高输入电阻和低输出电阻的多级直接耦合放大电路。它的类型很多，电路也不一样，但结构具有共同之处，均由输入级、中间级、输出级和偏置电路四个单元组成。此外还有一些辅助环节，如电平移动电路、过载保护电路以及高频补偿电路等。

1. 工作原理

图 3-8 是一个由晶体三极管组成的简单运放原理图。

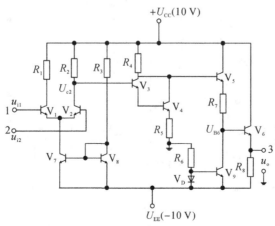

图 3-8　简单运放原理图

V_1、V_2 组成差动放大电路,信号由双端输入,单端输出。为了提高整个电路的电压增益,V_3、V_4 构成复合管,利用它组成共射极放大电路。由 V_5、V_6 组成两级电压跟随器而构成电路的输出级,它不仅可以提高带负载的能力,而且可进一步使直流电位下降,以达到输入信号电压 $u_{id}=u_{i1}-u_{i2}$ 为零时,输出电压 $u_o=0$ V,同时二极管 V_D、电阻 R_6、电压 $-U_{EE}$ 负责给 V_9 提供基准电压,这与 V_9 一起构成电流源电路,从而提高 V_5 的电压跟随能力。V_7、V_8 组成恒流源电路提高差动放大电路的共模抑制比。由此可见,运算放大器由差动放大电路、中间级、输出级和恒流源四部分组成,它有两个输入端(即反相输入端 1 和同相输入端 2)和一个输出端 3。

典型的集成电路运算放大器 741 的原理电路如图 3-9(a)所示,该电路由输入级、偏置电路、中间级和输出级组成。图 3-9(b)是其简化电路。

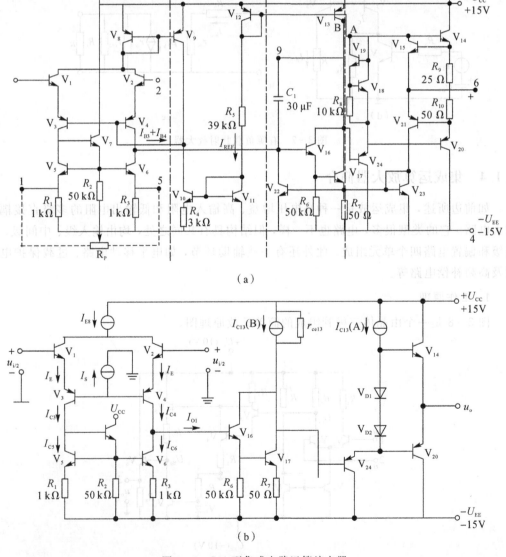

(a)

(b)

图 3-9 741 型集成电路运算放大器

2. 偏置电路

741 型集成运放由 24 个晶体管、10 个电阻和 1 个电容组成。在体积小的条件下，为了降低功耗以限制温升，必须减小各级的静态工作电流，故采用微电流源电路提供各级的静态工作点。

如图 3 - 9(a)所示，由 $+U_{CC} \rightarrow V_{12} \rightarrow R_5 \rightarrow V_{11} \rightarrow -U_{EE}$ 构成主偏置电路，决定偏置电路的基准电流 I_{REF}。主偏置电路中的 V_{10} 和 V_{11} 组成微电流源电路($I_{REF} \approx I_{C11}$)，由 I_{C10} 供给输入级中 V_2、V_4 的偏置电流，即 $I_{C10} = I_{B3} + I_{B4} = I_S$，如图 3 - 9(b)中的 I_S 所示，远小于 I_{REF}。

V_8 和 V_9 为一对横向 PNP 型晶体管，它们组成镜像电流源 $I_{E8} = I_{E9}$，供给输入级 V_1、V_2 的工作电流($I_{E8} \approx I_{C10}$)，这里 I_{E9} 为 I_{E8} 的基准电流。于是 $I_{C1} = I_{C2} = (1 + 2/\beta) I_{C8}/2$，$I_{C1} \approx I_{C3} = I_{C4} \approx I_{C5} = I_{C6}$。必须指出，输入级的偏置电路本身构成反馈环，可减小零点漂移。

V_{12} 和 V_{13} 构成双端输出的镜像电流源。V_{12} 是一个双集电极的横向 PNP 型晶体管，可视为两个晶体管，它们的两个基—集结彼此并联。一路输出为 V_{13B} 集电极，使 $I_{C16} + I_{C17} = I_{C13B}$，主要作为中间放大级的有源负载；另一种输出为 V_{13A} 的集电极，供给输出级的偏置电流，使 V_{14}、V_{20} 工作在甲乙类放大状态(第 4 章中讲述)，其中 r_{ce13} 为集电极与发射极间的等效电阻。

3. 输入级

图 3 - 9(b)所示为 741 的简化电路，将图 3 - 9(a)中产生恒定电流的电路采用恒流源来代替。输入级是由 $V_1 \sim V_6$ 组成的差分式放大电路，由 V_6 的集电极输出。V_1、V_3 和 V_2、V_4 组成共集共基复合差动电路，纵向 NPN 型晶体管 V_1、V_2 组成共集电路可以提高输入阻抗。其中共集共基放大电路具有输入电阻较大以及电压放大能力较强的特点。

3.1.5　集成运放的性能指标

集成运放对信号的放大性能通过以下参数来说明，这些参数通常称为集成运放的性能指标。

1. 开环差模电压放大倍数 A_{od}

A_{od} 是指集成运放在无外加反馈回路的情况下差模电压放大倍数，即 $A_{od} = \dfrac{\Delta u_o}{\Delta (u_P - u_N)}$，常用分贝(dB)表示，其分贝数为 $20 \lg |A_{od}|$。对于通用型集成运放 LM741 而言，其开环电压放大倍数是一个与频率有关的数值。在环境温度为 25℃、工作电压为 ±15 V 时，测得信号频率低于 300 Hz 时，电压放大倍数最大为 100 dB；当频率升为 1000 Hz 时，放大倍数降为 90 dB；当信号频率为 1 MHz 时，放大倍数则减小为 20 dB。

2. 最大输出电压 U_{opp}

能使输出电压和输入电压保持不失真的最大输出电压，称为运算放大电路的最大输出电压。LM741 在 $U_{CC} = ±15$ V，$R_L \geqslant 10$ kΩ 的条件下，$U_{opp} = ±14$ V。

3. 差模输入电阻 r_{id}

r_{id} 的大小反映了集成运放输入端向差模输入信号源索取电流的能力。要求 r_{id} 愈大愈好，一般集成运放 r_{id} 为几百千欧至几兆欧。

4. 输出电阻 r_o

r_o 的大小反映了集成运放在小信号输出时的负载能力。有时只用最大输出电流 I_{omax} 表示它的极限负载能力。

5. 共模抑制比 K_{CMR}

共模抑制比反映了集成运放对共模输入信号的抑制能力，其定义与差动放大电路相同。K_{CMR} 愈大愈好。

6. 最大差模输入电压 U_{idmax}

从集成运放输入端看进去，一般都有两个或两个以上的发射结相串联，若输入端的差模电压过高，会使发射结击穿。NPN 管发射结击穿电压仅有几伏，PNP 横向管的发射结击穿电压则可达数十伏，如 F007 的 U_{idmax} 为 ± 30 V。

7. 最大共模输入电压 U_{icmax}

输入端共模信号超过一定数值后，集成运放工作不正常，失去差模放大能力。因此，在实际应用中，特别注意输入共模信号的大小。

8. 输入失调电压 U_{IO}

输入失调电压是指为了使输出电压为零而在输入端加的补偿电压（去掉外接调零电位器），它的大小反映了电路的不对称程度和调零的难易。对集成运放我们要求输入信号为零时，输出也为零，但实际中往往输出不为零，将此电压折合到集成运放的输入端的电压，常称为输入失调电压 U_{IO}。其值在 $1\sim 10$ mV 范围，要求愈小愈好。

9. 输入偏置电流 I_{IB} 和输入失调电流 I_{IO}

输入偏置电流是指输入差放管的基极偏置电流，用 $I_{IB}=(I_{B1}+I_{B2})/2$ 表示；而将 I_{B1}、I_{B2} 之差的绝对值称为输入失调电流 I_{IO}，即 $I_{Io}=|I_{B1}-I_{B2}|$。I_{IB} 和 I_{IO} 愈小，它们的影响也愈小。I_{IB} 的数值通常为十分之几微安，则 I_{IO} 更小。

10. -3 dB 带宽 f_h

当 A_{od} 下降到中频时的 0.707 倍时为截止频率，用分贝表示正好下降了 3 dB，故对应此时的频率 f_h 称为上、下限截止频率，又常称为 -3 dB 带宽。

当输入信号频率继续增大时，A_{od} 继续下降；当 $A_{od}=1$ 时，与此对应的频率称为单位增益带宽。

11. 转换速率 SR

频带宽度是在小信号的条件下测量的。在实际应用中，有时需要集成运放工作在大信号情况（输出电压峰值接近集成运放的最大输出电压 U_{opp}），此时用转换速率表示其特性：

$$SR=\left|\frac{dU_O}{dt}\right|$$

集成运放种类全、类型多，可分为通用型（LM741 或 F007）和特殊型两种，其中，特殊型集成运放又有高阻型、高速型、低功耗型、高精度型、高压型、大功率型几种情况。表 3-2 给出了集成运放的性能特点和用途。无特殊要求时应选用通用型集成运放，以便获得较高的性价比。有特殊要求时选用特殊型集成运放会使电路性能提高。

表 3－2　集成运放的性能特点

类型	性 能 特 点	用　　途	备注
通用型	$A_{od} > 94$，$r_{id} > 2\ M\Omega$，$K_{CMR} > 80\ dB$，$U_{IO} < 2\ mV$，$U_{ic\ max} \approx \pm 13\ V$，$f_h = 7\ Hz$	信号运算处理，波形产生变换	F007
高阻型	高输入电阻，r_{id} 可达 $10^9\ \Omega$ 以上	作测量放大器	特殊型
高速型	单位增益带宽和转换速度高，有的单位增益带宽可达 10 MHz，有的转换速度高达千伏每微秒	数/模和模/数转换器、视频放大器、锁相环电路	
低功耗型	工作电源低，为几伏；静态功耗低，只有几毫瓦，甚至几微瓦	空间技术、军事科学或工业中的遥感遥测电路	
高精度型	低失调、低温漂、低噪声、高增益，共模抑制比大于 100 dB	微弱信号的精密测量和运算	
高压型	能够输出高电压，如 100 V	高电压输出，高电压驱动的负载	
大功率型	能够输出大功率、大电流，如几安	功率放大器，大电流驱动的负载	

3.2　集成运放的应用

3.2.1　集成运放的传输特性

集成运放电路的图形符号如图 3－10 所示。同相输入端用"＋"表示，反向输入端用"－"表示。用 u_P、u_N、u_o 分别表示对地的同相输入电压、反向输入电压和输出电压。A_{od} 表示差模开环放大倍数。

集成运放的输出电压与输入电压之间的关系称为电压传输特性。从集成运放的传输特性(见图 3－11)看，可分为线性工作区和饱和工作区。运算放大电路可工作在线性区，也可工作在饱和区，但分析方法不一样。

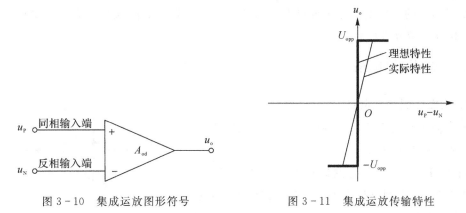

图 3－10　集成运放图形符号　　　　　　图 3－11　集成运放传输特性

1. 集成运放的线性工作区

放大器的线性工作区是指输出电压 u_o 与输入电压 $u_i (u_i = u_P - u_N)$ 成正比时的输入电压 u_i 的取值范围，记作 $u_{imin} \sim u_{imax}$。

u_o 与 u_i 成正比，可表示为

$$u_o = A_{od} u_I$$

$$u_{imin} = \frac{u_{omin}}{A_{od}}, \; u_{imax} = \frac{u_{omax}}{A_{od}}$$

此时，运算放大器是一个线性放大元件。A_{od} 为运算放大器的开环电压放大倍数，由于 A_{od} 很高，即使输入毫伏级的信号，也足以使输出电压饱和，其饱和值为 $+U_{opp}$ 或 $-U_{opp}$，达到接近电源电压值。正常情况下，输入电流都是 μA 或 nA 级，才能保证其工作在线性区。否则过大的电流会烧坏集成运放芯片。

集成运放工作在线性区时，对于理想的集成运放来说，它具有以下两个特点：

（1）由于理想集成运放的差模输入电阻 $r_{id} \to \infty$，故可认为两个输入端电流为零。流入集成运放输入端的电流远小于输入端外电路的电流，此时可认为集成运放的两个输入端开路，又称之为"虚断"。

（2）由于理想集成运放的开环电压放大倍数 $A_{od} \to \infty$，而输出电压是一个有限的数值，则有 $u_P - u_N = \dfrac{u_o}{A_{od}} \approx 0$，即 $u_P = u_N$。这样集成运放两个输入端近似为等电位，故称之为"虚短"。

2. 集成运放的非线性工作区

集成运放工作在饱和区时，这时输出电压 u_o 只有两种可能，即 $+U_{opp}$ 或 $-U_{opp}$，而 u_P 与 u_N 不一定相等。当 $u_P > u_N$ 时，$u_o = +U_{opp}$。当 $u_P < u_N$ 时，$u_o = -U_{opp}$。此外，集成运放工作在饱和区时，两个输入端的输入电流也近似为零。

在分析由集成运放组成的运算电路时，通常将其视为理想化的集成运放，它除了具有"虚断"和"虚短"的特点外，它的性能指标均为理想化的。具体参数如下：

开环电压放大倍数 $A_{uo} \to \infty$；

差模输入电阻 $r_{id} \to \infty$；

开环输出电阻 $r_o \to 0$；

共模抑制比 $K_{CMR} \to \infty$。

集成运放的应用很广，下面侧重介绍它在信号运算方面的应用电路，主要包括比例、加减、积分与微分等运算。

3.2.2 比例运算电路

1. 反相比例运算电路

如果输入信号从集成运放的反相输入端引入，便是反相比例运算电路。

图 3-12 是一反相比例运算电路。输入信号 u_i 经输入电阻 R_1 送到反相输入端，而同相输入端通过电阻 R' 接"地"。反馈电阻 R_f 跨接在输出端和输入端

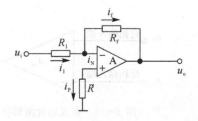

图 3-12　反相比例运算电路

之间。其中，R' 为补偿电阻，以保证集成运放输入级差分放大电路的对称性，R' 电阻阻值为 $u_i=0$ 时，反相输入端总等效电阻，即各路电阻的并联，$R'=R_1 /\!/ R_f$。

根据理想运放"虚断"和"虚短"的特点可知：

$$u_P=u_N=0, \quad i_P=i_N=0$$

故

$$i_1=i_f$$

其中，

$$i_1=\frac{u_i-u_N}{R_1}=\frac{u_i}{R_1}, \quad i_f=\frac{u_N-u_o}{R_f}=-\frac{u_o}{R_f}$$

由此得出，

$$u_o=-\frac{R_f}{R_1}u_i$$

该式表明，u_o 与 u_i 是比例关系，其比例系数是 R_f/R_1，负号表示 u_o 与 u_i 相位相反。当 $R_1=R_f$ 时，则有 $u_o=-u_i$。

反相比例运算电路作为一个放大器，其闭环电压放大倍数、输入电阻、输出电阻分别为

$$A_{uf}=\frac{u_o}{u_i}=-\frac{R_f}{R_1}, \quad r_{if}=\frac{u_i}{i_i}=R_1, \quad r_o=0$$

2. 同相比例运算电路

如果输入信号从集成运放的同相输入端引入，此电路便为同相比例运算电路。其电路图如图 3-13 所示。

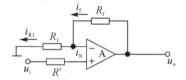

图 3-13　同相比例运算电路

根据理想运放"虚断"和"虚短"的特点可知：

$$u_P=u_N=u_i, \quad i_P=i_N=0$$

由于集成运放的输入电流为零，因而 $i_{R1}=i_f$，即

$$\frac{u_N-0}{R_1}=\frac{u_o-u_N}{R_f}$$

$$u_o=\left(1+\frac{R_f}{R_1}\right)u_P=\left(1+\frac{R_f}{R_1}\right)u_i$$

上式表明，u_o 与 u_i 同相且 u_o 大于 u_i。

同相比例运算电路作为一个放大器，其闭环电压放大倍数、输入电阻、输出电阻分别为

$$A_{uf}=\frac{u_o}{u_i}=1+\frac{R_f}{R_1}, \quad r_{if}=\frac{u_i}{i_P}\to\infty, \quad r_o=0$$

若图 3-13 中的 $R_1=\infty$ 或 $R_f=0$，则 $u_i=u_o$。此时，该电路构成电压跟随器，分别如图 3-14(a)、(b)所示。

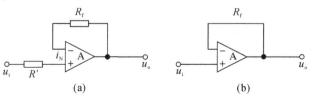

(a)　　　　　　　　　　　(b)

图 3-14　电压跟随器

3.2.3 加法运算电路

若所有输入信号均从集成运放的同一输入端引入，则实现加法运算。加法运算电路分为反向求和电路和同相求和电路。

1. 反相求和电路

如果所有输入信号在集成运放的反向输入端引入，则可组成反相求和电路。其电路如图 3-15 所示。

根据理想运放"虚断"和"虚短"的特点可知：

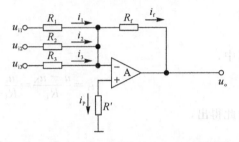

图 3-15 反相求和电路

$$u_P = u_N = 0, \quad i_P = i_N = 0$$

由反相求和电路可知：

$$i_f = i_1 + i_2 + i_3$$

$$u_{i1} = i_1 R_1 \quad u_{i2} = i_2 R_2 \quad u_{i3} = i_3 R_3 \quad u_o = -i_f R_f$$

解得

$$u_o = -\left(\frac{R_f}{R_1} u_{i1} + \frac{R_f}{R_2} u_{i2} + \frac{R_f}{R_3} u_{i3} \right)$$

对于反向求和电路来说，

u_{i1} 信号的输入电阻：$r_{i1} = \dfrac{u_{i1}}{i_1} = R_1$；

u_{i2} 信号的输入电阻：$r_{i2} = \dfrac{u_{i2}}{i_2} = R_2$；

u_{i3} 信号的输入电阻：$r_{i3} = \dfrac{u_{i3}}{i_3} = R_3$；

电路的输出电阻：$r_o = 0$。

2. 同相求和电路

如果所有输入信号在集成运放的同相输入端引入，则可组成同相求和电路。其电路如图 3-16 所示。

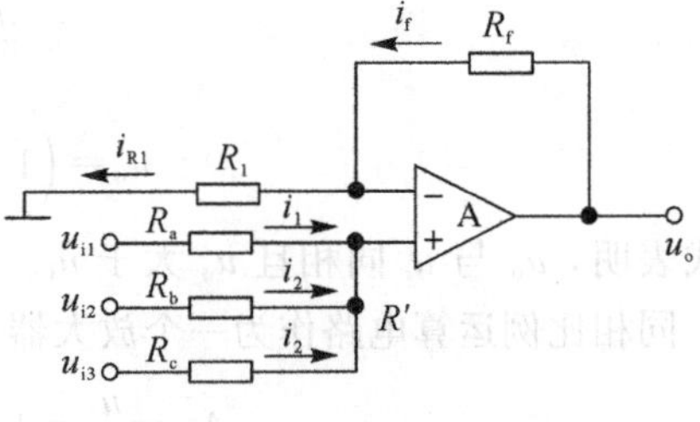

根据理想运放"虚断"和"虚短"的特点可知：

$$u_P = u_N, \quad i_P = i_N = 0$$

则有

$$i_f = i_1$$

$$u_o = i_f R_f + i_1 R_1 = i_1 (R_f + R_1) = \frac{u_N}{R_1}(R_f + R_1) = \frac{R_f + R_1}{R_1} u_N$$

因为 $i_P = 0$，所以

$$i_1 + i_2 + i_3 = 0$$

即

图 3-16 同相求和电路

$$\frac{u_{i1}-u_P}{R_a}+\frac{u_{i2}-u_P}{R_b}+\frac{u_{i3}-u_P}{R_c}=\frac{u_{i1}-u_N}{R_a}+\frac{u_{i2}-u_N}{R_b}+\frac{u_{i3}-u_N}{R_c}=0$$

求得

$$u_N=R'\left(\frac{u_{i1}}{R_a}+\frac{u_{i2}}{R_b}+\frac{u_{i3}}{R_c}\right)$$

其中 $R'=R_a /\!/ R_b /\!/ R_c$。

因为 $u_o=\dfrac{(R_f+R_1)}{R_1}u_N$，所以

$$u_o=\frac{R_f+R_1}{R_1}R'\left(\frac{u_{i1}}{R_a}+\frac{u_{i2}}{R_b}+\frac{u_{i3}}{R_c}\right)$$

若满足平衡条件 $R'=R_a /\!/ R_b /\!/ R_c=R''=R_1 /\!/ R_f$，则

$$u_o=\frac{R_f}{R_a}u_{i1}+\frac{R_f}{R_b}u_{i2}+\frac{R_f}{R_c}u_{i3}$$

对于同相求和电路来说，

u_{i1} 信号的输入电阻：$r_{i1}=\dfrac{u_{i1}}{i_1}=R_a+R_b /\!/ R_c$；

u_{i2} 信号的输入电阻：$r_{i2}=\dfrac{u_{i2}}{i_2}=R_b+R_a /\!/ R_c$；

u_{i3} 信号的输入电阻：$r_{i3}=\dfrac{u_{i3}}{i_3}=R_c+R_a /\!/ R_b$；

输出电阻为 $r_o=0$。

3.2.4　加减运算电路

若一部分输入信号从同相输入端引入，另一部分输入信号从反相输入端引入，则实现减法运算。如果电路能够实现多个输入信号按各自不同的比例求和或求差的运算，则该电路统称为加减运算电路。

1. 两输入信号的加减运算

在集成运放同相输入端引入一信号，反相输入端引入另一信号，采用两输入信号的加减运算电路（如图 3-17 所示），便可实现两个信号的加减运算。

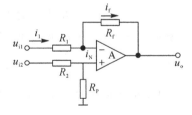

图 3-17　两输入信号的加减运算

根据理想运放"虚断"和"虚短"的特点可知：

$$u_P=u_N,\quad i_P=i_N=0$$

设当电路中仅有信号 u_{i1} 作用时，其输出为 u_{o1}，此时该电路为反比例运算电路，$u_{o1}=-(R_f/R_1)u_{i1}$；当电路中仅有信号 u_{i2} 作用时，其输出为 u_{o2}，此时该电路为同相比例运算电路，$u_{o2}=u_N/R_1(R_1+R_f)$。根据叠加原理可知，电路输出为

$$u_o=u_{o1}+u_{o2}=-\frac{R_f}{R_1}u_{i1}+\frac{R_1+R_f}{R_1}u_N$$

又因为

$$u_P=u_N=\frac{R_P}{R_2+R_P}u_{i2}$$

由上面两式可得

$$u_o = \frac{R_1 + R_f}{R_1} \cdot \frac{R_P}{R_2 + R_P} \cdot u_{i2} - \frac{R_f}{R_1} u_{i1}$$

若满足平衡条件 $R_1 /\!/ R_f = R_2 /\!/ R_P$，即

$$\frac{R_1 R_f}{R_1 + R_f} = \frac{R_2 R_P}{R_2 + R_P}$$

则

$$u_o = \frac{R_f}{R_2} u_{i2} - \frac{R_f}{R_1} u_{i1}$$

若满足对称条件 $R_1 = R_2$，$R_f = R_P$，则

$$u_o = \frac{R_f}{R_1} (u_{i2} - u_{i1}) = -\frac{R_f}{R_1} (u_{i1} - u_{i2})$$

当满足对称条件时，其差模电压增益为

$$A_{ud} = \frac{u_o}{u_{i1} - u_{i2}} = -\frac{R_f}{R_1}$$

差模输入电阻为

$$r_{id} = \frac{u_{i1} - u_{i2}}{i} = R_1 + R_2$$

输出电阻为

$$r_o = 0$$

2. 四输入信号的加减运算

四输入信号的加减运算电路如图 3-18 所示，其分析方法和两输入信号加减运算一样，具体过程如下。

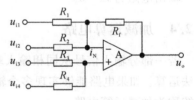

图 3-18 四输入信号的加减运算电路

令 $u_{i3} = u_{i4} = 0$，在 u_{i1} 和 u_{i2} 作用下，则

$$u_{o1} = -\frac{R_f}{R_1} u_{i1} - \frac{R_f}{R_2} u_{i2}$$

令 $u_{i1} = u_{i2} = 0$，在 u_{i3} 和 u_{i4} 作用下，则

$$u_{o2} = \frac{R'}{R''} \left(\frac{R_f}{R_3} u_{i3} + \frac{R}{R_4} u_{i4} \right)$$

式中，$R' = R_3 /\!/ R_4$，$R'' = R_1 /\!/ R_2 /\!/ R_f$。故

$$u_o = u_{o2} + u_{o1} = \frac{R'}{R''} \left(\frac{R_f}{R_3} u_{i3} + \frac{R_f}{R_4} u_{i4} \right) - \frac{R_f}{R_1} u_{i1} - \frac{R_f}{R_2} u_{i2}$$

若满足平衡条件 $R' = R''$，则

$$u_o = \frac{R_f}{R_3} u_{i3} + \frac{R_f}{R_4} u_{i4} - \frac{R_f}{R_1} u_{i1} - \frac{R_f}{R_2} u_{i2}$$

上述四输入信号的加减运算电路只用一个集成运放，也可以用两个两级求和集成完成和差运算，电路如图 3-19 所示。

由于理想运放的输出电阻为零，所以其输出电压 u_o 不受负载的影响。当多级理想运放相连时，后级对前级的输出电压 u_o 不产生影响。

$$u_{o1} = -\frac{R_f}{R_3}u_{i3} - \frac{R_f}{R_4}u_{i4}$$

$$u_o = -\frac{R_f}{R_3}u_{o1} - \frac{R_f}{R_1}u_{i1} - \frac{R_f}{R_2}u_{i2}$$

$$u_o = \frac{R_f}{R_3}u_{i3} + \frac{R_f}{R_4}u_{i4} - \frac{R_f}{R_1}u_{i1} - \frac{R_f}{R_2}u_{i2}$$

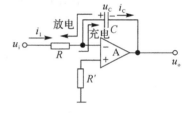

图 3-19　两级集成运放组成的和差电路

3.2.5　积分运算

积分运算可以完成对输入电压的积分运算。与反相比例运算电路比较，用电容 C 代替 R_f 作为反馈元件，就是积分运算电路，如图 3-20 所示。

由电路得

$$u_o = -u_C + u_P$$

因为反相输入端是虚地，$u_N = 0$，即

图 3-20　反相积分电路基本形式

$$u_C = \frac{1}{C}\int i_C \, \mathrm{d}t + u_C(0)$$

并且式中 $u_C(0)$ 是积分前时刻电容 C 上的电压，称为电容端电压的初始值，所以

$$u_o = -u_C = -\frac{1}{C}\int i_C \, \mathrm{d}t - u_C(0)$$

把 $i_C = i_1 = \dfrac{u_i}{R_1}$ 代入上式得

$$u_o(t) = -\frac{u_i}{RC}t - u_C(0)$$

当 $u_C(0) = 0$ 时，即电路为零状态响应：

$$u_o(t) = -\frac{u_i}{RC}t$$

若输入电压为如图 3-21(a)所示的直流电压，并假定 $u_C(0) = 0$，则 $t \geqslant 0$ 时，由于 $u_i = E$，故

$$u_o = -\frac{1}{RC}\int E \, \mathrm{d}t = -\frac{E}{RC}t$$

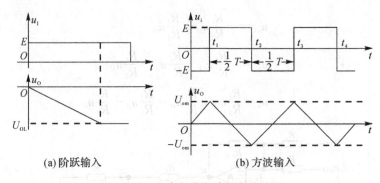

(a)阶跃输入　　　　　　　　(b)方波输入

图 3-21　基本积分电路的积分波形

若输入电压为如图 3-21(b)所示的周期为 T 的方波,当时间在 $[0,t_1]$ 期间时,$u_i=-E$,电容器放电,则

$$u_o=-\frac{1}{RC}\int-E\mathrm{d}t=\frac{E}{RC}t$$

当 $t=t_1$ 时,$u_o=U_{om}$。

当时间在 $[t_1,t_2]$ 期间时,$u_i=E$,电容器充电,其初始值

$$u_C(t_1)=-u_o(t_1)=-U_{om}$$

$$u_C(t)=\frac{1}{RC}\int E\,\mathrm{d}t+u_C(t_1)=\frac{1}{RC}\int E\mathrm{d}t-U_{om}$$

所以

$$u_o(t)=-u_C(t)=-\frac{1}{RC}\int_{t_1}^{t_2}E\,\mathrm{d}t+U_{om}=-\frac{E}{RC}t+U_{om}$$

当 $t=t_2$ 时,$u_o=-U_{om}$。如此周而复始,即可得到三角波输出。

上述积分电路分析结果是在集成运放理想化下得出来的,与实际中误差偏差较大。实际电路则是在电容两端并接一个电阻 R_f,利用 R_f 来抑制偏差。其电路如图 3-22 所示。

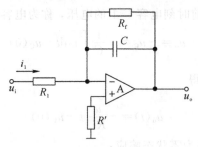

图 3-22　实际积分运算电路

3.2.6　微分运算

微分运算是积分运算的逆运算,在电路结构上反馈电容与输入端电阻位置对调,就成为微分运算电路,其电路如图 3-23 所示。

因为 $i_N=0$,并且 $u_N\rightarrow0$,所以

$$u_o=-Ri_f=-Ri_C=-RC\frac{\mathrm{d}u_i}{\mathrm{d}t}$$

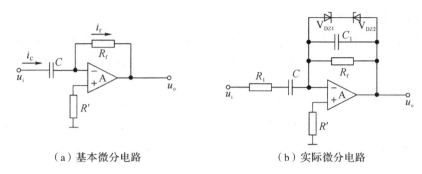

（a）基本微分电路　　　　　（b）实际微分电路

图 3 - 23　微分电路

输出电压 u_o 与输入电压 u_i 的变化率成正比。由于微分电路对输入信号中的快速变化分量敏感，故其稳定性差。在实际中采用图 3 - 23(b)所示的微分电路。

通过分析由集成运放组成的各种运算电路，可以总结该类型电路计算的一般方法。

对于单一信号作用的运算电路，首先应列出关键节点的电流方程，所谓关键节点是那些输入电压和输出电压产生关系的节点，如 P 点和 N 点；然后根据"虚短"和"虚断"的原则，进行分析处理，即可得出输入与输出信号之间的关系。

对于多个信号作用的运算电路，在分析单一信号作用的基础上，利用叠加定理，得出输入信号共同作用时，输入与输出的运算关系。

3.3　能 力 训 练

该部分包括两部分的内容，一是集成运算放大器的检测，二是特定集成运放芯片 LM741 的使用说明和应用。

1. 集成运算放大器的检测

运算放大器的内部结构较为复杂，引脚数目较多，对于检测其性能好坏具有一定难度，下面介绍一种利用万用表配合简单的电子线路进行检测的方法。

检测电路如图 3 - 24 所示，运算放大器加上正负电源，将万用表拨在直流 50 V 挡，并加在其输出端。静态时，万用表的读数为 28 V 左右；手持螺丝刀的绝缘柄，用其金属部分依次碰触运算放大器的同相输入端和反相输入端。若万用表指针从 28 V 摆到 15～20 V，说明该运算放大器性能良好，而且放大能力很高。若万用表指针摆动很小，说明其放大能力较差；若万用表指针不动，说明其内部已损坏。

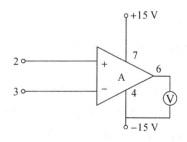

图 3 - 24　用万用表检测传输特性

2. LM741 运算放大器

工程应用中,一般使用各类传感器将位移、角度、压力、流量等物理器转换为电信号,之后再根据电压或电流信号间接推算出物理量变化,以达到感测、控制的目的。很多情况下,传感器所输出的电压电流信号可能非常微小,以致信号处理时难以察觉其间的变化,故需要用放大器进行信号放大,以顺利测得电流电压信号,而放大器所能完成的工作不仅仅是放大信号,还能应用于缓冲隔离、阻抗匹配以及将电压转换为电流或将电流转换为电压等方面。现今放大器种类繁多,一般仍以运算放大器应用较为广泛,此处介绍 LM741 运算放大器。

LM741 是一种应用广泛的通用型运算放大器。由于采用了有源负载,所以只要两级放大就可以达到很高的电压增益和很宽的共模及差模输入电压范围。本电路采用内部补偿,电路简单不易自激,工作点稳定,使用方便,而且设计了完善的保护电路,不易损坏。其工作时需要一对同样大小的正负电源,其值从 ±12 V DC 至 ±18 V DC 不等,而一般使用 ±15 V DC 的电压。LM741 运算放大器的外形与引脚配置分别如图 3-25、图 3-26 所示。

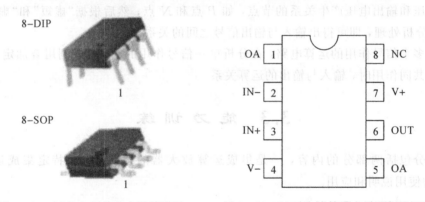

图 3-25　LM741 运算放大器外形图　　图 3-26　LM741 运算放大器引脚配置图

由图 3-26 可知,引脚 1 和 5 为偏置调零端,2 为反相输入端,3 为正相输入端,4 为负电源端,6 为输出端,7 为正电源端,8 为空引脚。通过在 1 端和 5 端加入电位器实现放大器的调零功能。

3. LM741 基本应用电路

LM741 通常应用于电子仪表及工业自动化控制设备中。其一作为低功耗放大器实现音频信号的放大;其二组成电压比较器电路;其三组成有源滤波器;其四实现 RC 正弦波发生器;其五组成恒流源电路。

1) 在功率放大电路中的应用

一般而言,人耳可以识别的声音频率范围为 20 Hz～20 kHz,其中对 1000～4000 Hz 的声音最为敏感,而人类的言语频率主要分布在 500～3000 Hz。如图 3-27 所示,声音经麦克风后传入集成运放 LM741,该音频小信号由芯片 3 脚输入,经内部多级放大电路对音频信号进行逐级放大,最后通过 6 口将放大的音频信号进行输出。为了使得放大的音频信号能够驱动扬声器负载,该电路的末级输出采用无输出变压器的功率放大电路(简称 OTL 电路),它是由 NPN 三极管 V_1、PNP 型三极管 V_2 以及大容量电容器 C_5 组成的,其中 V_1

和 V_2 的特性理想对称。另外，二极管 V_{D1} 和 V_{D2} 保证 V_1 和 V_2 在静态工作点时微导通，从而消除电路工作时出现的交越失真现象。

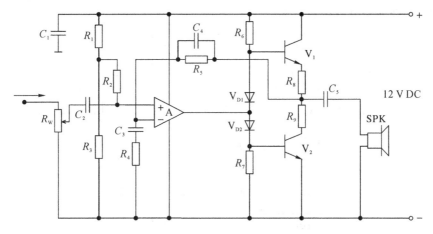

图 3-27　LM741 在功率放大电路中的应用

2）在电压比较器电路中的应用

电压比较器的功能是对两个输入电压的大小进行比较，并根据比较结果输出高低两个电平。它在信号变换、检测和波形产生电路、模拟与数字电路之间的接口电路中应用广泛。利用集成运放可组成简单的电压比较器。其中图 3-28 为同相电压比较器及输出波形，图 3-29 为反相电压比较器及输出波形。当参考电压 U_r 为 0 时，可构成同相和反相过零比较器。

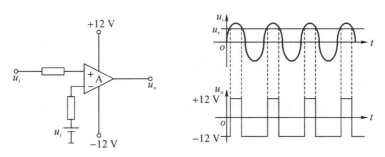

图 3-28　同相电压比较器及输出波形

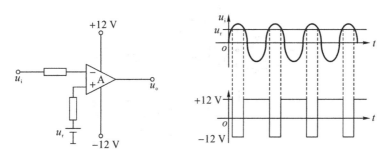

图 3-29　反相电压比较器及输出波形

3）在有源滤波电路中的应用

如果在集成运放的基础上增加电阻、电容等无源元件便可构成有源滤波器。它实际上是一种具有特定频率响应的放大器。就理想滤波器的幅频特性而言，允许通过的频段为通带，信号衰减到零的频段称为阻带。图 3-30 为二阶低通滤波电路及其幅频特性，图 3-31 为二阶高通滤波电路及其幅频特性。

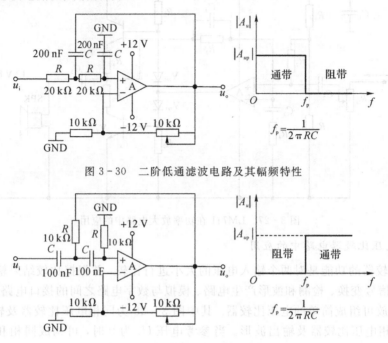

图 3-30　二阶低通滤波电路及其幅频特性

图 3-31　二阶高通滤波电路及其幅频特性

4）在恒流源电路中的应用

恒流源是输出电流保持恒定的电流源，输出电流并不因负载的变化而改变，为一种理想的电流源，常通过分立元件三极管或者集成运放来实现。图 3-32 是一个由集成运放组成的交流恒流源电路。该电路通过集成运放组成电流串联负反馈电路来实现，电路要求 $R_1 = R_2 = R_3 = R_4$。根据信号运算电路的分析方法，可以得出电路的输出电流和电压的关系为

$$i_o = \frac{u_i}{R_o}$$

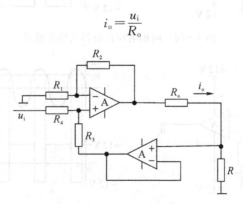

图 3-32　交流恒流源电路

5）在波形产生电路中的应用

另外，利用 LM741 也可以构成 RC 正弦波发生器，从而实现波形的变换。图 3-33 为

正弦波发生器的原理图。

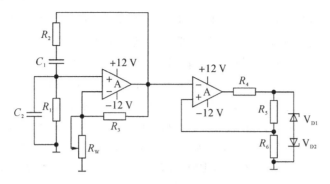

图 3-33　正弦波发生器

4. LM741 构成仪器仪表电路

集成运放 LM741 除了可组成以上五种基本电路外，还可应用于仪器仪表的测量方面。下面对其在电容测量及电子听诊器方面的应用做进一步说明。

1）电容测量

图 3-34 为集成运放组成的电容测量电路。该电路的测量原理是被测电容 C_x 充、放电而形成三角波，测量三角波的振荡周期就可知电容量的大小。由 A_1 可构成密勒积分电路，经 A_2 构成的施密特电路形成正反馈而产生振荡。其振幅由 R_3 和 R_4 决定，等于电源电压的 1/3。C_x 的充电电流由电源电压和 R_2 决定，放电电流由电源电压和 (R_1+R_2) 决定。从原理上讲，振荡周期应不受电源电压的影响，但实际上，由于 A_2 差动输入电压的限制与晶体管驱动电路的常数等影响，故不允许电源电压大幅度地变动。电源电压的范围为 $\pm 13 \sim \pm 15\ \text{V}$，正、负电源电压的绝对值需要相等。不接电容 C_x 时，A_2 以延迟约 20 μs 的时间进行振荡，可以计算出 C_x 对此进行补偿。C_x 电容量为 1000 μF 时的测量时间为 10 s。若 R_1 和 R_2 采用 1 $\text{k}\Omega$ 的电阻，则测量时间可缩短到 1/10。电路输出 u_o 外接计数器，就可以读出被测电容的容量。

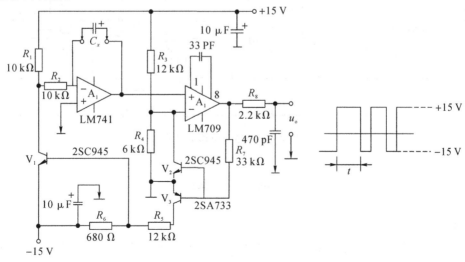

图 3-34　电容测量电路

2）电子听诊器

由于老式的听诊器没有放大作用，因此声音微弱，塞在耳朵里很不舒服，不能隔离环境噪声，频率响应也不可调。而电子听诊器由于接有放大器，因此可将微弱的心跳声放大到清晰可闻的程度。电子听诊器除了能清晰监听病人的胸（腹）声音外，还能用在搜索机械噪声源的定位等方面，其输出可用磁带录音机录下来供分析病情使用，或送入大功率的放大器另作他用。在实验过程中，发现拾音头 BM 用普通振膜拾音头的中频响应好，背景噪声也小。便宜的振膜和高价的振膜效果一样好。图 3 - 35 为集成运放组成的电子听诊器电路。该电子听诊器由拾音传感器、前置放大器、低通滤波放大器、缓冲、音频放大器和 LED 显示电路组成。拾音传感器由传声器 BM 和 R_1 等组成。前置放大器由集成运算放大电路 IC_1 和电阻器 $R_3 \sim R_5$ 等组成。低通滤波放大器由运算放大器 IC_2 和电阻器 $R_6 \sim R_8$、电容器 C_3、C_4 等组成，其截止频率略大于 100 Hz。缓冲放大器由集成运算放大器 IC_3 担任。音频放大器由音量电位器 R_P、低电压音频放大集成电路 IC_4、电阻器 R_{13}、电容器 C_5、C_6 等组成。LED 显示电路由双色发光二极管 V_D、驱动放大集成电路 IC_5 和电阻器 $R_9 \sim R_{12}$ 组成。拾音传感器拾取的信号经 $IC_1 \sim IC_4$ 滤波与放大后，驱动耳机 BE 发声。经 IC_2 等低频滤波后的音频信号再经 IC_5 进一步放大处理，驱动二极管 V_D 与耳机中的声音同步闪亮。调节 RP 的阻值，可改变耳机中音量的大小。改变电阻器 R_5 和 R_6 的阻值大小，可改变低通滤波器的截止频率，从而改变电子听诊器的频响效果。集成运算放大器的元件选择方面，$IC_1 \sim IC_3$ 和 IC_5 均选用 LM741 型放大器，IC_4 选用 LM386 音频放大器。

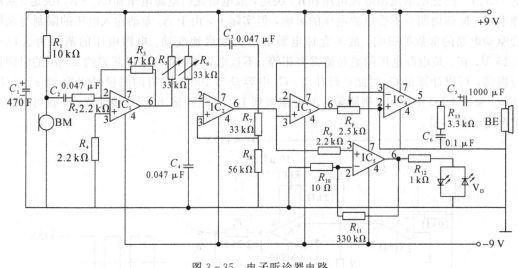

图 3 - 35　电子听诊器电路

习　　题

[题 3.1]　填空题。

1. 在集成电路中，由于制造大容量的 _____ 较困难，所以大多采用 _____ 的耦合方式。

2. 集成运算放大电路由 _____、_____、_____ 和 _____ 四部分组成。其中，输入级采用_____电路；中间级具有很高的_____，采用_____电路实现。

3. 长尾式差动放大电路的发射极电阻 R_e 越大，对_____越有利。

4. 理想化的集成运放，具有_____和_____的特点。它的性能指标均为理想化的，对应的 4 个指标分别为：_____、_____、_____、_____。

5. 分别用"反相"或"同相"填空。

（1）_____比例运算电路中集成运放反相输入端为虚地，而_____比例运算电路中集成运放两个输入端的电位等于输入电压。

（2）_____比例运算电路的输入电阻大，而_____比例运算电路的输入电阻小。

（3）_____比例运算电路的输入电流等于零，而_____比例运算电路的输入电流等于流过反馈电阻中的电流。

（4）_____比例运算电路的比例系数大于 1，而_____比例运算电路的比例系数小于零。

6. 集成运算放大器的放大倍数 $A_{od} = 10^5$，用分贝数表示为_____dB。

[题 3.2]　判断题。

1. 集成运放的输入失调电压 U_{IO} 是两输入端电位之差。　　　　　　　　（　　）

2. 集成运放的输入失调电流 I_{IO} 是集成运放两个输入端静态电流之差。　（　　）

3. 运放的共模抑制比 $K_{CMR} = \left| \dfrac{A_d}{A_c} \right|$。　　　　　　　　　　　　　　　　　（　　）

4. 有源负载可以增大放大电路的输出电流。　　　　　　　　　　　　　　（　　）

5. 在输入信号作用时，偏置电路改变了各放大管的动态电流。　　　　　　（　　）

6. 运算电路中一般均引入负反馈。　　　　　　　　　　　　　　　　　　（　　）

7. 在运算电路中，集成运放的反相输入端均为虚地。　　　　　　　　　　（　　）

8. 凡是运算电路都可利用"虚短"和"虚断"的概念求解运算关系。　　　　（　　）

[题 3.3]　选择题。

1. 集成运放电路采用直接耦合方式是因为_____。

A. 可获得很大的放大倍数

B. 可使温漂小

C. 集成工艺难于制造大容量电容

2. 通用型集成运放适用于放大_____。

A. 高频信号

B. 低频信号

C. 任何频率信号

3. 集成运放制造工艺使得同类半导体管的_____。

A. 指标参数准确

B. 参数不受温度影响

C. 参数一致性好

4. 集成运放的输入级采用差分放大电路是因为可以_____。

A. 减小温漂

B. 增大放大倍数

C. 提高输入电阻

5. 为增大电压放大倍数，集成运放的中间级多采用_____。

A. 共射放大电路

B. 共集放大电路

C. 共基放大电路

[题 3.4] 电路如图 3 - 36 所示，电路参数理想对称，晶体三极管的 $\beta = 100$，$r_{bb'} = 100\ \Omega$，$U_{BEQ} = 0.7\ V$。试计算 R_W 滑动端在中点时 V_1 管和 V_2 管的发射极静态电流 I_{EQ}，以及动态参数 A_d 和 r_i。

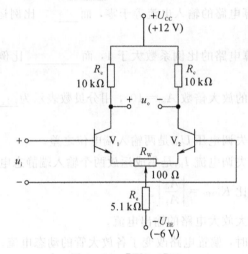

图 3 - 36　[题 3.4]图

[题 3.5]　电路如图 3 - 37 所示，所有二极管为硅管，$\beta = 200$，$r_{bb'} = 200\ \Omega$，静态时 $|U_{BEQ}| = 0.7\ V$。试求：（1）静态时 V_1 管和 V_2 管的发射极电流。（2）若静态时，$u_o > 0$，则应如何调节 R_{c2} 的值才能使 $u_o = 0\ V$？若静态 $u_o = 0\ V$，则 $R_{c2} = ?$ 电压放大倍数为多少？

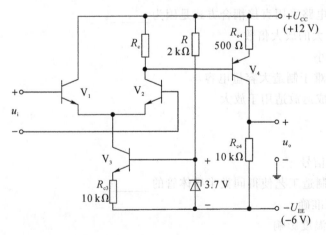

图 3 - 37　[题 3.5]图

[题 3.6]　电路如图 3 - 38 所示，已知 $\beta_1 = \beta_2 = \beta_0 = 100$，$R = 136\ k\Omega$。各管的 U_{BE} 均为 0.7 V，试求 I_{C2} 的值。

[题 3.7]　多路电流源电路如图 3 - 39 所示，已知所有晶体管的特性均相同，各管的

U_{BE} 均为 0.7 V，试求 I_{C1}、I_{C2} 的值。

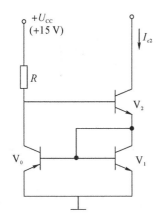

图 3-38　[题 3.6]图

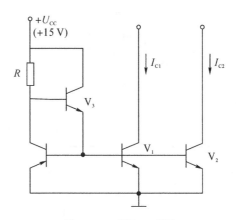

图 3-39　[题 3.7]图

[题 3.8]　在图 3-40 所示电路中，已知
$V_1 \sim V_3$ 特性完全相同，$\beta \gg 2$；反相输入端的
输入电流为 i_{i1}，同相输入端的输入电流为 i_{i2}，
试问：

（1）$i_{C2} \approx ?$

（2）$i_{B2} \approx ?$

（3）$A_{ui} = \Delta u_o / (i_{i1} - i_{i2}) = ?$

[题 3.9]　如图 3-41 所示，已知 $U_{CC} =$
12 V，$U_{EE} = 6$ V；晶体管具有理想特性，发射
结电压 $U_{BE} = 0.7$ V，r_{be} 均约为 1 kΩ，$\beta = 100$，

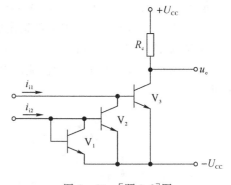

图 3-40　[题 3.8]图

V_1 和 V_2、V_3 和 V_4、V_5 和 V_6 的特性完全相同，静态时 $I_{C1} = 0.2$ mA，$I_{C9} = 1.5$ mA；$u_1 =$
0 V 时，$u_o = 0$ V。试求：

（1）图示电路为几级放大电路？各级属于哪种基本放大电路？电路组成有什么特点？

（2）$R_1 = ?$

（3）$R_3 = ?$

（4）设 $R_L = 10$ kΩ，求 $A_u = \Delta u_o / \Delta u_i \approx ?$

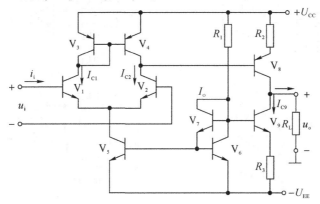

图 3-41　[题 3.9]图

[题 3.10] 电路如图 3-42 所示，集成运放输出电压的最大幅值为 ±14 V，完成下表。

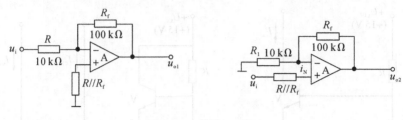

图 3-42 [题 3.10]图

u_i/V	0.1	0.5	1.0	1.5
u_{o1}/V				
u_{o2}/V				

[题 3.11] 如图 3-43 所示，集成运放输出电压的最大幅值为 ±14 V，u_i 为 2 V 的直流信号。分别求出下列各种情况下的输出电压。

(1) R_2 短路；(2) R_3 短路；(3) R_4 短路；(4) R_4 断路。

[题 3.12] 图 3-44 所示为恒流源电路，已知稳压管工作在稳压状态，试求负载电阻中的电流。

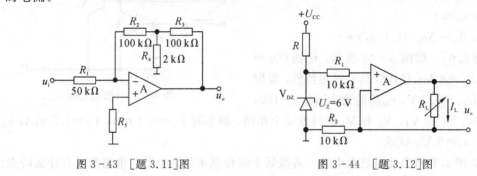

图 3-43 [题 3.11]图   图 3-44 [题 3.12]图

[题 3.13] 如图 3-45 所示，试求各电路输出电压与输入电压的运算关系式。

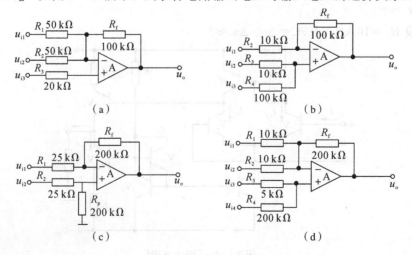

图 3-45 [题 3.13]图

[题 3.14]　电路如图 3－46 所示。

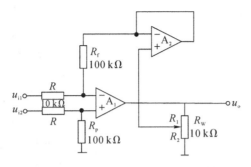

图 3－46　[题 3.14]图

(1) 写出 u_o 与 u_{i1}、u_{i2} 的运算关系式；

(2) 当 R_w 的滑动端在最上端时，若 $u_{i1}=10$ mV，$u_{i2}=20$ mV，则 $u_o=$？

(3) 若 u_o 的最大幅值为 ±14 V，输入电压最大值 $u_{i1max}=10$ mV，$u_{i2max}=20$ mV，最小值均为 0 V，则为了保证集成运放工作在线性区，R_2 的最大值为多少？

[题 3.15]　如图 3－47 所示，分别求解各电路的运算关系。

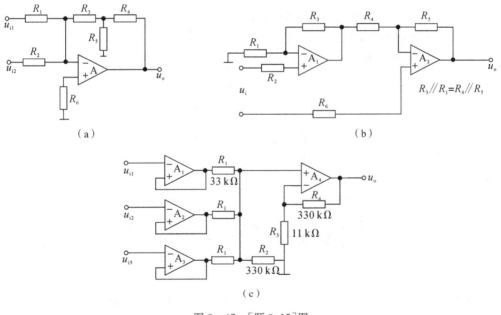

（a）　　　　　　　　　　　　　　（b）

（c）

图 3－47　[题 3.15]图

[题 3.16]　在图 3－48(a)所示电路中，已知输入电压 u_i 的波形如图(b)所示，当 $t=0$ 时 $u_o=0$。试画出输出电压 u_o 的波形。

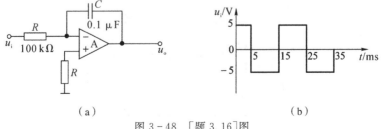

（a）　　　　　　　　　　　　　（b）

图 3－48　[题 3.16]图

[题 3.17] 如图 3-49 所示，试分别求解各电路的运算关系。

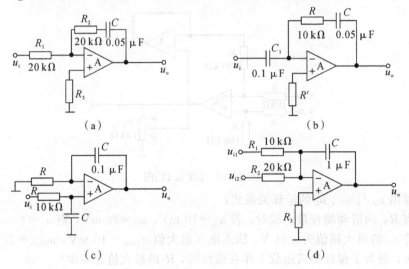

图 3-49 [题 3.17]图

[题 3.18] 在图 3-50 所示电路中，已知 $u_{i1} = 4\ V$，$u_{i2} = 1\ V$。

(1) 当开关 S 闭合时，分别求解 A、B、C、D 和 u_o 的电位；

(2) 设 $t=0$ 时 S 打开，经过多长时间 $u_o = 0$？

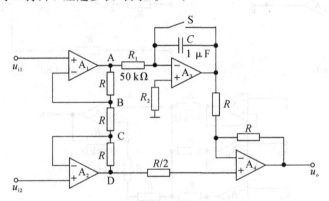

图 3-50 [题 3.18]图

[题 3.19] 如图 3-51 所示，已知 $R_1 = R = R' = R_2 = R_f = 100\ k\Omega$，$C = 1\ \mu F$。

(1) 求 u_o 与 u_i 的运算关系；

(2) 设 $t=0$ 时，$u_o = 0$，且 u_i 由 0 跃变为 $-1\ V$，求输出电压由 0 上升到 $+6\ V$ 所需要的时间。

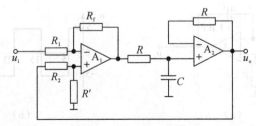

图 3-51 [题 3.19]图

［题 3.20］　如图 3-52 所示，已知 $R_1=R_2=R_3=R_5=50$ kΩ，$R_4=25$ kΩ，$C=10$ μF，试求电路的运算关系。

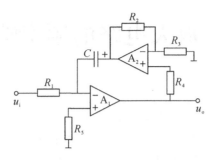

图 3-52　［题 3.20］图

［题 3.21］　如图 3-53 所示，电路为一电容测量电路。已知输入电压是频率为100 Hz、幅值为 ±5 V 的锯齿波，C_x 为测量电容，通过测量输出电压的直流电压得到 C_x 的容量；C_1 为消振电容。设 $C_x=0.05$ μF 时，$u_o=-10$ V，试求电阻 R 的阻值。

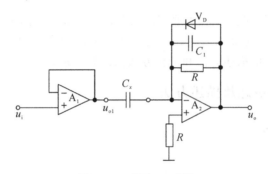

图 3-53　［题 3.21］图

*第4章　放大电路的频率响应及反馈

本章就放大电路的频率响应、负反馈、正弦波振荡器和低频功率放大电路做专题讨论。放大电路的频率响应中主要介绍频率响应中的分析及描述方法；放大电路的负反馈中主要介绍反馈的基本概念、反馈的判断、反馈对放大器性能的改善和基本的分析方法；正弦波振荡器中简要介绍正弦波振荡器的电路组成、基本的正弦波振荡电路结构形式和分析方法；低频功率放大电路中介绍低频功率放大电路的分析方法和常见的电路结构。

4.1　放大电路的频率响应

在放大电路的应用实践中，首先遇到的问题是一个放大电路是否可以放大任意频率的输入信号？如果不可以，那么放大电路适合放大信号的频率范围是什么？下面就放大电路适合放大信号频率范围的描述方法和分析方法做简要分析。

4.1.1　频率特性的概念及描述方法

1. 频率特性的概念

1）放大电路适合放大信号频率范围——通频带宽度 f_{bw}

对于共射基本放大电路而言，如果分析其电压放大倍数 A_u 随频率的变化，可以得到如图 4-1 所示的关系曲线，可见幅度 A_u 和相角 φ 都是频率的函数，即放大电路的电压放大倍数是一个复数，即

$$\dot{A}_u = A_u \angle \varphi \qquad (4-1)$$

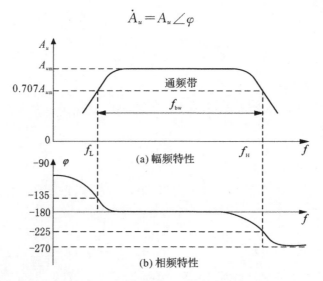

图 4-1　共射基本放大电路的频率特性

其中幅度 A_u 随频率的变化关系曲线称为放大电路的幅频特性，相角 φ 随频率的变化关系曲线称为相频特性。当用对数坐标表示变化关系曲线时，称其为波特图。

当放大倍数下降为 $0.707A_{um}$（A_{um} 为中频放大倍数）时，在低频端和高频端对应的频率分别称为下限截止频率和上限截止频率，分别用 f_L 和 f_H 表示，则通频带宽度定义为

$$f_{bw} = f_H - f_L \tag{4-2}$$

在图 4-1(a)所示的幅频特性中定义：通频带宽度用于表征放大电路对不同频率的输入信号的响应能力，即表明一个放大器适合放大信号的频率范围，当信号频率在此期间时，认为放大器可以对信号进行很好的放大，若超出此范围，放大电路的放大能力会随频率的降低或升高急剧下降，放大器就失去了放大能力。它是放大电路的重要技术指标之一。

2）原因分析

造成通频带随频率的变化引起放大倍数下降的主要原因如下：

（1）对低频段，由于耦合电容（和旁路电容）随频率的降低容抗变大，在中频和高频时容抗 $1/(\omega C) \ll R$（R 是放大电路的输入电阻，由后续分析可知此时等效电路为一高通电路，如图 4-2(a)所示），可视为短路，但在低频段时 $1/(\omega C) \ll R$ 不成立，随频率的下降，引起放大倍数的下降，同时产生附加相移。

（2）对高频段，由于三极管极间电容或分布电容的存在，在低频和中频段时容抗 $1/(\omega C)$ 较大，与输出电阻并联可视为开路，但在高频段随频率的升高，容抗 $1/(\omega C)$ 变小，此时考虑极间电容影响的等效电路如图 4-2(b)所示（为一低通电路）。当频率上升时，容抗减小，使输出电压减小，从而使放大倍数下降。同时也会在输出电压与输入电压间产生附加相移。

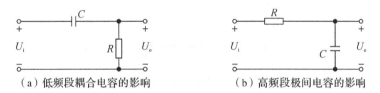

（a）低频段耦合电容的影响　　　　　　（b）高频段极间电容的影响

图 4-2　考虑频率特性时的等效电路

3）高通电路与低通电路的频率响应

（1）高通电路的频率响应。在放大电路低频段时，放大电路等效为一高通电路，如图 4-2(a)所示。

设输出电压 $\dot{U}_o$ 与输入电压 $\dot{U}_i$ 之比为 $\dot{A}_u$，则

$$\dot{A}_u = \frac{\dot{U}_o}{\dot{U}_i} = \frac{R}{\dfrac{1}{j\omega C} + R} = \frac{1}{1 + \dfrac{1}{j\omega RC}} \tag{4-3}$$

式中，ω 为输入信号的角频率。令 $\omega_L = \dfrac{1}{RC} = \dfrac{1}{\tau}$，则

$$f_L = \frac{\omega_L}{2\pi} = \frac{1}{2\pi RC} \tag{4-4}$$

因此

其中频率f_L，因为该频率处（把高通电路作为滤波器，称为）阻带和通带的交界频率，因此有用语汇，并用对数坐标表示出来为f_L，但频率的改变图。

在频率较大范围内0.707归结为最大值的，在低频段的频率数。低低频率的时候，分别用对频特性和相频特性曲线图了，如图4-3所示，即前频率和相频特性。

在图4-3所示的曲线特性中，该曲线由于是大低频率不改变的频率。

输入的阻断随着，并出现一个相较大大信号的数据，当相位高低频率应时，f（大几时与f_L信号需要进行的次），在f之间的频段较小的谐振对为了谐波的数值。

$$\dot{A}_u = \frac{1}{1 + \frac{1}{j\omega RC}} = \frac{1}{1 + \frac{f_L}{jf}} = \frac{j\frac{f}{f_L}}{1 + j\frac{f}{f_L}} \tag{4-5}$$

即

$$|\dot{A}_u| = \frac{\frac{f}{f_L}}{\sqrt{1 + \left(\frac{f}{f_L}\right)^2}} \tag{4-6}$$

$$\varphi = 90° - \arctan\frac{f}{f_L} \tag{4-7}$$

式(4-6)、式(4-7)分别表明放大倍数的幅值与相位随频率的变化关系，分别称为幅频特性和相频特性。

由式(4-6)可知：当$f = f_L$时，$|\dot{A}_u| = 1/\sqrt{2} \approx 0.707$，$\varphi = 45°$；当$f \gg f_L$时，$|\dot{A}_u| \approx 1$，$\varphi = 0°$；当$f \ll f_L$时，$|\dot{A}_u| \approx f/f_L$，表明频率$f$每下降$1/10$倍，放大倍数$|\dot{A}_u|$也下降$1/10$倍；当频率趋于零时，放大倍数也趋于零，$\varphi$趋于$+90°$。由此可以得到图4-3所示的高通电路的幅频与相频特性曲线。

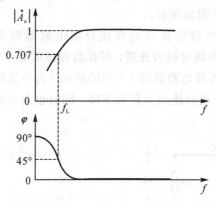

图4-3 高通电路的频率响应

（2）低通电路的频率响应。在放大电路高频段时，放大电路等效为一低通电路，如图4-2(b)所示。

设输出电压$\dot{U}_o$与输入电压$\dot{U}_i$之比为$\dot{A}_u$，则

$$\dot{A}_u = \frac{\dot{U}_o}{\dot{U}_i} = \frac{\frac{1}{j\omega C}}{\frac{1}{j\omega C} + R} = \frac{1}{1 + j\omega RC} \tag{4-8}$$

令$\omega_H = \frac{1}{RC} = \frac{1}{\tau}$，则

$$f_H = \frac{\omega_H}{2\pi} = \frac{1}{2\pi RC} \tag{4-9}$$

可知

$$\dot{A}_u = \frac{1}{1 + j\frac{\omega}{\omega_H}} = \frac{1}{1 + j\frac{f}{f_H}} \tag{4-10}$$

即

$$|\dot A_u| = \frac{1}{\sqrt{1+\left(\dfrac{f}{f_H}\right)^2}} \tag{4-11}$$

$$\varphi = -\arctan\frac{f}{f_H} \tag{4-12}$$

式(4-11)、式(4-12)分别表明放大倍数的幅频特性和相频特性。

由式(4-11)可知：当 $f=f_H$ 时，$|\dot A_u|=1/\sqrt{2}\approx 0.707$，$\varphi=-45°$；当 $f\ll f_H$ 时，$|\dot A_u|\approx 1$，$\varphi=0°$；当 $f\gg f_H$ 时，$|\dot A_u|\approx\dfrac{f_H}{f}$，表明频率 f 每升高 10 倍，放大倍数 $|\dot A_u|$ 将下降 $1/10$ 倍；当频率趋于无穷时，放大倍数也趋于零，φ 趋于 $-90°$。由此可以得到图 4-4 所示的低通电路的幅频与相频特性曲线。

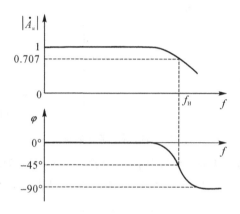

图 4-4　低通电路的频率响应

2. 频率特性的描述方法——波特图

在放大电路的实际应用中，输入信号的频率往往在一个很大的范围内变化，而放大倍数也可以在几十到几万之间变化，甚至更高。为了在同一坐标系中表示放大电路的频率响应，在作频率特性曲线时常采用对数坐标，此时称其为波特图。

波特图由对数幅频特性和对数相频特性组成，其横轴采用对数刻度(10 倍频)$\lg f$ 来表示，幅频特性的纵轴放大倍数采用 $20\lg|\dot A_u|$(dB)来表示，并称其为增益。相频特性纵轴仍采用 φ 角来表示，这样可以在信号频率和放大倍数很大的变化范围内方便地表示频率响应。

根据式(4-6)知，高通电路的对数幅频特性为

$$20\lg|\dot A_u| = 20\lg\frac{f}{f_L} - 20\lg\sqrt{1+\left(\frac{f}{f_L}\right)^2} \tag{4-13}$$

由式(4-13)和式(4-7)可知，当 $f=f_L$ 时，$20\lg|\dot A_u|=-20\lg\sqrt{2}\approx-3$ dB，$\varphi=45°$；当 $f\gg f_L$ 时，$20\lg|\dot A_u|\approx 0$ dB，$\varphi=0°$；当 $f\ll f_L$ 时，$20\lg|\dot A_u|\approx 20\lg f/f_L$，表明频率 f 每下降 $1/10$ 倍，增益下降 20 dB，即对数幅频特性是斜率为 20dB/10 倍频程的直线，如图 4-5(a)所示。

根据式(4-11)知，低通电路的对数幅频特性为

$$20 \lg |\dot{A}_u| = -20 \lg \sqrt{1 + \left(\frac{f}{f_H}\right)^2} \qquad (4-14)$$

由式(4-14)和式(4-12)可知，当 $f = f_H$ 时，$20 \lg |\dot{A}_u| = -20 \lg \sqrt{2} \approx -3$ dB，$\varphi = 45°$；当 $f \ll f_H$ 时，$20 \lg |\dot{A}_u| \approx 0$ dB，$\varphi = 0°$；当 $f \gg f_H$ 时，$20 \lg |\dot{A}_u| \approx -20 \lg f/f_H$，表明频率 f 每升高 10 倍，增益下降 20 dB，即对数幅频特性是斜率为 -20 dB/10 倍频程的直线，如图 4-5(b)所示。

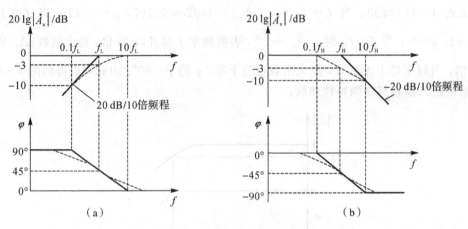

图 4-5 高通与低通电路的波特图

为简单起见，在电路分析时，作波特图曲线常采用折线近似画法。对应低频段的高通电路，以下限截止频率 f_L 为拐点，对数幅频特性由两段直线近似画出，当 $f > f_L$ 时，用 $20 \lg |\dot{A}_u| = 0$ dB 直线近似，当 $f < f_L$ 时，用斜率为 20 dB/10 倍频程的直线近似，之后在 $f = f_L$ 处进行 3 dB 校正；对数相频特性由三段直线近似画出，以 $10 f_L$ 和 $0.1 f_L$ 为两个拐点，当 $f > 10 f_L$ 时，用 $\varphi = 0$ 的直线近似(在 $f = 10 f_L$ 时实际误差为 $-5.71°$)，当 $f < 0.1 f_L$ 时，用 $\varphi = 90°$ 的直线近似(实际误差为 $5.71°$)，当 $0.1 f_L < f < 10 f_L$ 时，φ 随 f 直线下降。由此可以得到图 4-5(a)所示的波特图。

同理可以得到低通电路的波特图，如图 4-5(b)所示。

由上述分析可知，电路的上、下限截止频率取决于所在回路的时间常数 τ，当信号频率等于上、下限截止频率时，放大电路的增益下降 3 dB，且产生 $\pm 45°$ 相移，所以有时称通频带宽度为 3 dB 带宽。在近似分析时，可以采用折线近似画法作波特图曲线。

4.1.2 单管放大器的频率响应——分析方法

由上述分析可知，当一个放大电路在分析频率特性时，如果能将其等效为高通和低通电路，就可以计算它的上、下限截止频率，画出波特图，从而得到它的频率响应。下面就单管放大器的频率响应的分析方法做一讨论。

1. 三极管混合参数 π 型等效电路

在分析放大电路频率特性时，如何将其等效为高通和低通电路是分析的重点和难点。前面介绍的 h 参数微变等效电路分析法分析放大电路交流性能时，由于频率不是太高，耦合电容和极间电容的容抗可以忽略。但随着频率升高，容抗的减小，在与负载并联时不能再被忽略，会对放大倍数产生影响。此时可以采用晶体管混合参数 π 型等效电路法进行分析。

1) 晶体管完整的混合 π 模型

晶体管高频混合 π 模型是从晶体管的物理结构出发，在高频时考虑到发射结和集电结结电容的影响，可以得到如图 4-6(a) 所示的物理模型，称为晶体管混合 π 模型。

在晶体管结构示意图中，由于集电区和发射区体电阻数值较小，故忽略不计。图 4-6 中，C_μ 为集电结电容，C_π 为发射结电容，$r_{bb'}$ 为基区体电阻，$r_{b'c}$ 为集电结结电阻，$r_{b'e}$ 为发射结结电阻。由于 C_π 与 C_μ 的存在，使 $\dot{I}_b$ 与 $\dot{I}_c$ 的大小和相角均与频率有关，即电流放大系数不再是常数，而是频率的函数，记作 $\dot{\beta}$，因此在混合 π 参数等效电路中引入一个描述晶体管放大能力的新参数 g_m，称为跨导，说明了 $\dot{U}_{b'e}$ 对 $\dot{I}_c$ 的控制关系，即

$$\dot{I}_c = g_m \dot{U}_{b'e} \tag{4-15}$$

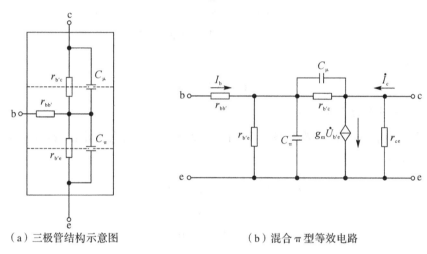

（a）三极管结构示意图　　　　　　　（b）混合 π 型等效电路

图 4-6　三极管的混合 π 型等效电路

2) 混合 π 模型的简化

图 4-6(b) 所示电路中，通常 r_{ce} 远大于 c-e 间连接的负载电阻，$r_{b'c}$ 远大于集电结结电容 C_μ 的容抗，因此可认为二者开路，得到图 4-7(a) 所示的等效电路。

在图 4-7(a) 所示的等效电路中，因 C_μ 跨接在输入与输出回路之间（如图 4-7(b) 所示），使电路分析变得非常复杂。为方便起见，将其单向化（分别等效到输入与输出回路），如图 4-7(c) 所示。

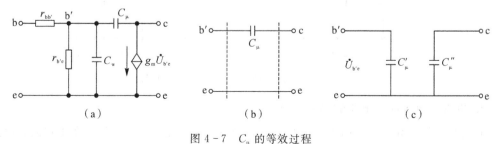

（a）　　　　　　　　　（b）　　　　　　　　　（c）

图 4-7　C_μ 的等效过程

根据密勒定理可知，令 $\dfrac{\dot{U}_{ce}}{\dot{U}_{b'e}} = \dot{K}$，则

$$C'_\mu = (1 + |\dot{K}|) C_\mu \tag{4-16}$$

$$C''_\mu = \dfrac{\dot{K}-1}{\dot{K}} \cdot C_\mu \tag{4-17}$$

考虑到通常情况下 C''_μ 的容抗远大于负载电阻，可将其忽略，从而可以得到图 4-6(b) 所示混合 π 参数等效电路的简化电路，如图 4-8 所示。

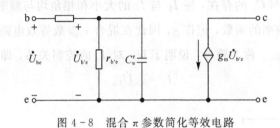

图 4-8 混合 π 参数简化等效电路

图 4-8 中：

$$C'_\pi = C_\pi + (1 + |\dot{K}|) C_\mu \tag{4-18}$$

3) 混合 π 模型的主要参数

将简化的混合 π 参数等效电路与简化的 h 参数微变等效电路相比较，它们的电阻参数是相同的，如图 4-9 所示。

$$r_{be} = r_{bb'} + r_{b'e} = r_{bb'} + (1+\beta)\dfrac{U_T}{I_{EQ}}$$

$$r_{b'e} = (1+\beta)\dfrac{26\ \mathrm{mV}}{I_{EQ}\mathrm{mA}} \approx \dfrac{26\beta}{I_{CQ}} \tag{4-19}$$

$$g_m \dot{U}_{b'e} = g_m \dot{I}_b r_{b'e} = \dot{\beta} I_b$$

所以

$$g_m = \dfrac{\beta}{r_{b'e}} \approx \dfrac{I_{CQ}}{26} \tag{4-20}$$

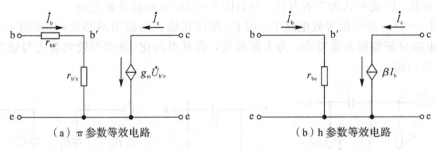

（a）π 参数等效电路 （b）h 参数等效电路

图 4-9 混合 π 参数和 h 参数之间的关系

2. 单管共射极放大电路的频率响应

利用晶体管简化混合 π 模型（如图 4-9(b)所示），将放大电路等效为高通和低通电路，即可分析放大电路的频率特性。电路如图 4-10 所示。

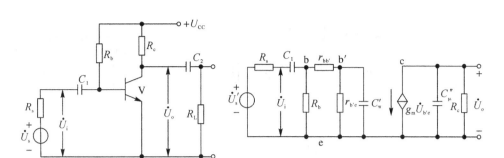

图 4 - 10　共射极放大电路及其混合 π 型等效电路

具体分析时，通常分成三个频段考虑：

（1）中频段：全部电容均不考虑，耦合电容视为短路，极间电容视为开路。

（2）低频段：耦合电容的容抗不能忽略，而极间电容视为开路。

（3）高频段：耦合电容视为短路，而极间电容的容抗不能忽略。

这样求得三个频段的频率响应，然后再进行综合。这样做的优点是，可使分析过程简单明了，且有助于从物理概念上来理解各个参数对频率特性的影响。

1）中频电压放大倍数 $\dot{A}_{usm}$

中频时，由于耦合电容数值较大，容抗较小，在输入与输出回路串联时可以忽略，极间电容数值太小，容抗太大，在输入与输出回路并联时也可以忽略，因此得到如图 4 - 11 所示中频段的等效电路。

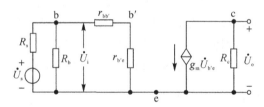

图 4 - 11　中频段等效电路

由图 4 - 11 可知：

$$r_i = R_b \mathbin{/\mkern-5mu/} (r_{bb'} + r_{b'e}) = R_b \mathbin{/\mkern-5mu/} r_{be}$$

$$\dot{A}_{usm} = \frac{\dot{U}_o}{\dot{U}_s} = \frac{\dot{U}_i}{\dot{U}_s} \cdot \frac{\dot{U}_{b'e}}{\dot{U}_i} \cdot \frac{\dot{U}_o}{\dot{U}_{b'e}} = \frac{r_i}{R_s + r_i} \cdot \frac{r_{b'e}}{r_{be}} \cdot (-g_m R_c) \tag{4-21}$$

2）低频电压放大倍数 $\dot{A}_{usl}$

低频时，由于频率比较低，耦合电容容抗增大，在输入与输出回路串联时不能忽略，而极间电容容抗进一步增大，在输入与输出回路并联时更可以忽略，因此得到如图 4 - 12(a)所示低频段的等效电路。图 4 - 12(b)为输入回路此时的高通等效电路。

由图 4 - 12(a)可知：

$$\dot{U}_o = -g_m \dot{U}_{b'e} R_c, \quad \dot{U}_{b'e} = \frac{r_{b'e}}{r_{be}} \dot{U}_i, \quad \dot{U}_i = \frac{r_i}{R_s + r_i + \dfrac{1}{j\omega C_1}} \dot{U}_s$$

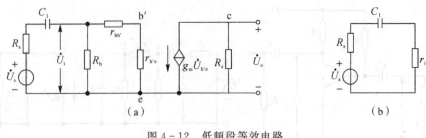

图 4-12 低频段等效电路

因此

$$\dot{A}_{usl}=\frac{\dot{U}_o}{\dot{U}_s}=\frac{\dot{U}_o}{\dot{U}_{b'e}}\cdot\frac{\dot{U}_{b'e}}{\dot{U}_i}\cdot\frac{\dot{U}_i}{\dot{U}_s}=-g_mR_c\frac{r_{b'e}}{r_{be}}\cdot\frac{R_i}{R_i+R_s+\dfrac{1}{j\omega C_1}}$$

$$=-\frac{R_i}{R_i+R_s}\cdot\frac{r_{b'e}}{r_{be}}g_mR_c\cdot\frac{1}{1+\dfrac{1}{j\omega(R_s+R_i)C_1}}$$

令 $\tau_L=(R_s+R_i)C_1$，则

$$f_L=\frac{1}{2\pi\tau_L}=\frac{1}{2\pi(R_s+R_i)C_1} \qquad (4-22)$$

$$\dot{A}_{usl}=\dot{A}_{usm}\frac{1}{1+\dfrac{1}{j\omega\tau_L}}=\dot{A}_{usm}\frac{1}{1-j\dfrac{f_L}{f}} \qquad (4-23)$$

当 $f=f_L$ 时，$|\dot{A}_{usl}|=1/\sqrt{2}A_{usm}$，$f_L$ 为下限截止频率。由式(4-22)可知，下限频率主要由电容所在回路的时间常数 τ_L 决定。所以分析中只要得到放大电路低频段的高通等效电路，求解 f_L，就可以直接得到低频电压放大倍数和频率响应。

由式(4-23)，可以得到该电路的对数幅频与相频特性表达式：

$$20\lg|\dot{A}_{usl}|=20\lg|\dot{A}_{usm}|-20\lg\sqrt{1+\left(\frac{f_L}{f}\right)^2} \qquad (4-24)$$

$$\varphi=-180°+\arctan\frac{f_L}{f} \qquad (4-25)$$

此时，低频段对数频率特性如图 4-13 所示。

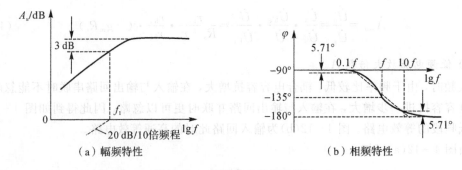

图 4-13 低频段对数频率特性

3）高频电压放大倍数 $\dot{A}_{ush}$

高频时，由于频率比较高，耦合电容容抗与中频比较进一步减小，在输入与输出回路

串联时可以忽略，而极间电容容抗随频率升高而减小，此时要考虑其对放大倍数的影响，因此得到如图 4 - 14(a)所示高频段的等效电路。图 4 - 12(b)所示为输入回路高频段的低通等效电路。

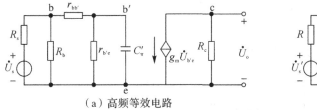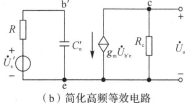

（a）高频等效电路　　　　　　　　　（b）简化高频等效电路

图 4 - 14　高频等效电路

　　为求出 $\dot{U}_{b'e}$ 与 $\dot{U}_s$ 的关系，利用戴维南定理将图 4 - 14(a)进行简化，得到图 4 - 12(b)所示的低通等效电路，其中：

$$\dot{U}'_s = \frac{R_i}{R_s + R_i} \cdot \frac{r_{b'e}}{r_{bb'} + r_{b'e}} \cdot \dot{U}_s$$

$$R = r_{b'e} // [r_{bb'} + (R_s // R_b)]$$

$$\dot{U}_{b'e} = \frac{\dfrac{1}{j\omega C'_\pi}}{R + \dfrac{1}{j\omega C'_\pi}} \cdot \dot{U}'_s = \frac{1}{1 + j\omega C'_\pi} \cdot \frac{R_i}{R_s + R_i} \cdot \frac{r_{b'e}}{r_{bb'} + r_{b'e}} \dot{U}_s$$

$$\dot{U}_o = -g_m \dot{U}_{b'e} R_c = -g_m R_c \frac{1}{1 + j\omega C'_\pi} \cdot \frac{R_i}{R_s + R_i} \cdot \frac{r_{b'e}}{r_{bb'} + r_{b'e}} \dot{U}_s$$

因此

$$\dot{A}_{ush} = \frac{\dot{U}_o}{\dot{U}_s} = -\dot{A}_{usm} \frac{1}{1 + j\omega R C'_\pi}$$

　　令 $\tau_H = R C'_\pi$（高通电路时间常数），有 $f_H = \dfrac{1}{2\pi R C'_\pi}$（上限截止频率），则

$$\dot{A}_{ush} = \dot{A}_{usm} \frac{1}{1 + j\omega \tau_H} = \dot{A}_{usm} \frac{1}{1 + j\dfrac{f}{f_H}} \tag{4-26}$$

由式(4 - 26)可以得到该电路的对数幅频与相频特性表达式：

$$20 \lg |\dot{A}_{ush}| = 20 \lg |\dot{A}_{usm}| - 20 \lg \sqrt{1 + \left(\frac{f}{f_H}\right)^2} \tag{4-27}$$

$$\varphi = -180° - \arctan \frac{f}{f_H} \tag{4-28}$$

此时，高频段对数频率特性如图 4 - 15 所示。

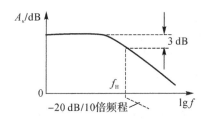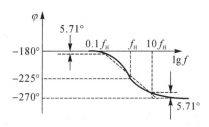

图 4 - 15　高频段对数频率特性

4) 完整的频率特性曲线（波特图）

综上所述，考虑电容影响，在整个频率范围内，电压放大倍数的表达式应为

$$\dot{A}_{us}=\dot{A}_{usm}\cdot\frac{1}{\left(1-\text{j}\dfrac{f_{\text{L}}}{f}\right)\left(1+\text{j}\dfrac{f}{f_{\text{H}}}\right)} \tag{4-29}$$

由此可以得到如图 4-16 所示的共射极基本放大电路的折线化波特图。

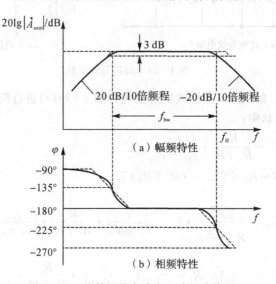

图 4-16　共射极基本放大电路的波特图

4.2　放大电路的负反馈

4.2.1　反馈的基本概念

1. 反馈的定义

反馈就是将输出信号的一部分（或全部）通过一定的电路方式（反馈网络）引回到输入回路，并与输入信号（进行叠加）一起对输出信号的大小产生影响，使放大电路的某些性能获得改善的过程，其组成方框图如图 4-17 所示。

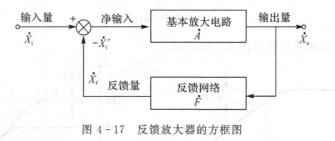

图 4-17　反馈放大器的方框图

定义：$\dot{A}=\dfrac{\dot{X}_{\text{o}}}{\dot{X}_{\text{i}}'}$，为开环放大倍数（基本放大电路放大倍数）；$\dot{F}=\dfrac{\dot{X}_{\text{f}}}{\dot{X}_{\text{o}}}$，为反馈系数；$\dot{A}_{\text{f}}=$

$\dfrac{\dot{X}_\text{o}}{\dot{X}_\text{i}}$，为闭环放大倍数(反馈放大电路放大倍数)。因为

$$\dot{X}_\text{i}=\dot{X}_\text{i}'+\dot{X}_\text{f}=\dot{X}_\text{i}'+\dot{F}\dot{A}\dot{X}_\text{i}' \qquad (4-30)$$

所以

$$\dot{A}_\text{f}=\frac{\dot{X}_\text{o}}{\dot{X}_\text{i}}=\frac{\dot{A}}{1+\dot{A}\dot{F}} \qquad (4-31)$$

2. 反馈类型及其判断

反馈类型及其判断是研究反馈放大电路性质的基础。

在放大电路中，根据反馈信号对净输入信号的影响结果是增大还是减小，可以分为正反馈和负反馈；是在交流通路还是在直流通路中起作用，可以分为交流反馈和直流反馈；根据反馈信号在输出端取样对象不同，可以分为电压反馈和电流反馈；根据反馈信号、输入信号和净输入信号在输入回路的连接方式不同，可以分为串联反馈与并联反馈，这样就形成了反馈的四种组态，即电压串联、电压并联、电流串联和电流并联反馈。反馈类型及其判断就是针对以上不同类型反馈的判断。

1) 有无反馈的判断

在放大电路中若存在将输出回路与输入回路连接的通路(或连接输出回路与输入回路的公共元件)，并由此影响输入回路的净输入信号，则表明电路存在反馈，否则电路不存在反馈。

在图 4-18(a)电路中，电阻 R_f 将输出回路与输入回路相连接，净输入信号不仅取决于输入信号，还与由输出引回的反馈信号(R_2 两端电压)有关，所以电路中引入了反馈。在图 4-18(b)电路中，虽然 R 接在输出端与反相输入端之间，但由于反相输入端接地，净输入信号大小与输出信号大小无关，所以电路不存在反馈。

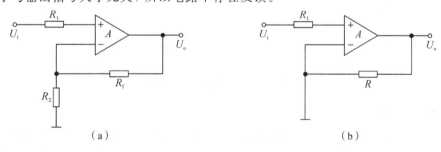

(a) 　　　　　　　　　　　　　(b)

图 4-18　有无反馈的判断

2) 正、负反馈的判断

若反馈信号使净输入信号减弱，则为负反馈；若反馈信号使净输入信号加强，则为正反馈。负反馈多应用于改善放大器的性能；正反馈多应用于振荡电路。

正、负反馈判断多用瞬时极性法，其步骤如下：

(1) 在基本放大器输入端设定某一时刻有一个递增的输入信号(用 ⊕ 表示)。

(2) 以此为依据，经过基本放大电路到输出回路，再经过反馈网络到输入回路，标出电路中各点的瞬时极性，并推演出反馈信号的变化极性。

(3) 判定在反馈信号的影响下，净输入信号的变化极性。若该极性使净输入信号减小，

则为负反馈；若该极性使净输入信号增大，则为正反馈。

按上述方法可以判定图 4-18(a)是负反馈。判定过程如下：假设某一时刻输入信号瞬时极性为 $\oplus$（递增），则经过基本放大电路到输出的瞬时极性为 $\oplus$，再经过反馈网络（电阻 R_f）到反相输入端产生的瞬时极性为 $\oplus$，由此导致集成运放的净输入信号（$U_+ - U_-$）减小，说明引入的是负反馈。

3）交、直流反馈的判断

交、直流反馈的判断是根据放大电路的交流通路和直流通路中是否存在反馈环进行判断。

（1）直流反馈：若放大电路的直流通路中存在反馈环，则该放大电路存在直流反馈。直流负反馈主要用于稳定静态工作点。

（2）交流反馈：若放大电路的交流通路中存在反馈环，则该放大电路存在交流反馈。交流负反馈主要用来改善放大器的性能；交流正反馈主要应用于波形的产生与变换电路。

若某放大电路的交流通路和直流通路中均存在反馈环，则该放大电路既存在直流反馈，又可以产生交流反馈。图 4-18(a)中的 R_f 既可以产生直流反馈，也可以产生交流反馈。

在图 4-19(a)所示电路中，电容 C 对交流信号视为短路，对直流信号视为断路，所以在交流通路中不存在反馈环，而在直流通路中存在反馈环，故电路只存在直流反馈。

同理图 4-19(b)所示电路中，在交流通路中存在反馈环，而在直流通路中不存在反馈环，故电路只存在交流反馈。根据瞬时极性法，图 4-19(a)、(b)所示电路均为负反馈。

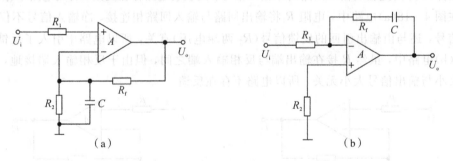

图 4-19 交、直流反馈的判断

4）反馈组态的判断

（1）电压反馈与电流反馈。电压反馈与电流反馈的判断，主要看反馈放大器反馈信号在输出端的取样对象，若反馈信号的大小取决于输出电压，则输出端引入电压反馈；若反馈信号的大小取决于输出电流，则输出端引入电流反馈。如图 4-20 所示，其中图(a)为电压反馈示意图，图(b)为电流反馈示意图。具体实践过程中，可以由以下方法进行判断。

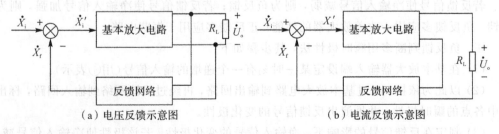

（a）电压反馈示意图　　　　　　（b）电流反馈示意图

图 4-20 电压反馈与电流反馈示意图

方法一：输出短路法。将反馈放大器的输出端对地交流短路，若其反馈信号随之消失，则为电压反馈；否则为电流反馈。因为输出端对交流短路后，输出交变电压为零，若反馈信号随之消失，则说明反馈信号取决于输出电压，故为电压反馈；若反馈信号依然存在，则说明反馈信号取决于输出电流，故为电流反馈。

方法二：按电路结构判断。在交流通路中，若反馈网络的取样端处在放大器的输出端，则为电压反馈；否则为电流反馈。

在图 4-21(a) 所示电路中，可以判断 R_f 引入的是交、直流负反馈，由于其取样直接接到放大电路的输出端，则由方法二判断引入的反馈为电压反馈。图 4-21(b) 所示电路中，R_e 引入的也是交、直流负反馈，由于其取样没有接到放大电路的输出端，则由方法二判断引入的反馈为电流反馈。

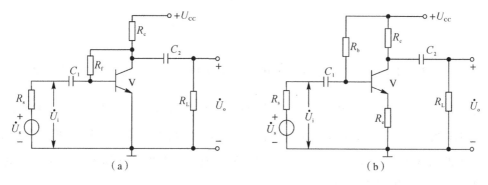

图 4-21　电压反馈与电流反馈的判断

（2）串联反馈与并联反馈。串联与并联反馈的判断，主要看反馈信号、输入信号和净输入信号在输入回路中的连接方式。如果三者在输入回路以电压信号串联求和，则属于串联反馈；如果三者在输入回路以电流信号并联求和，则属于并联反馈。如图 4-22 所示，其中图(a)为串联反馈示意图，图(b)为并联反馈示意图。具体实践过程中，可以通过观察反馈信号和输入信号的连接情况进行判断。对于交变分量而言，若信号源的输出端和反馈网络的比较端接于同一个放大器件的同一个电极上，则为并联反馈；否则为串联反馈。

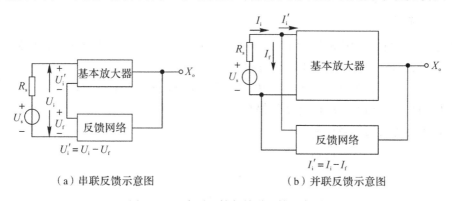

（a）串联反馈示意图　　　　　（b）并联反馈示意图

图 4-22　串联反馈与并联反馈示意图

在图 4-21(a) 所示电路中，可以判断 R_f 引入的反馈电流信号 I_f 和输入信号 I_i 同接于放大器件的基极上，则判断引入的反馈为并联反馈，即为交直流电压并联负反馈。图 4-21(b) 所示电路中，R_e 引入的也是交、直流负反馈，由于其反馈电压信号没有与输入信号接到放大器件的同一个电极上，因此判断引入的反馈为串联反馈，即交直流电流串联负反馈。

同理，在图 4-18(a)所示电路中，R_f 引入的反馈为交直流电压串联负反馈，图 4-19 (b)所示电路中引入的反馈为电压并联的交流负反馈。

4.2.2 负反馈对放大器性能的影响

1. 降低放大器的放大倍数

根据负反馈的定义可知，负反馈总是使净输入信号减弱。所以，对于负反馈放大器而言，中频时必有 $X_i > X_i'$，所以

$$\frac{X_o}{X_i} < \frac{X_o}{X_i'}$$

即

$$A_f < A$$

由式(4-31)可知，中频段时 $\dot{A}_f$、$\dot{A}$ 和 $\dot{F}$ 均为实数，$\dot{A}_f = \dfrac{\dot{A}}{1+\dot{A}\dot{F}}$，闭环放大倍数为开环放大倍数的 $1/(1+\dot{A}\dot{F})$。其中 $1+\dot{A}\dot{F}$ 称为反馈深度，负反馈对放大器性能的影响程度与其密切相关；当 $1+\dot{A}\dot{F} < 1$ 时，$\dot{A}_f > A$，说明电路引入了正反馈；当 $1+\dot{A}\dot{F} > 1$ 时，$\dot{A}_f < A$，说明放大电路引入了负反馈；当 $1+\dot{A}\dot{F} = 0$ 时，说明放大电路即使在输入信号为 0 时也有输出，此时称电路产生自激振荡。

2. 稳定被取样的输出信号

1) 电压负反馈

电压负反馈可以稳定输出电压，对于图 4-21(a)所示的电压并联负反馈电路，当某一因素使 U_o 增大时，就会产生如下反馈过程：

$$U_o\uparrow \to I_f\downarrow \to I_b\uparrow \to I_c\uparrow \to U_c\downarrow \to U_o\downarrow$$

结果使 U_o 的变化量减小，U_o 的稳定性提高。

2) 电流负反馈

电流负反馈可以稳定输出电流，对于图 4-21(b)所示的电流串联负反馈电路，当某一因素使 I_o 增大时，就会产生如下反馈过程：

$$I_o\uparrow \to I_c\uparrow \to I_e\uparrow \to U_e\uparrow \to U_{be}\downarrow \to I_b\downarrow \to I_c\downarrow \to I_o\downarrow$$

结果使 I_o 的变化量减小，I_o 的稳定性提高。

3. 提高放大倍数的稳定性

由式(4-31)可知，中频段：

$$A_f = \frac{X_o}{X_i} = \frac{A}{1+AF}$$

对该式求微分：

$$dA_f = \frac{(1+AF)dA - AFdA}{(1+AF)^2} = \frac{dA}{(1+AF)^2} \tag{4-32}$$

由以上两式得

$$\frac{\mathrm{d}A_f}{A_f}=\frac{1}{1+AF}\cdot\frac{\mathrm{d}A}{A} \tag{4-33}$$

式(4-33)表明，负反馈放大器放大倍数的相对变化量仅是基本放大电路放大倍数相对变化量的 $1/(1+AF)$，即 A_f 的稳定性是 A 的 $1+AF$ 倍。

4. 展宽通频带

因为

$$\dot{A}_f=\frac{\dot{A}}{1+\dot{A}\dot{F}},\qquad \dot{A}_h=\frac{A_m}{1+\mathrm{j}\dfrac{f}{f_H}}$$

所以当反馈系数 F 不随频率变化时，引入负反馈后的高频特性为

$$\dot{A}_{hf}=\frac{\dot{A}_h}{1+\dot{A}_h F_h}=\frac{A_m/(1+\mathrm{j}f/f_H)}{1+F[A_m/(1+\mathrm{j}f/f_H)]}=\frac{A_m}{1+FA_m+\mathrm{j}f/f_H}$$

$$=\frac{A_m/(1+FA_m)}{1+\mathrm{j}[f/(1+FA_m)f_H]}=\frac{A_{mf}}{1+\mathrm{j}[f/(1+FA_m)f_H]}$$

故

$$f_{hf}=(1+FA_m)f_H \tag{4-34}$$

同理

$$f_{lf}=\frac{1}{1+FA_m}f_L \tag{4-35}$$

由于通常情况下，$f_H\gg f_L$，$f_{hf}\gg f_{lf}$，所以放大电路的通频带可以表示为

$$\begin{cases}f_{bw}=f_H-f_L\approx f_H\\ f_{bwf}=f_{hf}-f_{lf}\approx f_{hf}\end{cases} \tag{4-36}$$

由式(4-35)可知，引入负反馈后使通频带展宽了 $1+AF$ 倍。

5. 对输入电阻的影响

1）串联负反馈使输入电阻提高

如图 4-23 所示，开环输入电阻为

$$r_i=\frac{U_i'}{I_i}$$

闭环输入电阻为

$$r_{if}=\frac{U_i}{I_i}=\frac{U_i'+U_f}{I_i}=\frac{U_i'+FAU_i'}{I_i}=(1+FA)\frac{U_i'}{I_i}=(1+AF)r_i \tag{4-37}$$

2）并联负反馈使输入电阻减小

如图 4-24 所示，开环输入电阻为

$$r_i=\frac{U_i}{I_i'}$$

闭环输入电阻为

$$r_{if}=\frac{U_i}{I_i}=\frac{U_i}{I_i'+I_f}=\frac{U_i}{I_i'+FAI_i'}=\frac{1}{1+FA}\cdot\frac{U_i}{I_i'}=\frac{1}{1+FA}\cdot r_i \tag{4-38}$$

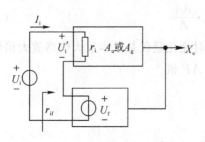

图 4 - 23 串联负反馈方框图

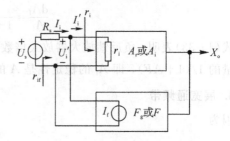

图 4 - 24 并联负反馈方框图

6. 对输出电阻的影响

1) 电压负反馈使输出电阻减小

如图 4 - 25(a)所示，令 $X_i = 0$，在输出端加交流电压 U_o，产生电流 I_o，则输出电阻为

$$r_{of} = \frac{U_o}{I_o} \qquad (4-39)$$

图中

$$A_o X_i' = -X_f A = -U_o F A$$

$$I_o = \frac{U_o - (-U_o FA)}{r_o} = \frac{(1+AF)U_o}{r_o}$$

因此

$$r_{of} = \frac{U_o}{I_o} = \frac{1}{1+AF} \cdot r_o$$

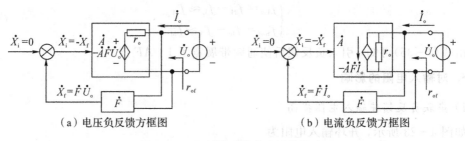

（a）电压负反馈方框图　　　　　　（b）电流负反馈方框图

图 4 - 25 负反馈对输出电阻的影响

2) 电流负反馈使输出电阻增大

如图 4 - 25(b)所示，令 $X_i = 0$，在输出端加交流电压 U_o，产生电流 I_o，则输出电阻为

$$r_{of} = \frac{U_o}{I_o} \qquad (4-40)$$

$$I_o = \frac{U_o}{r_o} + (-AFI_o)$$

即

$$I_o = \frac{U_o/r_o}{1+AF}$$

代入式(4-40)，得

$$r_{of} = (1+AF)r_o \qquad (4-41)$$

7. 减小非线性失真和抑制干扰、噪声

图 4-26 反映了采用负反馈减少信号放大后非线性失真的基本原理。

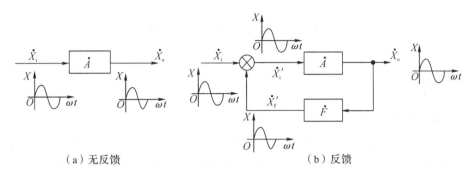

（a）无反馈　　　　　　　　　　　　　　（b）反馈

图 4-26　负反馈减小非线性失真

【例 4-1】　某放大器的 $A_u=1000$，$r_i=10\ \mathrm{k\Omega}$，$r_o=10\ \mathrm{k\Omega}$，$f_h=100\ \mathrm{kHz}$，$f_i=10\ \mathrm{kHz}$，在该电路中引入串联电压负反馈后，当开环放大倍数变化 $\pm10\%$ 时，闭环放大倍数变化不超过 $\pm1\%$，求 A_{uf}、r_{if}、r_{of}、f_{hf}、f_{lf}。

解

$$1+A_uF_u=\frac{\Delta A_u/A_u}{\Delta A_{uf}/A_{uf}}=\frac{\pm10}{\pm1}=10$$

$$A_{uf}=\frac{A_u}{1+A_uF_u}=100$$

$$r_{if}=(1+F_uA_u)r_i=10\times10=100\ \mathrm{k\Omega}$$

$$r_{of}=\frac{1}{1+F_uA_u}r_o=\frac{1}{10}\times10=1\ \mathrm{k\Omega}$$

$$f_{hf}=(1+F_uA_u)f_h=10\times100=1000\ \mathrm{kHz}$$

$$f_{lf}=\frac{1}{1+F_uA_u}f_1=\frac{1}{10}\times10=1\ \mathrm{kHz}$$

4.2.3　放大电路引入负反馈的一般原则

有时为了改善放大电路某些方面的性能，需要在电路中引入负反馈。那么如何引入负反馈，引入哪种组态的负反馈，这要根据电路要改善哪方面的性能来决定。而对性能的改善程度则由反馈深度来决定，在此提供引入负反馈的一般原则：

（1）为了改善放大电路的性能，应引入负反馈；为了实现信号的产生和变换，应引入正反馈。

（2）为了稳定 Q 点，应引入直流负反馈；为了改善交流性能，应引入交流负反馈。

（3）根据信号源的性质、需要增大或减小输入电阻来决定引入串联负反馈还是并联负反馈。需要增大输入电阻，应引入串联负反馈；需要减小输入电阻，应引入并联负反馈。

（4）根据负载对放大电路输出信号的要求，决定输出端的反馈类型。当负载要求输出电压稳定，提高放大器带负载的能力时，应引入电压负反馈；当负载要求输出电流稳定时，应引入电流负反馈。

（5）需要进行信号的变换时，选择合适的组态可以实现。例如：需要将电压信号转换成

电流信号，应引入电流串联负反馈；需要将电流信号转换成电压信号，则应引入电压并联负反馈。

4.3 正弦波振荡器

4.3.1 概述

1. 正弦波振荡电路的振荡条件

正弦波振荡电路是指在没有外加输入信号时，能够自动产生一定频率、一定幅度的正弦波。其基本结构是一个引入正反馈的反馈网络和放大电路，如图 4-27 所示。

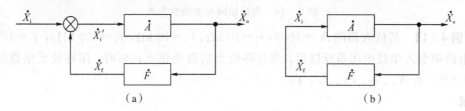

图 4-27 正弦波振荡电路的基本结构

接成正反馈是产生振荡的首要条件，又称为相位条件。为了使电路在没有外加信号，即 $\dot{X}_i = 0$ 时，接通电源就能够产生振荡，所以要求电路在开环时满足

$$|\dot{X}_f| > |\dot{X}_i'| \ \text{或} \ |\dot{A}\dot{F}\dot{X}_i'| > |\dot{X}_i'|$$

即

$$|\dot{A}\dot{F}| > 1 \tag{4-42}$$

在振荡平衡时，反馈信号作为净输入信号维持振荡，即 $\dot{X}_i' = \dot{X}_f$，因此

$$\dot{X}_o = \dot{A}\dot{X}_i' = \dot{A}\dot{X}_f = \dot{A}\dot{F}\dot{X}_o$$

得

$$\dot{A}\dot{F} = 1 \tag{4-43}$$

式(4-43)就是正弦波振荡电路的振荡平衡条件，有时表示为

$$|\dot{A}\dot{F}| = 1 \tag{4-44}$$

$$\varphi_A + \varphi_F = 2n\pi \quad (n \ \text{为正整数}) \tag{4-45}$$

式(4-44)称为幅值平衡条件，式(4-45)称为相位平衡条件，式(4-42)与式(4-45)则称为正弦波振荡电路的起振条件。

2. 正弦波振荡器的电路组成

由正弦波振荡的概念可知，正弦波振荡器一般应包括以下几个组成部分：

(1) 放大电路：实现能量控制和放大作用，保证电路从起振到动态平衡的过程。

(2) 正反馈网络：引入正反馈，保证振荡相位平衡条件的满足。

(3) 选频网络：决定了产生正弦波的频率，保证产生单一频率的正弦波。

(4) 稳幅电路：保证产生一定幅度的正弦波，在起振以后幅度能够稳定下来。

在实际应用中，往往是选频网络兼作正反馈网络，分离元件电路又用放大器件的非线性进行稳幅。

判断一个电路是否为正弦波振荡器，就看其组成是否含有上述四个部分。在电路具备以上四个组成部分后，判断振荡的一般方法如下：

（1）相位平衡条件的判断，即电路是否为正反馈，只有满足相位条件才有可能振荡。利用正、负反馈的判断方法即可判断。

（2）放大电路的结构是否合理，有无放大能力，静态工作点是否合适。

（3）分析是否满足幅度条件，检验 $|\dot{A}\dot{F}|=1$，且在起振时略大于 1 是否满足。

4.3.2 常见正弦波振荡电路

正弦波振荡器往往根据选频网络所用元件来命名，常见电路形式有 RC 正弦波振荡器、LC 正弦波振荡器和石英晶体正弦波振荡器三种类型。

1. RC 正弦波振荡器

1）RC 串并联网络的选频特性

RC 正弦波振荡器的选频网络如图 $4-28$(a)所示。

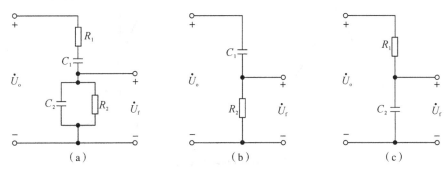

图 $4-28$　RC 串并联网络及其高低频等效电路

当信号频率足够低时，$1/(\omega C_1) \gg R_1$，$1/(\omega C_2) \gg R_2$，可得到如图 $4-28$(b)所示的近似的低频等效电路，其输出电压相位超前输入电压，是一个超前网络。当信号频率足够高时，$1/(\omega C_1) \ll R_1$，$1/(\omega C_2) \ll R_2$，可以得到如图 $4-28$(c)所示的近似的高频等效电路，其输出电压相位落后输入电压，是一个滞后网络。

由图 $4-28$(a)，选取 $R_1 = R_2 = R$，$C_1 = C_2 = C$，则

$$\dot{F} = \frac{\dot{U}_f}{\dot{U}_o} = \frac{R \mathbin{/\mkern-5mu/} \dfrac{1}{j\omega C}}{R + \dfrac{1}{j\omega C} + R \mathbin{/\mkern-5mu/} \dfrac{1}{j\omega C}}$$

整理得

$$\dot{F} = \frac{1}{3 + j\left(\omega RC - \dfrac{1}{\omega RC}\right)}$$

令 $\omega_0 = \dfrac{1}{RC}$，则

$$f_0 = \frac{1}{2\pi RC}$$

所以

$$\dot{F} = \frac{1}{3 + j\left(\dfrac{f}{f_0} - \dfrac{f_0}{f}\right)} \tag{4-46}$$

幅频特性

$$|\dot{F}| = \frac{1}{\sqrt{3^2 + \left(\dfrac{f}{f_0} - \dfrac{f_0}{f}\right)^2}} \tag{4-47}$$

相频特性

$$\varphi_F = -\arctan\frac{1}{3}\left(\frac{f}{f_0} - \frac{f_0}{f}\right) \tag{4-48}$$

可见，当 $f = f_0 = 1/2\pi RC$ 时，$|\dot{F}|$ 达到最大值，且等于 $1/3$，相移 $\varphi_F = 0$，其幅频与相频特性如图 4 - 29 所示。

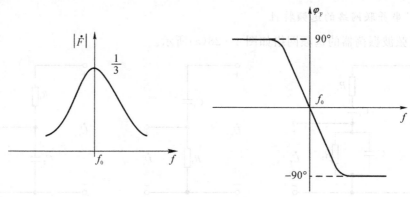

图 4 - 29 *RC* 串并联网络的频率特性

2）*RC* 串并联网络正弦波振荡电路

电路组成：*RC* 串并联选频网络兼作正反馈网络，放大电路由带有电压串联负反馈的同相比例放大电路组成，稳幅环节由具有正稳定系数的 R_1（或具有负温度系数的 R_f）来实现，如图 4 - 30 所示。

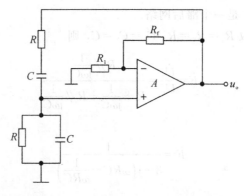

图 4 - 30 *RC* 串并联网络正弦波振荡电路

由 RC 串并联网络的选频特性可知，当

$$f = f_0 = \frac{1}{2\pi RC}$$

时，其相移 $\varphi_F = 0$，为了使振荡电路满足相位条件

$$\varphi_{AF} = \varphi_A + \varphi_F = \pm 2n\pi$$

要求放大器的相移 $\varphi_A = 0$（或 $360°$）。所以，放大电路选用同相输入的集成运算放大器或两级共射分立元件放大电路。此时

$$\dot{F} = \frac{1}{3}$$

根据振荡平衡条件 $\dot{A}\dot{F} = 1$ 得

$$\dot{A} = \frac{\dot{U}_o}{\dot{U}_P} = 1 + \frac{R_f}{R_1} = 3$$

因此振荡平衡时，

$$R_f = 2R_1 \tag{4-49}$$

起振时，

$$R_f \geqslant 2R_1 \tag{4-50}$$

在应用电路中一般选用 R_1 为正温度（或 R_f 为负温度）系数的热敏电阻进行稳幅。

振荡频率：

$$f_0 = \frac{1}{2\pi RC} \tag{4-51}$$

2. LC 正弦波振荡器

LC 正弦波振荡器电路组成与 RC 正弦波振荡器相同，只是其选频网络采用 LC 电路。LC 正弦波振荡器电路的选频网络多采用 LC 并联谐振回路。

1）LC 并联谐振回路的选频特性

LC 并联谐振回路如图 $4-31$ 所示，图中 R 为电感内阻。

$$z = \frac{\dfrac{1}{j\omega C}(R + j\omega L)}{\dfrac{1}{j\omega C} + R + j\omega L} \approx \frac{\dfrac{1}{j\omega C} \cdot j\omega L}{R + j\left(\omega L - \dfrac{1}{\omega C}\right)} = \frac{\dfrac{L}{C}}{R + j\left(\omega L - \dfrac{1}{\omega C}\right)} \tag{4-52}$$

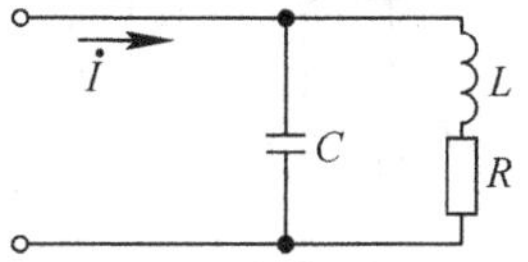

图 $4-31$　LC 并联电路

对于某个特定频率 ω_0，满足

$$\omega_0 L = \frac{1}{\omega_0 C} \Rightarrow \omega_0 = \frac{1}{\sqrt{LC}}$$

因此

$$f_0 = \frac{1}{2\pi\sqrt{LC}} \tag{4-53}$$

此时电路产生并联谐振，所以 f_0 叫做谐振频率。谐振时，回路的等效阻抗呈现纯电阻性质，且达到最大值，称为谐振阻抗 Z_0，谐振时虚部为零，所以相移也为零。这时

$$Z_0 = \frac{L}{RC} = Q\omega_0 L = \frac{Q}{\omega_0 C} = Q\sqrt{\frac{L}{C}}$$

其中

$$Q = \frac{\omega_0 L}{R} = \frac{1}{R\omega_0 C} = \frac{1}{R}\sqrt{\frac{L}{C}} \tag{4-54}$$

称为谐振回路品质因数，一般情况下，$Q \gg 1$。

式(4-54)表明，一定的谐振频率下，电阻 R、电容 C 越小，电感 L 越大，品质因数越大，从而选频特性越好。图 4-32 反映了 LC 并联回路的频率特性。

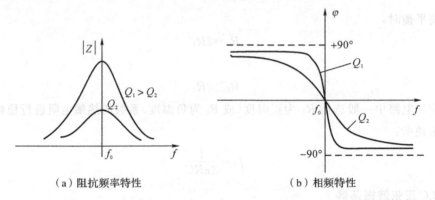

（a）阻抗频率特性　　　　　（b）相频特性

图 4-32　LC 并联回路的频率特性

2）变压器反馈式 LC 正弦波振荡电路

引入正反馈最直接的方法是采用变压器反馈方式，如图 4-33 所示，为使电路引入正反馈，同名端如图所标注。

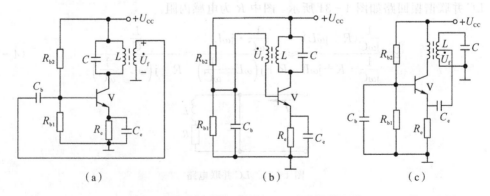

（a）　　　　　　　　（b）　　　　　　　　（c）

图 4-33　变压器反馈式 LC 正弦波振荡电路

图 4-33(a)、(b)所示电路均采用共射极放大器，选频网络 LC 并联谐振电路作为它的集电极负载电阻，由变压器引入正反馈，稳幅由晶体管的非线性来实现。谐振时，LC 并联谐振电路阻抗达到最大，电压放大倍数最大，正反馈最强，从而产生一定频率的正弦波。图

4－33(c)所示电路采用共基极放大器。

振荡的起振幅值条件为 $|\dot{U}_\text{f}| > |\dot{U}_\text{i}|$，只要变压器的匝数比设计恰当，一般都可满足幅值条件。在满足相位条件的前提下仍不起振，可加、减变压器次级绕组的匝数，使之振荡。

当 Q 值较高时，振荡频率 f_0 就等于 LC 并联回路的谐振频率，即

$$f_0 \approx \frac{1}{2\pi \sqrt{LC}} \qquad (4-55)$$

变压器反馈式 LC 正弦波振荡电路易于产生振荡，应用较为广泛，波形也比较好，但输出电压与反馈电压靠磁路耦合，所以损耗较大，振荡频率稳定性不高。

3）三点式 LC 正弦波振荡电路

电路组成上，三点式 LC 正弦波振荡电路仍由放大电路、选频网络、正反馈网络和稳幅环节四部分组成。

结构上，三点式 LC 正弦波振荡电路的特点是选频网络由三个电抗元件组成，且三个元件连接的三个顶点分别与晶体管三个电极相连接。可以证明，当连接发射极的两个元件性质相同，连接基极的两个元件性质相反时，电路可以满足正弦波振荡电路的相位平衡条件，可以简称为"射同基反"。

当连接发射极的两个元件是电感时，则称其为电感三点式 LC 正弦波振荡电路，如图 4－34(a)、(b)所示。当连接发射极的两个元件是电容时，称其为电容三点式 LC 正弦波振荡电路，如图 4－34(c)、(d)所示。

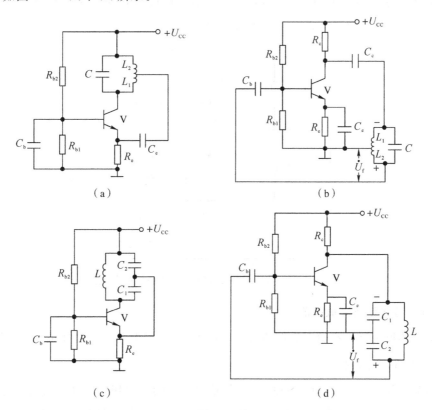

图 4－34 三点式 LC 正弦波振荡电路

电感三点式 LC 正弦波振荡电路的振荡频率基本上等于 LC 并联电路的谐振频率，即

$$f_0 \approx \frac{1}{2\pi \sqrt{L'C}} \qquad (4-56)$$

其中 L' 是谐振回路的等效电感，$L' = L_1 + L_2 + 2M$（M 为 N_1 与 N_2 间的互感）。

电容三点式 LC 正弦波振荡电路的振荡频率近似等于 LC 并联电路的谐振频率，即

$$f_0 \approx \frac{1}{2\pi \sqrt{LC'}} \qquad (4-57)$$

图 $4-34(c)$、(d) 中

$$C' = \frac{C_1 C_2}{C_1 + C_2}$$

图 $4-35$ 是电容三点式改进型 LC 正弦波振荡电路，在选取电容参数时，可使 $C_1 \gg C$，$C_2 \gg C$，则有

$$\frac{1}{C'} = \frac{1}{C_1} + \frac{1}{C_2} + \frac{1}{C} \approx \frac{1}{C}$$

故

$$f_0 \approx \frac{1}{2\pi \sqrt{LC}}$$

f_0 仅取决于电感 L 和电容 C，与 C_1、C_2 和管子的极间电容关系很小，因此振荡频率的稳定度较高，其频率稳定度 $\Delta f / f_0$ 的值可小于 0.01%。

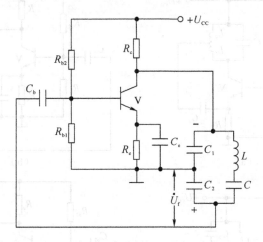

图 $4-35$ 电容三点式改进型 LC 正弦波振荡电路

3. 石英晶体正弦波振荡器

石英晶体振荡器具有稳定的振荡频率，主要应用于对频率稳定性要求比较高的场合。

1) 石英晶体的基本知识

石英晶体就是将二氧化硅（SiO_2）结晶体按照一定的方向切割成非常薄的晶片，再将晶片的两个表面抛光，涂覆银层并作为两个电极引脚引出封装，就构成了石英晶体。

石英晶体最突出的特点是具有压电效应，即在石英晶体两个电极加交流电压时，晶片将会产生一定频率的机械变形，而晶片的机械变形也会在两个电极间产生电压。一般情况下，交流电压产生的机械变形和机械变形产生的电压都很小。但是当交流电压为某一特定频率时，机械振动(变形)的幅度突然增大，产生共振，称之为压电振荡，此时的频率就是石英晶体的固有频率，即振荡频率。

石英晶体的符号和等效电路如图 4-36(a)、(b)所示。其中：$C_{\circ}$ 为石英晶体等效静态电容量(一般为几皮法至几十皮法)；L 为等效石英晶体机械振动的惯性(几毫亨至几十毫亨)；C 为等效晶片的弹性($C\ll C_{\circ}$)，R 为等效晶片的摩擦损耗，其值约为 100 Ω。

从石英晶体振荡器的等效电路可知，它有两个谐振频率，即当 R、L、C 支路发生谐振时，它的等效阻抗最小(等于 R)。串联谐振频率为

$$f_{s}\approx\frac{1}{2\pi\sqrt{LC}} \tag{4-58}$$

当频率高于 f_{s} 时，L、C、R 支路呈感性，可与电容 $C_{\circ}$ 发生并联谐振，并联谐振频率为

$$f_{p}\approx\frac{1}{2\pi\sqrt{L\dfrac{CC_{\circ}}{C+C_{\circ}}}}=f_{s}\sqrt{1+\frac{C}{C_{\circ}}} \tag{4-59}$$

由于 $C\ll C_{\circ}$，因此 f_{s} 和 f_{p} 非常接近。

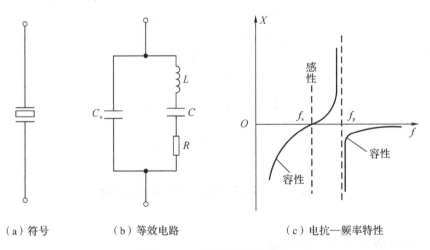

(a) 符号   (b) 等效电路   (c) 电抗—频率特性

图 4-36   石英晶体振荡器

2) 石英晶体振荡器

如果用石英晶体代替电容三点式振荡器中的电感，就得到并联型石英晶体振荡器，如图 4-37 所示。振荡时，根据三点式振荡器的相位平衡条件，必须满足"射同基反"，此时石英晶体应呈现电感特性，振荡频率一定在 f_{s} 与 f_{p} 之间，而 f_{s} 和 f_{p} 非常接近，所以电路的振荡频率约等于并联谐振频率，即

$$f_{p}\approx\frac{1}{2\pi\sqrt{L\dfrac{CC_{\circ}}{C+C_{\circ}}}}=f_{s}\sqrt{1+\frac{C}{C_{\circ}}}$$

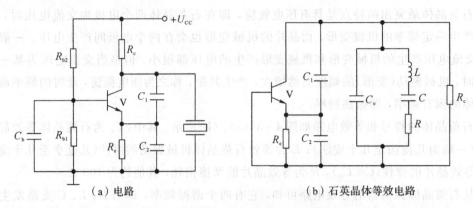

（a）电路　　　　　　　　　　（b）石英晶体等效电路

图 4-37　并联型石英晶体正弦波振荡电路

图 4-38 所示为石英晶体形成的串联型石英晶体振荡器，根据正负反馈的判别方法可知，只有石英晶体呈现纯电阻特性（即产生串联谐振）时，才能满足正弦波振荡器的相位平衡条件，所以振荡频率应是石英晶体的串联谐振频率，见式（4-58）。调整 R_5 的值可使电路满足幅值平衡条件。

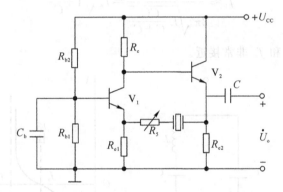

图 4-38　串联型石英晶体正弦波振荡电路

4.4　低频功率放大电路

4.4.1　低频功率放大电路概述

在应用实践中，往往要求多级放大电路的末级输出足够的功率，以驱动负载的工作。能够向负载提供足够功率的末级放大电路称为功率放大电路。这就要求功放电路不仅输出较大的电压幅度，还能够输出较大的电流幅度，从而输出足够大的功率。这样的要求就决定了功率放大电路的特点和必须解决的一些问题。

1. 功率放大器的特点及特殊问题

1）功率放大器的特点

（1）输出功率要足够大。为了保证负载的正常工作，要求输出功率应足够大。输出功率即是放大电路提供给负载的功率，常采用最大不失真输出功率 P_{om} 描述这一性能。如输入

信号是某一频率的正弦信号,则输出功率表达式为

$$P_o = I_o U_o$$

其中 I_o、U_o 均为交流有效值。P_{om} 是在电路参数确定的情况下负载可能获得的最大不失真交流功率。

(2) 效率要高。放大器实质上是一个能量转换器,它是将电源供给的直流能量转换成交流信号的能量输送给负载,因此要求转换效率要高。为定量反映放大电路效率的高低,引入参数 η,它的定义为

$$\eta = \frac{P_o}{P_E} \times 100\% \qquad\qquad (4-60)$$

式中,P_o 为信号输出功率,P_E 是直流电源向电路提供的功率。在直流电源提供相同直流功率的条件下,输出信号功率愈大,电路的效率愈高,也意味着电路损耗愈小。

(3) 非线性失真要小。为使电路输出足够大的功率,要求输出电压和输出电流有足够幅度,故功率放大器采用的三极管均应工作在大信号的极限状态下。由于三极管是非线性器件,在大信号工作状态下,输出信号不可避免地会产生一定的非线性失真。P_{om} 是在参数确定的情况下、在允许的失真范围内负载可能获得的最大交流功率。

2) 功放管的选择与散热

由于晶体管工作在大信号的极限状态下,信号放大时晶体管往往在接近极限的大信号状态下运行,必然导致功放管耗散功率比较大,温升严重。因此,在选择功放管时,一方面要特别注意极限参数的选择,保证功放管安全可靠地工作;另一方面,由于普通功率三极管的外壳较小,散热效果差,所以允许的耗散功率较低,当加上散热片,使得器件的热量及时散发后,输出功率可以提高很多。例如,低频大功率管 3AD6 在不加散热片时,允许的最大功耗 P_{cm} 仅为 1 W,加了 120 mm×120 mm×4 mm 的散热片后,其 P_{cm} 可达到 10 W。在功率放大电路中,为了提高输出信号功率,功放管一般加装合适的散热片。通常电路也采取一定的保护措施。

3) 分析方法

因为功率放大电路放大的信号较大,晶体管的非线性再不能被忽视,在分析电路性能时,不能用前面的小信号交流等效电路法,所以在此采用图解分析法对交流性能进行分析。

4) 主要性能指标

功率放大电路的分析更关注输出功率和能量的转换效率,所以其主要性能指标为最大不失真输出功率 P_{om} 和最大效率 η_m。

2. 提高效率的方法

在前述的放大电路分析中,其 Q 点应设置在交流负载线的中点,如图 4-39 所示。此时,放大电路输出功率为

$$P_o = \frac{1}{2} I_{CQ} U_{CC}$$

即为 $\triangle M'MQ$ 的面积 $= \frac{1}{2} I_{CQ}(U_{CC} - U_{CEQ})$。

电源提供的直流功率为

$$P_E = U_{CC} I_{CQ}$$

即为矩形 OMBA 的面积。

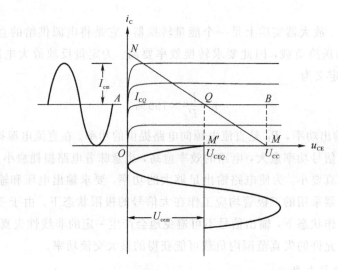

图 4-39 功放的图解法(甲类放大状态)

故效率:

$$\eta = \frac{P_o}{P_E} = \frac{\triangle M'MQ \ 面积}{矩形 \ OMBA \ 面积}$$

此时的晶体管处于甲类工作状态,可以证明这时最大效率不超过 50%,可见效率太低。

此时效率低的主要原因是因为静态功耗太大,即使输出功率为零时,电路也会有较大的功率损耗,造成效率低下。因此为了提高效率,应降低 Q 点,如图 4-40 所示。

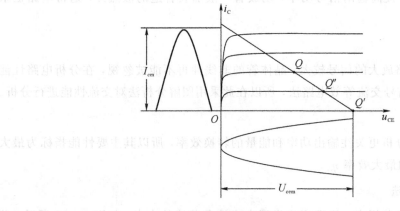

图 4-40 乙类放大状态

当静态工作点设置在 Q′点时,此时的晶体管处于乙类工作状态,此时的静态功耗为零,效率会得到提高。但是,此时的电路会出现严重失真。那么如何处理提高效率与失真的矛盾,就是我们在电路设计与分析中必须解决的问题。当静态工作点选择在 Q 与 Q′点之间时,晶体管处于甲乙类工作状态。

4.4.2 常见的功率放大电路

1. 双电源互补对称功率放大电路（OCL 电路）

在提高效率的同时，为了消除严重的失真，设想用两只晶体管组成功率放大电路，让一只管子放大正半周信号，另一只管子放大负半周信号，在同一个负载上输出，就可以解决提高效率与失真的矛盾。OCL 功率放大电路如图 4-41(a)所示。

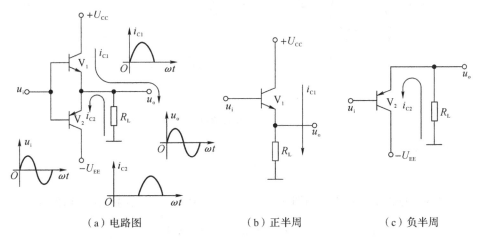

（a）电路图   （b）正半周   （c）负半周

图 4-41 OCL 功率放大电路

设两管的导通电压 $U_{BE}=0$，当输入信号 $u_i=0$ 时，则 $I_{CQ}=0$，两管均处于截止状态，故输出 $u_o=0$。当输入端加一正弦信号，在信号正半周时，由于 $u_i>0$，因此 V_1 导通、V_2 截止，i_{C1} 流过负载电阻 R_L，如图 4-41(b)所示；在负半周时，由于 $u_i<0$，因此 V_1 截止、V_2 导通，电流 i_{C2} 通过负载电阻 R_L，但方向与正半周相反，如图 4-41(c)所示，即 V_1、V_2 交替工作，流过 R_L 的电流为一完整的正弦波信号，波形如图 4-41(a)所示。

由于该电路中两个管子导电特性互为补充，电路对称，因此该电路称为互补对称功率放大电路，也称为无输出电容的功率放大电路（即 OCL 功率放大电路）。

1）指标计算

（1）输出功率：

$$P_o=\frac{U_{om}}{\sqrt{2}}\cdot\frac{I_{om}}{\sqrt{2}}=\frac{1}{2}I_{om}U_{om}=\frac{1}{2}\frac{U_{om}^2}{R_L} \tag{4-61}$$

当考虑饱和压降 U_{ces} 时，输出电压的最大电压幅值为

$$U_{cem}=U_{CC}-U_{ces}$$

一般情况下，输出电压的幅值 U_{cem} 总小于电源电压 U_{CC}，故引入电源利用系数 ξ

$$\xi=\frac{U_{cem}}{U_{CC}} \tag{4-62}$$

图 4-42 为双电源互补对称电路的图解分析图。由图可知

$$P_o=\frac{1}{2}\cdot\frac{U_{cem}^2}{R_L}=\frac{1}{2}\cdot\frac{\xi^2 U_{CC}^2}{R_L} \tag{4-63}$$

当忽略饱和压降 U_{ces}，即 $\xi=1$ 时，输出功率 P_{om} 可按式(4-63)估算：

$$P_{\text{om}} = \frac{1}{2} \cdot \frac{U_{\text{CC}}^2}{R_{\text{L}}} \tag{4-64}$$

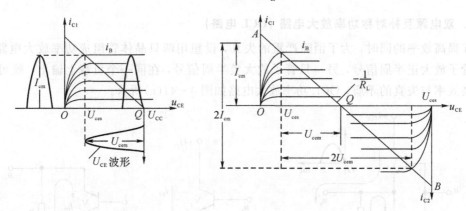

图 4-42　双电源互补对称电路的图解分析

（2）效率 η：

$$\eta = \frac{P_{\text{o}}}{P_{\text{E}}} \times 100\% \tag{4-65}$$

功放管 V_1 集电极电流波形如图 4-43 所示，则在一个周期内电流平均值为

$$I_{\text{av1}} = \frac{1}{2\pi}\int_0^{2\pi} i_{\text{C1}}\,\mathrm{d}(\omega t) = \frac{1}{2\pi}\int_0^{\pi} I_{\text{cm}}\sin\omega t\,\mathrm{d}(\omega t) = \frac{1}{\pi}I_{\text{cm}}$$

因此，直流电源 U_{CC} 供给的功率：

$$P_{\text{E1}} = I_{\text{av1}}U_{\text{CC}} = \frac{1}{\pi}I_{\text{cm}}U_{\text{CC}} = \frac{1}{\pi}\frac{U_{\text{cem}}}{R_{\text{L}}}U_{\text{CC}} = \frac{\xi}{\pi}\frac{U_{\text{CC}}^2}{R_{\text{L}}}$$

因考虑是正、负两组直流电源，故总的直流电源的供给功率为

$$P_{\text{E}} = 2P_{\text{E1}} = \frac{2\xi}{\pi} \cdot \frac{U_{\text{CC}}^2}{R_{\text{L}}} \tag{4-66}$$

所以

$$\eta = \frac{P_{\text{o}}}{P_{\text{E}}} = \frac{\dfrac{1}{2} \cdot \dfrac{\xi^2 U_{\text{CC}}^2}{R_{\text{L}}}}{\dfrac{2}{\pi} \cdot \dfrac{\xi U_{\text{CC}}^2}{R_{\text{L}}}} = \frac{\pi}{4}\xi \tag{4-67}$$

P_{E} 与 ξ 的关系曲线如图 4-44 所示。易知当 $\xi = 1$ 时，效率最高，即

$$\eta = \frac{\pi}{4} \times 100\% \approx 78.5\% \tag{4-68}$$

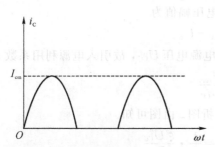

图 4-43　集电极电流 i_{C} 波形

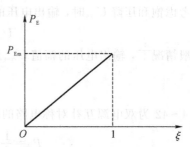

图 4-44　P_{E} 与 ξ 的关系曲线

（3）集电极功率损耗 P_C：

$$P_C = P_E - P_O = \frac{U_{CC}^2}{R_L}\left(\frac{2}{\pi}\xi - \frac{1}{2}\xi^2\right) \tag{4-69}$$

P_C 与 ξ 的关系曲线如图 4-45 所示，P_C 最大取值可通过求极值获得。

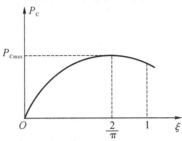

图 4-45　P_C 与 ξ 的关系曲线

令 $\dfrac{dP_C}{d\xi} = 0$，则有

$$\frac{U_{CC}^2}{R_L}\left(\frac{2}{\pi} - \xi\right) = 0$$

即 $\xi = 2/\pi \approx 0.636$ 时，可以证明 P_C 有极大值，此时

$$P_{Cmax} = \frac{2}{\pi^2} \cdot \frac{U_{CC}^2}{R_L} = \frac{4}{\pi^2}P_{om} \approx 0.4\ P_{om} \tag{4-70}$$

$$P_{1Cmax} = \frac{1}{2}P_{Cmax} \approx 0.2P_{om} \tag{4-71}$$

可知功放管的选择原则为

$$\begin{cases} P_{CM} \geqslant 0.2P_{om} \\ U_{(BR)CEO} \geqslant 2U_{CC} \\ I_{CM} \geqslant I_{om} \end{cases} \tag{4-72}$$

2）存在问题

（1）交越失真。前面的电路分析是在假设 $U_{BE} = 0$ 的情况下进行的，实际工作中的晶体管 U_{BE} 应为 0.7 V 左右，即在实际应用中，输入信号 $|U_i| \leqslant 0.7$ V 时，两个功放管均截止，输出为零，所以在两个功放管工作交替之时出现失真，称为交越失真，如图 4-46 所示。

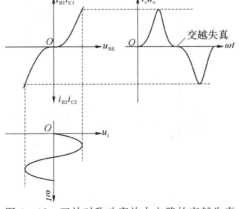

图 4-46　互补对称功率放大电路的交越失真

图 4-47 所示是几种常见的消除交越失真的电路。

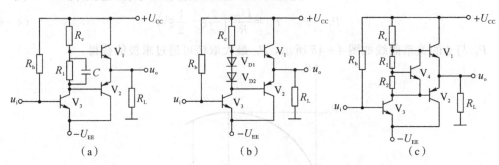

（a） （b） （c）

图 4-47 消除交越失真的常见电路

图 4-47（a）是利用 V_3 的静态电流 I_{CQ3} 在电阻 R_1 上的压降来提供 V_1、V_2 所需的偏压，即

$$U_{BE1} + U_{BE2} = I_{CQ3} R_1$$

图 4-47（b）是利用二极管的正向压降为 V_1、V_2 提供所需的偏压，即

$$U_{BE1} + U_{BE2} = U_{V_{D1}} + U_{V_{D2}}$$

图 4-47（c）是利用 U_{BE} 倍压电路向 V_1、V_2 提供所需的偏压，电路中

$$U_{BE3} \approx \frac{R_2}{R_1 + R_2} U_{CE3} = \frac{R_2}{R_1 + R_2} (U_{BE1} + U_{BE2})$$

所以

$$U_{BE1} + U_{BE2} = \frac{R_1 + R_2}{R_2} U_{BE3} = \left(1 + \frac{R_1}{R_2}\right) U_{BE3}$$

改变 R_1 与 R_2 的值，可以得到不同倍数的 U_{BE3}，消除交越失真。

（2）用复合管组成互补对称电路。实际应用中，有时为了进一步改善放大电路的性能，往往用两个或两个以上的晶体管，通过合理的连接形成复合管，来代替放大电路中的某一只晶体管。

图 4-48 为常见的几种复合管，其组成原则为：输入信号由第一个晶体管的基极输入，第二个晶体管的基极接第一个晶体管的集电极或发射极，由第二个晶体管的集电极或发射

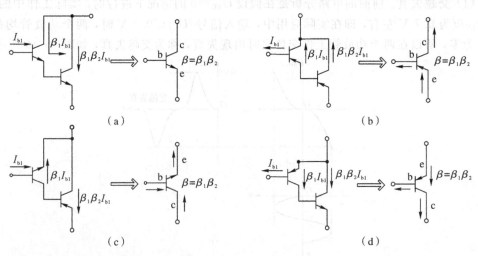

（a） （b）

（c） （d）

图 4-48 复合管的几种接法

极输出；要保证各个晶体管均有一个合适的静态工作点；复合管的等效类型与第一个晶体管类型相同；复合管的 $\beta = \beta_1 \cdot \beta_2$。

图 4-49 是由复合管组成的 OCL 功率放大电路，图 4-50 是由复合管形成的准互补对称的 OCL 功率放大电路，二者区别仅在于 V_4 的类型不同。

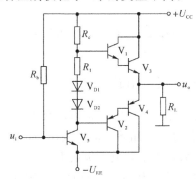

图 4-49　复合管互补对称电路

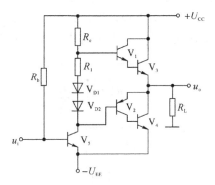

图 4-50　准互补对称电路

2. 单电源互补对称电路（OTL 电路）

实际应用中，OCL 功率放大电路采用正负两个电源会带来很大的不便，解决办法是在输出端接入电容 C，形成无输出变压器的功率放大电路，简称为 OTL 功率放大电路。如图 4-51 所示，静态时，

$$U_A = \frac{1}{2} U_{CC}$$

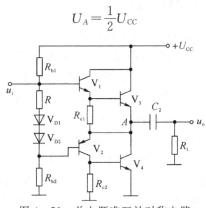

图 4-51　单电源准互补对称电路

所以在电路分析计算时，只需将 OCL 计算公式中的 U_{CC} 用 $\frac{1}{2}U_{CC}$ 代替即可。

在实际应用中，OCL 功率放大电路和 OTL 功率放大电路应用最为广泛。除此之外，还有变压器耦合功率放大电路和桥式推挽功率放大器，在此不一一介绍。

4.5 能 力 训 练

4.5.1 超外差式收音机本机振荡电路

超外差式收音机本机振荡器产生高频等幅波信号，它的频率高于被选电台载波 465 kHz，送入变频级，二者信号通过晶体管的混频作用，在变频级输出端选出二者的差值 465 kHz 的中频调幅信号，然后送入中频放大级放大。

收音机的本振和变频是由一个晶体管来实现的，如图 4 - 52 所示。本机振荡器是由振荡变压器组成的变压器反馈式 LC 正弦波振荡电路。选频网络由振荡变压器 B_2 和双连可变电容 C_{1b}、C_{1b}' 等元件组成。三极管的集电极调谐回路 B_3 与 C_1 谐振于 465 kHz，对于465 kHz 信号阻抗最大，放大倍数大，从而选出 465 kHz 信号。本机振荡为一共基极电路。

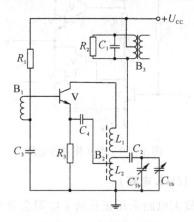

图 4 - 52 本机振荡电路

4.5.2 超外差收音机的音频放大器

收音机的音频放大器包括前置放大（或称推动级）和功率放大两部分。其中功率放大电路形式较多，常见的音频放大器有变压器耦合的功率放大器和互补对称无输出变压器的功率放大器（OTL 电路）。图 4 - 53 所示是变压器耦合的功率放大器。其中，R_W 是音量电位器，V_1 是前置放大管，V_2、V_3 是推挽管，R_1、R_2 和 R_3 分别是 V_1、V_2 和 V_3 的偏置电阻。检波器输出的音频信号加到 R_W 上，通过调节 R_W 可以改变前置放大级输入音频信号的大小，达到音量调节的目的。音频信号通过耦合电容 C_1 加到前置放大管 V_1 的基极（共射极放大器），被放大的信号通过变压器 B_1 耦合到功放级。功放级采用变压器耦合的推挽功率放大器，其输出信号推动扬声器发出声音。由于 V_2 导通时 V_3 截止，V_3 导通时 V_2 截止，故 V_2 和 V_3 交替工作形成推挽电路。为了克服交越失真，推挽管处于甲乙类工作状态，一般静态工作电流为 3~8 mA，V_1 的集电极静态电流为 1.5 mA 左右。这种变压器耦合的功率

放大器输出为

$$P_\text{o} = \frac{1}{2}\left(\frac{N_2}{N_1}\right)^2 \frac{U_\text{CC}^2}{R_\text{L}}$$

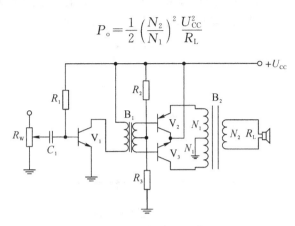

图 4 - 53　变压器耦合的功率放大器

互补对称无输出变压器的功率放大器(OTL 电路)如图 4 - 54 所示。该电路是采用一个大容量电解电容取代上述电路变压器 B_2，V_2 为 NPN 型三极管，V_3 为 PNP 型三极管，V_2 和 V_3 交替工作，构成互补对称推挽电路。由图可知，不论是 $u_\text{i} > 0$ 还是 $u_\text{i} < 0$ 时，由 V_2 或者 V_3 和 R_L 组成的电路均为射极输出形式，$u_\text{o} \approx u_\text{i}$；电容 C_1、C_2 为耦合电容，电阻 R_1、R_2 和二极管 V_D 共同作用为 V_2、V_3 提供合适的静态工作点，以消除两管存在的交越失真。滑动变阻器 R_w 用于调节音量，负载 R_L 为恒磁动圈式纸盆扬声器。这种 OTL 电路的输出功率为 $P_\text{o} = \dfrac{U_\text{CC}^2}{8R_\text{L}}$。

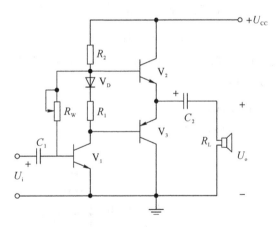

图 4 - 54　互补对称无输出变压器的功率放大器

习　　题

[题 4.1]　在图 4 - 55 所示电路中，已知晶体管的 $R_\text{i} \approx r_\text{be}$，要求除填写表达式的之外，其余各空填入①增大、②基本不变、③减小。

（1）在空载情况下，下限频率的表达式 $f_\text{L} = $ _____。当 R_s 减小时，f_L 将 _____；当带上负载电阻后，f_L 将 _____。

（2）在空载情况下，若 b-e 间等效电容为 C_π'，则上限频率的表达式 $f_H =$ _____。当 R_s 为零时，f_H 将_____。当 R_b 减小时，g_m 将_____，C_π' 将_____，f_H 将_____。

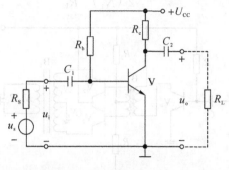

图 4-55 ［题 4.1］图

［题 4.2］ 已知某放大电路的波特图如图 4-56 所示，试求：

（1）电路的中频电压增益和中频电压放大倍数 $\dot{A}_{um}$。

（2）电路的上、下限频率 f_H、f_L。

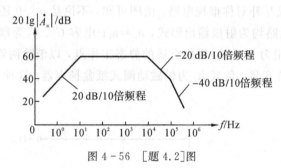

图 4-56 ［题 4.2］图

［题 4.3］ 电路如图 4-57 所示。已知：$U_{cc} = 12$ V；晶体管的 $C_\mu = 4$ pF，$f_T = 50$ MHz，$r_{bb'} = 100$ Ω，$\beta_0 = 80$。

（1）求中频电压放大倍数 $\dot{A}_{usm}$；

（2）求上、下限频率 f_H、f_L；

（3）画出波特图。

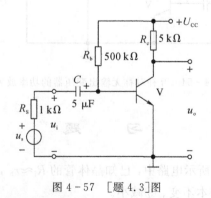

图 4-57 ［题 4.3］图

［题 4.4］已知某电路的波特图如图 4-58 所示，试写出 $\dot{A}_u$ 的表达式。

［题 4.5］已知某电路的幅频特性如图 4-59 所示，试问：

（1）该电路的耦合方式；

（2）该电路由几级放大电路组成；

（3）当 $f=10$ kHz 时，附加相移为多少？当 $f=100$ kHz 时，附加相移又约为多少？

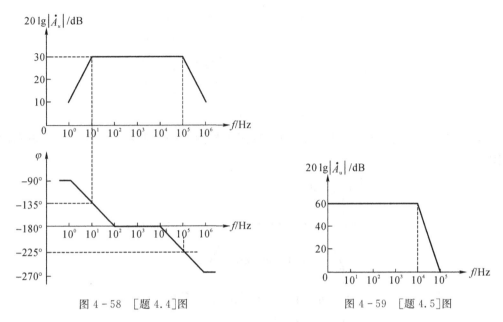

图 4-58　[题 4.4]图　　　　　　　　图 4-59　[题 4.5]图

[题 4.6]　若某电路的幅频特性如图 4-59 所示，试写出 $\dot{A}_u$ 的表达式，并近似估算该电路的上限频率 f_H。

[题 4.7]　已知某电路电压放大倍数的表达式为

$$\dot{A}_u=\frac{-10\mathrm{j}f}{\left(1+\mathrm{j}\dfrac{f}{10}\right)\left(1+\mathrm{j}\dfrac{f}{10^5}\right)}$$

（1）求 $\dot{A}_{um}$、f_L、f_H；

（2）画出波特图。

[题 4.8]　已知一个两级放大电路各级电压放大倍数分别为

$$\dot{A}_{u1}=\frac{\dot{U}_{o1}}{\dot{U}_i}=\frac{-25\mathrm{j}f}{\left(1+\mathrm{j}\dfrac{f}{4}\right)\left(1+\mathrm{j}\dfrac{f}{10^5}\right)}$$

$$\dot{A}_{u2}=\frac{\dot{U}_o}{\dot{U}_{i2}}=\frac{-2\mathrm{j}f}{\left(1+\mathrm{j}\dfrac{f}{50}\right)\left(1+\mathrm{j}\dfrac{f}{10^5}\right)}$$

（1）写出该放大电路的表达式；

（2）求出该电路的 f_L 和 f_H；

（3）画出该电路的波特图。

[题 4.9]　电路如图 4-60 所示，试定性分析下列问题，并简述理由。

（1）哪一个电容决定电路的下限频率；

（2）若 V_1 和 V_2 静态时发射极电流相等，且 $r_{bb'}$ 和 C'_π 相等，则哪一级的上限频率低。

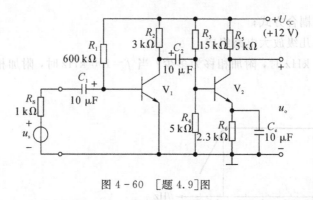

图 4-60 [题 4.9]图

[题 4.10] 若两级放大电路各级的波特图均如图 4-61 所示,试画出整个电路的波特图。

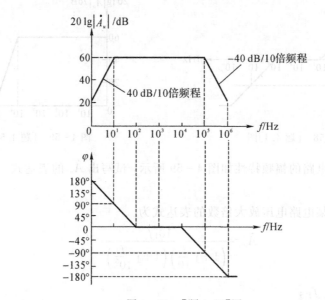

图 4-61 [题 4.10]图

[题 4.11] 判断图 4-62 所示各电路中是否引入了反馈;若引入了反馈,则判断是正反馈还是负反馈;若引入了交流负反馈,则判断是哪种组态的负反馈,并求出反馈系数和深度负反馈条件下的电压放大倍数 $\dot{A}_{uf}$ 或 $\dot{A}_{usf}$。设图中所有电容对交流信号均可视为短路。

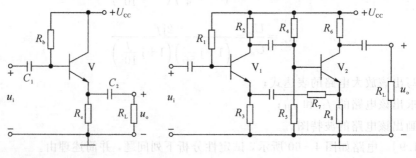

图 4-62 [题 4.11]图

[题 4.12] 判断图 4-63 各电路中是否引入了反馈,是直流反馈还是交流反馈,是正

反馈还是负反馈。设图中所有电容对交流信号均可视为短路。

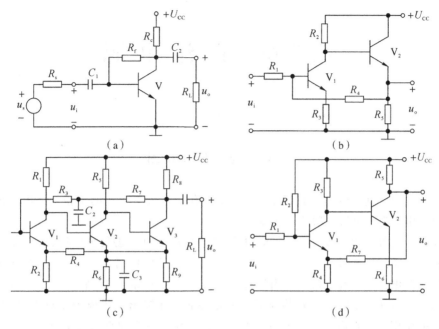

图 4 - 63 [题 4.12]图

[题 4.13] 分别判断图 4 - 63(a)、(b)、(c)所示电路中引入了哪种组态的交流负反馈，并计算它们的反馈系数。

[题 4.14] 分别说明图 4 - 63(a)、(b)、(c)所示各电路因引入交流负反馈使得放大电路输入电阻和输出电阻所产生的变化。只需说明是增大还是减小即可。

[题 4.15] 已知一个电压串联负反馈放大电路的电压放大倍数 $A_{uf}=20$，其基本放大电路的电压放大倍数 A_u 的相对变化率为 10%，A_{uf} 的相对变化率小于 0.1%，试问 F 和 A_u 各为多少。

[题 4.16] 试分析如图 4 - 64 所示各电路中是否引入了正反馈(即构成自举电路)，如有，则在电路中标出，并简述正反馈所起的作用。设电路中所有电容对交流信号均可视为短路。

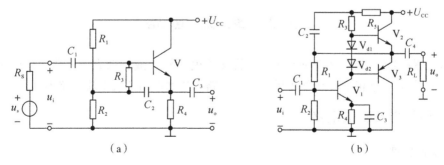

图 4 - 64 [题 4.16]图

第5章 直流电源

本章主要介绍单相小功率直流电源的组成和工作原理。

5.1 基本组成

就功能而言，直流电源是将频率为 50 Hz、有效值为 220 V 的单相交流电转换为幅值稳定的直流电，输出电流一般为几十安以下。

单相交流电经过电源变压器、整流电路、滤波器、稳压电源转换成稳定的直流电压，其方框图和各电路的输出波形如图 5-1 所示。电源变压器的作用是把 220 V 电网电压变换成所需要的交流电压。整流电路的作用是利用二极管的单向导电性，将正弦交流电压变换成单方向的脉动电压。滤波器是将整流后的波纹滤掉，使输出电压成为比较平滑的直流电。稳压电路的作用则是在电网电压或负载发生变化时保持输出的直流电压稳定。

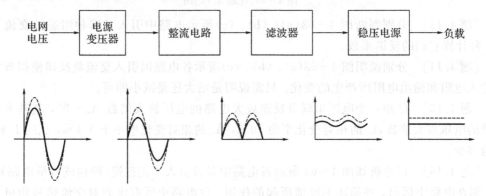

图 5-1 直流电源的组成方框图

5.2 整 流 电 路

整流电路利用二极管的单向导电性，将交流电压转换成脉动直流电压。在小功率直流电源中，经常采用单相半波和单相桥式整流电路。其中单相桥式整流电路得到了广泛应用。

5.2.1 单相半波整流电路

1. 工作原理

单相半波整流电路如图 5-2 所示，其中，假设电路中的二极管为理想二极管。变压器副边电压有效值为 U_2，则其瞬时值为 $u_2 = \sqrt{2} U_2 \sin\omega t$。

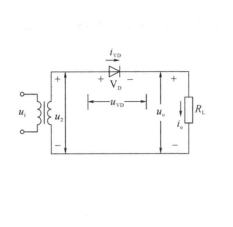 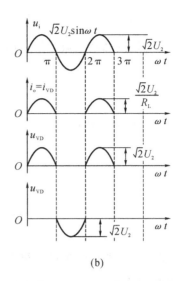

(a)　　　　　　　　　　　　　　(b)

图 5-2　单相半波整流电路

当 u_2 为正半周期时，二极管导通，则负载上的电压为 u_o（$u_o = u_2$）。假设二极管为理想二极管，则流过负载的电流 i_o 和二极管的电流 i_{VD} 为

$$i_o = i_{VD} = \frac{u_2}{R_L}$$

当 u_2 为负半周期时，二极管截止，则

$$u_o = 0$$
$$u_{VD} = u_2$$
$$i_o = i_{VD} = 0$$

变压器副边电压的交流电压 u_2 经整流电路后，其负载的电压和电流波形如图 5-2(b) 所示。由图可看出，这种电路只在交流电正半周期内二极管才导通，电流才流过负载，故称为单相半波整流电路。

2. 主要参数

1）输出电压平均值——负载上的直流电压有效值 U_o。

由单相半波整流电路上负载的输出可知，输出电压 u_o 为一分段函数，即

$$u_o = \begin{cases} \sqrt{2} U_2 \sin\omega t & 0 \leqslant \omega t < \pi \\ 0 & \pi \leqslant \omega t < 2\pi \end{cases}$$

而直流电压 U_o 有效值是输出电压瞬时值 u_o 在一个周期内的平均值，即

$$U_o = \frac{1}{2\pi} \int_0^{2\pi} u_o \, d(\omega t) = \frac{1}{2\pi} \int_0^{\pi} \sqrt{2} U_2 \sin\omega t \, d(\omega t) = \frac{\sqrt{2}}{\pi} U_2 = 0.45 U_2$$

上式说明，如果采用半波整流，负载上所得的直流电压 U_o 只有变压器副边电压有效值 U_2 的 45%。

负载上的直流电流 I_o 有效值计算公式如下：

$$I_o = I_{VD} = \frac{U_o}{R_L} = 0.45 \frac{U_2}{R_L}$$

2）脉动系数 S

整流输出电压的脉动系数是指输出电压的基波最大值 U_{o1m} 与输出直流电压平均值 U_o 之比，即

$$S = \frac{U_{o1m}}{U_o}$$

U_o 输出函数的基波幅值

$$U_{o1m} = \frac{U_2}{\sqrt{2}}$$

$$S = \frac{U_{o1m}}{U_o} = \frac{\dfrac{U_2}{\sqrt{2}}}{\dfrac{\sqrt{2}}{\pi}U_2} = \frac{\pi}{2} \approx 1.57$$

上式说明半波整流电路的输出脉动很大，其基波峰值约为平均值的 1.57 倍。

3. 二极管的选用

一般根据工作电流 I_{VD} 和所承受的最大反向峰值电压 U_{RM} 选择二极管，即二极管的最大整流电流 $I_F \geqslant I_{VD}$，二极管的最大反向工作电压 $U_R \geqslant U_{RM} = \sqrt{2}U_2$。

单相半波整流电路简单易行，所用二极管数量少，但输出电压低，交流分量大，因此效率低。该类型电路适用于整流电路输出电压较小，对脉动电压要求不高的场合。

5.2.2　单相桥式整流电路

1. 工作原理

桥式整流电路如图 5-3(a)、(b)所示。此电路中采用了四只二极管，连接成桥式。其构成原则是保证在变压器副边电压 u_2 的整个周期内，负载上的电压与电流方向始终不变。电路的简化形式如图 5-3(c)所示。

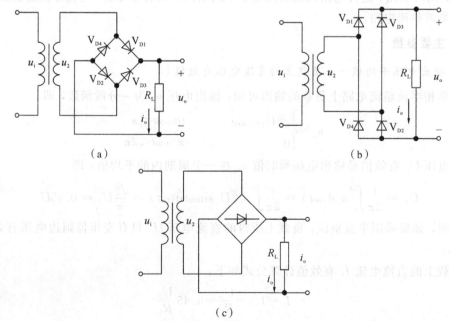

图 5-3　桥式整流电路

桥式整流电路的工作原理是，当 u_2 为正半周期时，V_{D1}、V_{D2} 导通，V_{D3}、V_{D4} 截止；当 u_2 为负半周期时，V_{D1}、V_{D2} 截止，V_{D3}、V_{D4} 导通。两种情况下，流过负载电流的方向是一致的。波形图如图 5-4 所示。

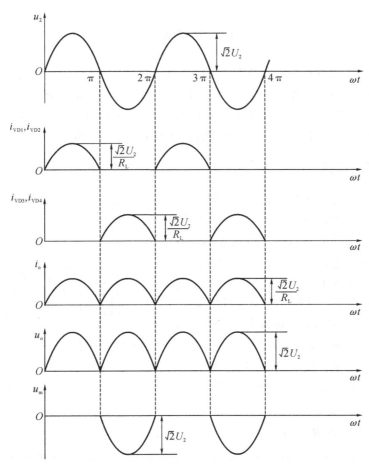

图 5-4　桥式整流电路波形图

2. 主要参数

负载上的输出电压平均值 $U_o = 0.9U_2$。

负载上的直流电流 I_o 平均值 $I_o = 0.9\dfrac{U_2}{R_L}$。

流过二极管的平均电流 $I_{VD} = \dfrac{1}{2}I_o = 0.45\dfrac{U_2}{R_L}$。

脉动系数 $S = 0.67$。

3. 二极管的选用

选择二极管时应满足以下条件：

（1）二极管的最大整流电流 $I_F \geqslant I_{VD} = \dfrac{1}{2}I_o$；

（2）二极管的最大反向工作电压 $U_R \geqslant U_{RM} = \sqrt{2}U_2$。

桥式整流虽然需要 4 只二极管，但其具有结构相对简单、易于集成、电源利用率高、脉动系数小的优点，因此应用最为广泛。目前，已实现将桥式整流电路封装成一个硅桥式整流器，它具有 4 个接线端，两端接交流电，两端接负载。

5.3 滤 波 电 路

整流电路的输出电压虽然是直流电，但含有较大的交流成分，脉动系数高，不满足电子电路及设备对电源的需要。因此，在整流后，需利用滤波电路将脉动的直流电变为比较平滑的直流电。直流电源中常采用电抗元件滤波。利用电容两端电压不能突变或电感上电流不能突变的特性，将电容与负载并联或将电感与负载串联，即可实现滤波。

5.3.1 电容滤波器

由于电容为一储存电能的元件，因此它可以把电能转换成电场能储存起来，最终以电荷的形式存储于电容的两个极板中。电容工作时，主要通过充放电来改变电容器内的电荷量，从而实现电容电压的改变。电荷量的变化快慢，取决于充放电的时间常数 τ。τ 越大，电荷改变得越慢，充放电所用的时间越长；τ 越小，电荷改变得越快，充放电所用的时间越短。为了获得较好的直流分量，要求电容的电压变化尽可能地慢。这便是电容滤波电路的工作原理。桥式整流电容滤波电路的原理图如图 5-5 所示，负载电压的变化分空载和带电阻负载两种情况来讨论。

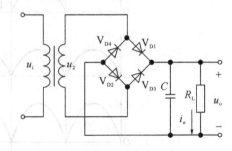

图 5-5 桥式整流滤波电路原理图

1. 空载时的情况 $R_L \to \infty$

图 5-6(a)表示电容滤波电路在空载工作时的情况。空载时，负载电阻 R_L 相当于无穷大，设电容 C 两端的初始电压 u_C 为零。

当 u_2 为正半周期时，二极管 V_{D1}、V_{D2} 导通，V_{D3}、V_{D4} 截止，电流的流动方向为 $V_{D1} \to C \to V_{D2}$，则 u_2 通过 V_{D1}、V_{D2} 对电容充电。

当 u_2 为负半周期时，二极管 V_{D1}、V_{D2} 截止，V_{D3}、V_{D4} 导通，电流的流动方向为 $V_{D3} \to C \to V_{D4}$，则 u_2 通过 V_{D3}、V_{D4} 对电容充电。由于充电回路等效电阻很小，所以充电很快，电容 C 迅速被充到交流电压 u_2 的最大值 $\sqrt{2}U_2$。此时二极管的正向电压始终小于或等于零，故二极管均截止，电容不能放电，故输出电压 u_o 恒为 $\sqrt{2}U_2$，其波形如图 5-6(a)所示。

2. 带电阻负载时的情况

图 5-6(b)所示为电容滤波电路在带电阻负载时的工作情况。在电源接通后，u_2 在正半周期，通过 V_{D1}、V_{D2} 对电容充电，直到 C 充电结束，此时电容与负载两端的电压为 $\sqrt{2}U_2$。随后 u_2 下降，电容电压 u_C 因为不能突变，故电容两端电压变化要慢于电源电压 u_2 的变化，当 $u_C \geqslant u_2$ 时，所有二极管均截止，故电容通过负载电阻 R_L 放电。在 u_2 的负半周期，当 $u_C \leqslant u_2$ 时，电流通过 V_{D3}、V_{D4} 对电容 C 充电，直到 $t = t_3$，电容充电结束，二极管又

截止，电容再次放电。如此循环往复，形成如图 5-6(b)所示的输出电压波形。在此期间，流过二极管的电流波形如图 5-6(c)所示。

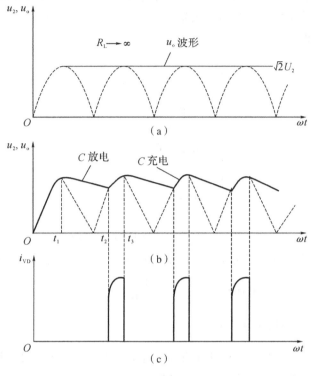

图 5-6　电容滤波波形

通过以上对滤波电路的分析，可以得到以下相关结论：

（1）电容滤波以后，输出直流电压提高了，同时输出电压的脉动成分也降低了，而且输出直流电压与放电时间常数有关。两者之间的关系可以通过图 5-7 表示。时间常数越大，滤波的效果越好。因此，滤波电路常常用于大电容、负载电阻为大负载的场合下。

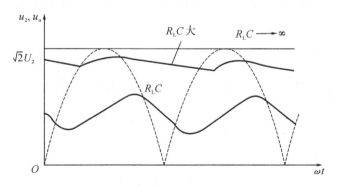

图 5-7　$R_L C$ 对电容滤波的影响

（2）电容滤波的输出电压 U_o 随输出电流 I_o 而变化。滤波电路空载时，即 $I_o = 0(R \rightarrow \infty)$，电容充电达到最大值 $\sqrt{2} U_2$ 后不再放电，故 $U_o = \sqrt{2} U_2$。当负载减小时，I_o 增大，电容放电加快，使输出电压 U_o 下降。电容滤波电路的外特性如图 5-8 所示，它反映了负载上输出电流与输出电压之间的关系。根据是否考虑整流电路的内阻，外特性可以分为理想情况(内阻为零)和实际情况(内阻不为零)。理想情况下,负载电压的变化范围为 $0.9U_2 \sim \sqrt{2}U_2$,实际情况下,负载电压的损失更多,下降趋势更快(如图5-8所示)。两种情况均反映电容滤波电路的输出电压随输出电流的增大而下降很快,所以电容滤波适用于负载电流变化不大的场合。

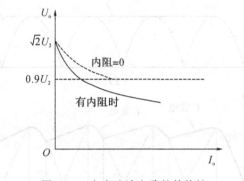

图5-8 电容滤波电路的外特性

为了保证桥式整流电路正常工作,电路中元件的选择需满足以下条件:

(1) 二极管的反向工作电流: $I_R \geqslant (2 \sim 3)\dfrac{1}{2}\dfrac{U_o}{R_L}$;

(2) 滤波电容的容量: $R_L C \geqslant (3 \sim 5)\dfrac{T}{2}$。

一般电容值比较大,从几十微法至几千微法,故选用电解电容器,其耐压值大于 $\sqrt{2}U_2$。

电容滤波电路结构简单,使用方便,输出电压的脉动成分非常小,其脉动系数仅为 $S = U_{olm}/U_o \approx 1/[(4R_L C)/T-1]$。但电路输出电流的能力有限,对于要求输出电流较大或输出电流变化较大的电路,需采用其他形式的滤波电路。

5.3.2 电感电容滤波器

如果需要大电流输出,或输出电流变化范围较大,则可采用 L 滤波或 LC 滤波电路,如图5-9所示。

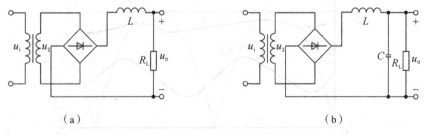

图5-9 L、LC 滤波器

由于电感的直流电阻小,交流阻抗大,因此直流分量经过电感后基本没有损失,但交流分量经电感 L 和负载电阻 R_L 分压后,大部分降在电感上,因而降低了输出电压的脉动成分。L 值越大,R_L 越小,滤波效果越佳,所以电感滤波适用于负载电流比较大和电流变化较大的场合。

为了提高滤波效果,可在输出端再并联一个电容 C,组成 LC 滤波电路,它在负载电流较大时或较小时均有较佳的滤波特性，故 LC 对负载的适应力较强，特别适合于电流变化较大的场合。

5.3.3　π型滤波器

为了提高电路的滤波性能，降低脉动系数，可采用 RC - π 型滤波电路。如图 5 - 10 所示，典型的 RC - π 型滤波电路由两只滤波电容 C_1、C_2 和滤波电阻 R 组成。从电路图中可以看出，RC - π 型滤波电路接在整流电路的输出端。

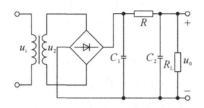

图 5 - 10　RC - π 型滤波电路

RC - π 型滤波电路的工作原理为，从整流电路输出的电压首先经 C_1 的滤波，将大部分的交流成分滤除，经过 C_1 滤波后的电压再加到由 R 和 C_2 构成的滤波电路中，电容 C_2 进一步对交流成分进行滤波，又有少量的交流电流通过 C_2 过滤。

5.4　稳　压　电　路

虽然整流滤波电路能将正弦交流电压变换成较为平滑的直流电压，但是，由于电网电压的波动和负载的变化，均会影响到输出电压的平均值。这种电压的不稳定有时会产生测量和计算误差，引起检测仪表和控制装置的工作不稳定，甚至无法正常工作。因此，设计性能稳定的稳压电路十分必要。

5.4.1　稳压二极管稳压电路

稳压二极管稳压电路如图 5 - 11(a)所示，图中稳压管 V_{DZ} 的伏安特性如图 5 - 11(b)所示。

稳压管是利用其反向击穿时的伏安特性进行稳压的。在反向击穿区，稳压管的电流在一个较大范围内变化时，稳压管两端的电压变化量很小，所以稳压管和负载并联，就能在一定条件下稳定输出电压。

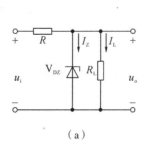
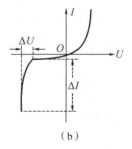

（a）　　　　　　　　　　　（b）

图 5 - 11　稳压二极管稳压电路

1. 稳压电路的工作原理

在稳压电路中，u_i 是整流滤波后的输出电压，稳压管 V_{DZ} 与负载电阻 R_L 并联，其中 V_{DZ} 工作在反向击穿区。R 为限流电阻，一方面保证流过 V_{DZ} 的电流不超过 I_{Zmax}，另一方面当电网电压波动时，通过调节 R 上的压降，保持输出电压基本不变。下面分两种情况来讨论。

(1) 输出电压 u_i 不变，若 R_L 减小，则 I_L 增大时，因 $I_R = I_Z + I_L$，故使 I_R 增大。而 I_R 增大使 U_R 增大，从而使 U_o 减小。由稳压管特性曲线可知，当稳压管 U_Z 略有下降时，电流 I_Z 将急剧减小，而 I_Z 减小又使 I_R 以及 U_R 均减小，结果使 U_o 增大，补偿了 U_o 的减小，从而保证输出电压 U_o 保持不变，即

$$R_L \downarrow \rightarrow I_L \uparrow \rightarrow I_R \uparrow \rightarrow U_o \downarrow \rightarrow I_Z \downarrow \rightarrow I_R \downarrow \rightarrow U_o \uparrow$$

(2) 负载电阻 R_L 不变时，若电网电压升高，将使 U_i 升高，则 U_o 应增大，根据稳压管特性曲线，U_o 增大，使 I_Z 增大，最终使得 I_R 增大，进而使 U_R 增大导致 U_o 减小，补偿了 U_o 的增大，从而输出电压基本稳定，即

$$U_i \uparrow \rightarrow U_o \uparrow \rightarrow I_Z \uparrow \rightarrow I_R \uparrow \rightarrow U_R \uparrow \rightarrow U_o \downarrow$$

综上所述，稳压管作为电流调节器件和限流电阻 R 相互配合，以保证输出电压基本保持不变。

2. 稳压电路的主要性能指标

对于任何稳压电路，均可采用稳压系数 S_r 和输出电阻 r_o 来描述其电压稳定性能。

S_r 定义为负载一定时稳压电路输出电压相对变化量与输入电压相对变化量之比，它反映了电网波动对输出电压的影响，S_r 越小，输出电压越稳定。

$$S_r = \frac{\Delta U_o / U_o}{\Delta U_i / U_i} \bigg|_{R_L = 常数} = \frac{U_i}{U_o} \cdot \frac{\Delta U_o}{\Delta U_i} \bigg|_{R_L = 常数}$$

输出电阻 r_o 是指输入电压一定时输出电压变化量与输出电流变化量之比。r_o 越小，当负载电流变化时，在内阻上产生的压降越小，输出电压越稳定。

$$r_o = \frac{\Delta U_o}{\Delta I_o} \bigg|_{U_i = 常数}$$

除此之外，稳压电源还有电压调整率、电流调整率、最大波纹电压、温度系数等性能指标。

3. 稳压电路的参数计算

稳压管稳压电路的等效电路如图 5 - 12 所示，其中，电阻 r_Z 为稳压管的动态电阻。

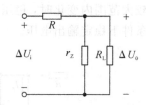

$$\frac{\Delta U_o}{\Delta U_i} = \frac{r_Z / \! / R_L}{R + r_Z / \! / R_L} \approx \frac{r_Z}{R + r_Z}$$

$$S_r = \frac{\Delta U_o}{\Delta U_i} \cdot \frac{U_i}{U_o} \approx \frac{r_Z}{R + r_Z} \cdot \frac{U_i}{U_Z}$$

图 5 - 12 稳压电路的交流等效电路

当 $R \gg r_Z$ 时，稳压系数

$$S_r \approx \frac{r_Z}{R} \cdot \frac{U_i}{U_o}$$

输出电阻

$$r_\text{o} = r_\text{z} /\!/ R \approx r_\text{z}$$

4. 限流电阻的选择

限流电阻 R 的主要作用是当电网电压或负载电阻变化时，使稳压管始终工作在稳压工作区，此时 $I_\text{Zmin} < I_\text{Z} < I_\text{Zmax}$。假设电网电压发生变化时，整流滤波输出 U_i 的最高电压为 U_imax，最低电压为 U_imin，负载电流最大时的数值为 U_Z/R_Lmin，最小时的数值为 U_Z/R_Lmax。

（1）保证稳压管的工作电流最大不能大于稳压管的最大稳定电流。在电网电压升到最高值 U_imax，且流过负载的电流为最小值 U_Z/R_Lmax 的时候，流过稳压管的工作电流最大，即

$$I_\text{Z} = \frac{U_\text{imax} - U_\text{Z}}{R} - \frac{U_\text{Z}}{R_\text{Lmax}} < I_\text{Zmax}$$

故

$$R > \frac{U_\text{imax} - U_\text{Z}}{R_\text{Lmax} I_\text{Zmax} + U_\text{Z}} R_\text{Lmax}$$

（2）保证稳压管的工作电流最小不能小于稳压管的最小稳定电流。在电网电压降到最低值 U_imin，且流过负载的电流为最大值 U_Z/R_Lmin 的时候，流过稳压管的工作电流最小，即

$$I_\text{Z} = \frac{U_\text{imin} - U_\text{Z}}{R} - \frac{U_\text{Z}}{R_\text{Lmin}} > I_\text{Zmin}$$

故

$$R < \frac{U_\text{imin} - U_\text{Z}}{R_\text{Lmin} I_\text{Zmin} + U_\text{Z}} R_\text{Lmin}$$

因此，如果要保证稳压电路正常工作，限流电阻的数值应满足条件：

$$\frac{U_\text{imax} - U_\text{Z}}{R_\text{Lmax} I_\text{Zmax} + U_\text{Z}} R_\text{Lmax} < R < \frac{U_\text{imin} - U_\text{Z}}{R_\text{Lmin} I_\text{Zmin} + U_\text{Z}} R_\text{Lmin}$$

【例 5-1】 稳压电路如图 5-11(a)所示，稳压管为 2CW14，其参数是 $U_\text{Z} = 6$ V，$I_\text{Z} = 10$ mA，$P_\text{Z} = 200$ mW，$r_\text{z} < 15$ Ω。整流滤波输出电压 $U_\text{i} = 15$ V。

（1）试计算当 U_i 变化 $\pm 10\%$，负载电阻在 $0.5 \sim 2$ kΩ 范围变化时，限流电阻 R 值。

（2）按所选定的电阻 R 值，计算该电路的稳压系数及输出电阻。

解 （1）首先确定稳压管的工作范围：

$$I_\text{Zmin} = I_\text{Z} = 10 \text{ mA}; \quad I_\text{Zmax} = \frac{P_\text{Z}}{U_\text{Z}} = \frac{200}{6} \approx 33 \text{ mA}$$

然后求出稳压电路输入的电压变化范围：

$$U_\text{imax} = (1 + 10\%)U_\text{i} = 16.5 \text{ V}; \quad U_\text{imin} = (1 - 10\%)U_\text{i} = 13.5 \text{ V}$$

由于负载电阻的变化范围为 $0.5 \sim 2$ kΩ，所以 $R_\text{Lmin} = 0.5$ kΩ，$R_\text{Lmax} = 2$ kΩ。

将已知数据代入公式中：

$$\frac{U_\text{imax} - U_\text{Z}}{R_\text{Lmax} I_\text{Zmax} + U_\text{Z}} R_\text{Lmax} < R < \frac{U_\text{imin} - U_\text{Z}}{R_\text{Lmin} I_\text{Zmin} + U_\text{Z}} R_\text{Lmin}$$

即得限流电阻的取值范围为

$$0.29 \text{ k}\Omega < R < 0.34 \text{ k}\Omega$$

选 $R = 320$ Ω，则电阻的额定功率为

$$P_\text{R} = \frac{(16.5 - 6)^2}{320} \approx 0.34 \text{ W}$$

（2）该电路的稳压系数为

$$S_r \approx \frac{r_Z}{R+r_Z} \cdot \frac{U_i}{U_Z} = \frac{15}{320+15} \times \frac{15}{6} \approx 0.11 = 11\%$$

稳压电路的输出电阻

$$r_o = R /\!/ r_Z = 320 /\!/ 15 = 14.3 \ \Omega$$

稳压管稳压电路的优点是电路结构简单，所用元件数量少，但是因为受稳压管自身参数限制，其输出电流较小，且输出电压不可调节，因此只适用于负载电流较小、电压不变的场合。

5.4.2 串联型稳压电路

稳压管稳压电路输出电流小，输出电压不可调，这给应用带来了不便。串联型稳压电路以稳压管稳压电路为基础，利用三极管的电流放大作用，增大负载电流；在电路中引入负反馈使输出电压稳定，并通过改变反馈网络参数使输出电压可调。

1. 电路的构成

串联型直流稳压电路主要由调整元件、基准电压、取样网络和比较放大器四部分组成，再配以过载或短路保护、辅助电源等电路。其基本原理图如图 5-13 所示。

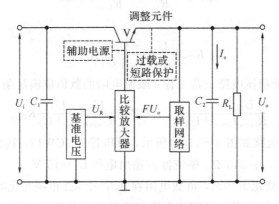

图 5-13　串联型直流稳压电路原理图

通常情况下，采样网络及过载保护电流比负载电流小很多，可认为调整元件 V 的发射极输出电流与负载电流 I_o 是串联系统，故电路称为串联型稳压电路。此电路中，调整元件即调节管 V 为其核心部分，整流滤波电路的输出电压作为输入电源，负载电阻 R_L 作为发射极电阻。它与采样网络、基准电压、比较放大器构成一个射极输出器，也是一个电压串联负反馈电路，其中比较的电压信号分别为基准电压 U_R 和采样网络 FU_o，U_o 为负载上输出的稳定电压。图中的调整管工作点必须设置在放大区，才能起到调整电压的作用。因此调整管管压降应大于饱和管压降 U_{CES}，即 $U_i \geqslant U_o + U_{CES}$。

采样网络和基准电压分别为电压串联负反馈提供运算信号。其中，采样网络通常由一个电阻分压器组成，它取出输出电压的变化 FU_o，加到比较放大电路的反相输入端，而基准电压 U_R 通常由稳压管稳压电路提供，加到比较放大电路的同相输入端。这样通过 FU_o 与 U_R 的比较运算，放大器输出电压则随电源输出电压的变化而变化。将该电压反馈到调整管的基极，系统构成负反馈，则输出电压将更加稳定。

比较放大电路要求有尽可能小的零点漂移和足够大的放大倍数。因此放大电路常为单管放大电路、差动放大电路和集成运放电路。图 5-14(a)为由单管放大电路组成的串联型稳压电路，图(b)为由差动放大电路组成的串联型稳压电路，图(c)为由集成运放电路组成的串联型稳压电路。

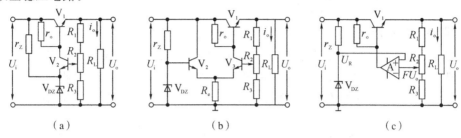

（a）　　　　　　　　　　　（b）　　　　　　　　　　　（c）

图 5-14　串联型稳压电路原理框图

2. 稳压原理

以由集成运放组成的串联型稳压电路为例来说明。当由于某种原因使输出电压 U_o 升高（或降低）时，取样网络将这一变化趋势 FU_o 送到集成运放 A 的反相输入端，并与同相输入端电位 U_R 进行比较放大；集成运放 A 的输出电压，即调整管的基极电位降低（或升高）；因为电路采用射极输出形式，所以输出电压 U_o 必然降低（升高），从而使 U_o 得到稳定。可简述如下：

$$U_o \uparrow \rightarrow U_N \uparrow \rightarrow U_B \downarrow \rightarrow U_o \downarrow \ 或 \ U_o \downarrow \rightarrow U_N \downarrow \rightarrow U_B \uparrow \rightarrow U_o \uparrow$$

3. 输出电压的可调范围

对由集成运放组成的串联型直流稳压电路而言，集成运放为理想运放，故 $U_P = U_N = U_R$，所以，当电位器 R_2 的滑动端在最上端时，输出电压最小，为

$$U_{omin} = \frac{R_1 + R_2 + R_3}{R_2 + R_3} U_R$$

当电位器 R_2 的滑动端在最下端时，输出电压最大，为

$$U_{omax} = \frac{R_1 + R_2 + R_3}{R_3} U_R$$

因此，可以发现，调节电位器 R_2 的电阻值，即可改变取样网络的输出值，从而改变输出直流电压。

【例 5-2】　在图 5-15 中 V_{DZ1} 稳压电压 $U_{Z1} = 7$ V，采样电阻 $R_1 = 1$ kΩ，$R_2 = 680$ Ω，$R_W = 200$ Ω，试估算输出电压的调节范围。

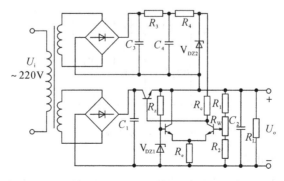

图 5-15　具有辅助电源的稳压电路

解

$$U_{\mathrm{omax}} = \frac{R_1 + R_2 + R_{\mathrm{W}}}{R_2} U_{\mathrm{z}} = \frac{1 + 0.2 + 0.68}{0.68} \times 7 = 19.35 \ \mathrm{V}$$

$$U_{\mathrm{omin}} = \frac{R_1 + R_2 + R_{\mathrm{W}}}{R_{\mathrm{W}} + R_2} = \frac{1 + 0.2 + 0.68}{0.2 + 0.68} \times 7 = 14.95 \ \mathrm{V}$$

4. 调整管的选择

串联型稳压电路中，调整管承担了全部负载电流。为了保证调整管的安全工作，一般调整管选用大功率三极管，主要考虑的极限参数为 I_{CM}、$U_{\mathrm{(BR)CEO}}$ 和 P_{CM}。调整管极限参数的确定，必须考虑到输入电压 U_{i} 受电网电压波动的变化、输出电压的调节和负载电流变化的影响。

（1）I_{CM} 的选择。调整管中流过的最大集电极电流为

$$I_{\mathrm{CM}} > I_{\mathrm{Cmax}} = I_{\mathrm{omax}} + I'$$

式中，I' 为取样网络、比较放大、基准电源等环节所消耗的电流。

（2）$U_{\mathrm{(BR)CEO}}$ 的选择。由于电网电压（应该是输入电压）最高，同时输出电压又最低时，调整管承受的管压降最大，故调整管集电极与发射极之间的反射击穿电压为

$$U_{\mathrm{(BR)CEO}} > U_{\mathrm{imax}} - U_{\mathrm{omin}}$$

（3）P_{CM} 的选择。当调整管满载（集电极电流最大），且管压降最大时，其损耗最大，最大集电极功耗为

$$P_{\mathrm{CM}} > I_{\mathrm{Lmax}} (U_{\mathrm{imax}} - U_{\mathrm{omin}})$$

5.4.3　集成稳压电路

在应用过程中，采用串联型稳压电路，仍需要不少外接元件，使用复杂。随着集成工艺的发展，稳压电路也制成了集成器件，称为集成稳压器。常见的稳压器为 W78XX、W79XX 及 W317 系列芯片。它们均有 3 个引线端：输入端、输出端和公共端。其中输入端与整流滤波电路的输出端相连接，输出端与负载相连接，公共端则为公共地端或者调整端。

1. 基本应用电路

W78XX 系列输出固定的正电压，W79XX 系列输出负电压，其型号的后面两位数字表示输出的电压值，有 5 V、8 V、12 V、15 V、18 V、24 V 等多种。W78XX 系列芯片构成的基本应用电路如图 5-16 所示。其中电容 C_1 用以抵消输入端接线的电感效应，防止产生自激振荡，其值一般为 $0.1 \sim 1 \ \mu\mathrm{F}$。在瞬时增减负载电流时，电容 C_2 防止输出电压产生较大波动，其值一般为 $1 \ \mu\mathrm{F}$ 左右。

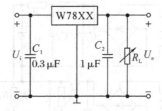

图 5-16　W78XX 系列基本应用电路

2. 扩大输出电流的电路

W78XX 和 W79XX 系列集成稳压芯片的最大输出电压为 1.5 A。可采用外接功率管或

三极管来扩大电流输出范围，从而获得大于 1.5 A 的输出电流。W78XX 系列扩大输出电流的电路如图 5-17 所示。

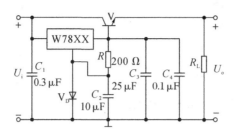

图 5-17　W78XX 系列扩大输出电流的电路

3. 扩大输出电压的电路

若所需电压大于芯片输出电压，则可采用升压电路，如图 5-18 所示。图中 U_{XX} 为 W78XX 的标称输出电压，即电阻 R_1 两端的电压，故输出端对地的电压为

$$U_o = U_{XX} + \frac{U_{XX}}{R_1}R_2 + I_Q R_2$$

式中，I_Q 为 W78XX 的静态工作电流，通常 $I_Q R_2$ 较小，输出电压近似为

$$U_o \approx \left(1 + \frac{R_2}{R_1}\right)U_{XX}$$

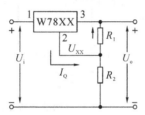

图 5-18　W78XX 系列扩大输出电压的电路

4. 输出电压可调的电路

当要求稳压电源输出电压范围可调时，可以应用集成稳压器与集成运放接成输出电压可调的电路，如图 5-19 所示。其中，集成运放接成电压跟随器的形式。根据集成运放 $U_P = U_N$ 的特点可得

$$\frac{R_2}{R_1 + R_2}U_o = U_o - U_{XX}$$

$$U_o = \left(1 + \frac{R_2}{R_1}\right)U_{XX}$$

所以，改变 R_2/R_1 的值即可调节输出电压 U_o 的大小。

输出电压可调电路也可采用 LM317 稳压器来实现。其输出范围是 1.25～37 V，负载电流最大为 1.5 A。应用电路如图 5-20 所示。仅需两个外接电阻来设置输出电压，线性调整率和负载调整率较好。LM317 内置有过载保护等多种保护电路。电路的输出电压为

$$U_{out} = 1.25\left(1 + \frac{R_2}{R_1}\right) + I_{adj}R_2$$

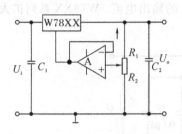 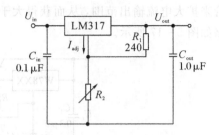

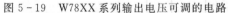

图 5-19　W78XX 系列输出电压可调的电路　　图 5-20　由 LM317 组成的标准稳压电路

5.5　能 力 训 练

1. 输出电压可调直流稳压电源电路模块设计

如图 5-21 所示通过简单的电路结构能够实现可调的直流稳压电源，并且具有电压指示功能，输出直流电压范围为 0～30 V。

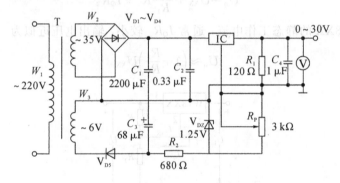

图 5-21　0～3 V 可调的直流稳压电源

本电路通过变压器 T 把 220 V 的交流电压加在一次侧 W_1 后，在二次侧 W_2 和 W_3 分别得到 35 V 和 6 V 的交流电压，二次侧 W_2 端通过二极管 $V_{D1} \sim V_{D4}$ 整流，电容器 C_1、C_2 滤波后输入到 IC 三端集成稳压电路的输入端，通过由 IC 稳压集成电路、电阻器 R_1 和电容器 C_4 输出 30 V 的直流电压，输出的电压值通过电压表 V 来显示。二次侧的 W_3 线圈输出的 6 V 的交流电压通过二极管 V_{D5}、电容器 C_3、电阻器 R_2 和稳压二极管 V_{DZ} 输出一个 −1.25 V 的负电压作为辅助电源。变阻器 R_P 加在 IC 集成电路的控制端，通过调节变阻器 R_P 能够使输出端输出 0～30 V 的直流电源。IC 选用 LM317 三端稳压集成电路；R_1、R_2 选用 1/2 W 型金属膜电阻器；C_1、C_3 选用耐压分别为 50 V 和 10 V 的铝电解电容器，C_2、C_4 选用 CD11 型 16 V 电解电容器；$V_{D1} \sim V_{D4}$ 选用 1N4007 硅型整流二极管；V_{DZ} 选用 1N4106 或 2CW60 硅稳压二极管；R_P 可用 WSW 型有机实心微调可变电阻器；T 选用 10 W、二次侧电压为 35 V 和 6 V 的电源变压器。

2. 正负电压同时输出的电路

由集成运算放大电路的结构可知，其工作时需要一个正负电压同时输出的电源。此处介绍一个产生 ±15 V DC 的电源电路，如图 5-22 所示。

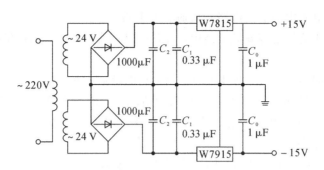

图 5-22　正负 15 V 直流稳压电源

电路是利用桥式整流器与稳压 IC 搭配适当规格的电容构成整流电路，将常用的 220 V 交流电源转为 ±15 V DC 电源，其电路图如图 5-22 所示。220 V 电源经变压器后产生两路 24 V 的交流电，随后对其进行整流、滤波，最后利用三端稳压 W7815 与 W7915 将电压值调整至 ±15 V DC，其中 W7815 为正电压调整器，用于稳定电压至 +15 V DC，W7915 则进行负电压调整。

习　　题

[题 5.1]　填空题。

1. 小功率直流电源是经过_____、_____、_____和_____将交流电转换成稳定的直流电压。

2. 串联型直流稳压电路通常包括四个组成部分，即基准电压电路、_____、_____和取样电路。

3. W7915 三端稳压器的输出电压为_____V。

4. 整流电路中，利用整流二极管的_____性使交流电变为脉动直流电。

5. 直流稳压电路中滤波电路主要由_____、_____等储能元件组成。其中，_____滤波适合于输出大电流，而_____滤波适用于小电流。

6. 在串联型稳压电路中，引入了_____负反馈，为了正常稳压，调整管必须工作在_____状态。

7. 现有两个硅稳压管，稳压值为 $U_{Z1}=7.3$ V，$U_{Z2}=5$ V，若用于稳定电压为 8 V 的电路，则可把 V_{DZ1} 和 V_{DZ2} 串接，V_{DZ1} 应_____偏置，V_{DZ2} 应_____偏置。

[题 5.2]　判断题。

1. 直流电源是一种能量转换电路，它将交流能量转换为直流能量。　　　　（　　）

2. 直流电源是一种将正弦信号变换为直流信号的波形变换电路。　　　　（　　）

3. 稳压二极管是利用二极管的反向击穿特性进行稳压的。　　　　　　　（　　）

4. 在变压器副边电压和负载电阻相同的情况下，桥式整流电路的输出电流是半波整流电路输出电流的 2 倍。　　　　（　　）

5. 桥式整流电路在接入电容滤波后，输出直流电压会升高。　　　　　　（　　）

6. 用集成稳压器构成稳压电路，输出电压稳定，在实际应用时，不需考虑输入电压大小。　　　　（　　）

7. 直流稳压电源中的滤波电路是低通滤波电路。　　　　　　　　　　　　　　　（　　）

8. 在单相桥式整流电容滤波电路中，若有一只整流管断开，则输出电压平均值变为原来的一半。　　　　　　　　　　　　　　　　　　　　　　　　　　　　　　　（　　）

9. 滤波电容的容量越大，滤波电路输出电压的纹波就越大。　　　　　　　　　　（　　）

10. 在变压器副边电压和负载电阻相同的情况下，桥式整流电路的输出电流是半波整流电路输出电流的 2 倍。因此，它们的整流管的平均电流比值为 2∶1。　　　　（　　）

[题 5.3]　选择题。

1. 若要求输出电压 $U_o = 9$ V，则应选用的三端稳压器为（　　）。

　　A. W7809　　　　　　　B. W7909　　　　　　　C. W7912

2. 若要求输出电压 $U_o = -18$ V，则应选用的三端稳压器为（　　）。

　　A. W7812　　　　　　　B. W7818　　　　　　　C. W7918

3. 在单相桥式整流电容滤波电路中，若有一只整流管接反，则（　　）。

　　A. 变为半波整流

　　B. 输出电压约为 $2U_{VD}$

　　C. 整流管将因电流过大而烧坏

4. 关于串联直流稳压电路，带放大环节的串联型稳压电路的放大环节放大的是（　　）。

　　A. 基准电压

　　B. 取样电压

　　C. 基准电压与取样电压之差

5. 变压器副边电压有效值为 40 V，整流二极管承受的最高反向电压为（　　）。

　　A. 20 V　　　　　　　　B. 56.6 V　　　　　　　C. 80 V

6. 稳压电源电路中，整流的目的是（　　）。

　　A. 将交流变为直流　　　　　　　　　B. 将正弦波变为方波

　　C. 将交、直流混合量中的交流成分滤掉

7. 具有放大环节的串联型稳压电路在正常工作时，若要求输出电压为 18 V，调整管压降为 6 V，整流电路采用电容滤波，则电源变压器次级电压有效值应为（　　）。

　　A. 18 V　　　　　　　　B. 20 V　　　　　　　　C. 24 V

[题 5.4]　在图 5-23 所示整流电路中，已知电网电压波动范围是 ±10%，变压器副边电压有效值 $U_2 = 30$ V，负载电阻 $R_L = 100$ Ω，试问：

（1）负载电阻 R_L 上的电压平均值和电流平均值各是多少？

（2）二极管承受的最大反向电压和流过的最大电流平均值各是多少？

（3）若不小心将输出端短路，则会出现什么现象？

[题 5.5]　在图 5-24 所示电路中，已知变压器副边电压有效值 $U_2 = 30$ V，负载电阻 $R_L = 100$ Ω，试问：

（1）输出电压和输出电流平均值各是多少？

（2）当电网电压波动范围为 ±10%，二极管的最大整流平均电流 I_F 与最高反向工作电压 U_{RM} 至少应选取多少？

（3）若整流桥中的二极管 V_{D1} 开路或短路，则分别会产生什么现象？

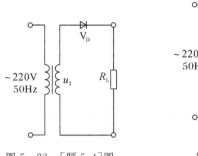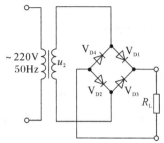

图 5 - 23　[题 5.4]图　　　　　图 5 - 24　[题 5.5]图

[题 5.6]　在图 5 - 25 所示电路中，已知电网电压波动范围是 $\pm 10\%$，$U_{o(AV)} \approx 1.2 U_2$。要求输出电压平均值 $U_{o(AV)} = 15$ V，负载电流平均值 $I_{L(AV)} = 100$ mA。试选择合适的滤波电容。

[题 5.7]　如图 5 - 26 所示电路，稳压管 $U_Z = 6$ V，$I_{Zmin} = 5$ mA，$I_{Zmax} = 25$ mA，$R_L = 500$ Ω，$R = 1$ kΩ，二极管为硅管。

(1) 计算 U_i 为 25 V 时输出电压 U_o 的值；

(2) 若 $U_i = 40$ V 时负载开路，则会发生什么现象？

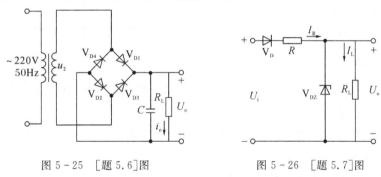

图 5 - 25　[题 5.6]图　　　　　图 5 - 26　[题 5.7]图

[题 5.8]　如图 5 - 27 所示稳压管稳压电路中，已知稳压管的稳定电压 $U_Z = 6$ V，最小稳定电流 $I_{Zmin} = 5$ mA，最大稳定电流 $I_{Zmax} = 25$ mA；负载 $R_L = 600$ Ω。求解限流电阻 R 的取值范围。

[题 5.9]　串联型稳压电路如图 5 - 28 所示。已知 $U_Z = 6$ V，$I_{Zmin} = 10$ mA，$R_1 = 10$ kΩ，$R_2 = 600$ Ω，$R_3 = 400$ Ω。试说明电路中存在几处错误，分别指出，说明原因并改正之。

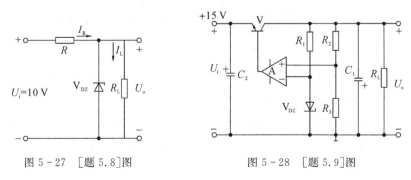

图 5 - 27　[题 5.8]图　　　　　图 5 - 28　[题 5.9]图

[题 5.10]　用集成运算放大器组成的串联型稳压电路如图 5 - 29 所示，设 A 为理想运

算放大器，求：

（1）流过稳压管的电流 I_Z；

（2）输出电压 U_o；

（3）调整管消耗的功率。

[题 5.11]　直流稳压电源如图 5-30 所示。

（1）说明电路的整流电路、滤波电路、调整管、基准电压电路、比较放大电路、采样电路等部分各由哪些元件组成；

（2）标出集成运放的同相输入端和反相输入端；

（3）求输出电压的取值范围。

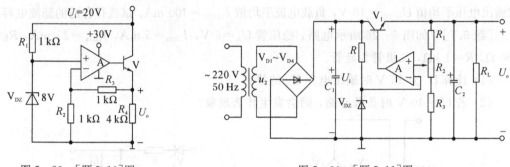

图 5-29　[题 5.10]图　　　　　　　图 5-30　[题 5.11]图

[题 5.12]　直流稳压电源如图 5-31 所示。已知变压器副边电压有效值 U_2、稳压管的稳定电压 U_Z 及电阻 R_1、R_2、R_3。

（1）说明电路的整流电路、滤波电路、调整管、基准电压电路、比较放大电路、采样电路等部分各由哪些元件组成；

（2）画出图中的单相桥式整流电路；

（3）写出输出电压 U_o 的最大值和最小值的表达式。

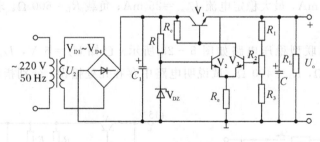

图 5-31　[题 5.12]图

[题 5.13]　如图 5-32 电路是将三端集成稳压电源扩大为输出可调的稳压电源，已知 $R_1=2.5$ kΩ，$R_F=0\sim9.5$ kΩ。试求输出电压调压的范围。

[题 5.14]　电路如图 5-33 所示，已知稳压管的稳定电压 $U_Z=6$ V，晶体管的 $U_{BE}=0.7$ V，$R_1=R_2=R_3=300$ Ω，$U_i=24$ V。试分析当出现下列现象时，电路将产生什么故障（即哪个元件开路或短路）。

（1）$U_o=24$ V；

(2) $U_o = 23.3$ V；

(3) $U_o = 12$ V 且不可调；

(4) $U_o = 6$ V 且不可调；

(5) U_o 可调范围变为 $6 \sim 12$ V。

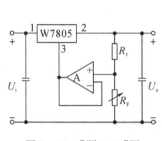

图 5－32　[题 5.13]图

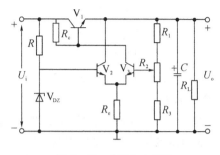

图 5－33　[题 5.14]图

[题 5.15]　直流电源电路如图 5－34 所示，已知 $U_i = 24$ V，稳压管的稳压值 $U_Z = 5.3$ V，三极管的 $U_{BE} = 0.7$ V，V_1 饱和管压降 $U_{CES1} = 2$ V。

(1) 试估算变压器副边电压的有效值 U_2；

(2) 若 $R_3 = R_P = R_4 = 300$ Ω，计算 U_o 的可调范围；

(3) 若可调电阻 R_P 调至中点，则三极管 V_1、V_2 的基极电压 U_{B1}、U_{B2} 分别是多少？

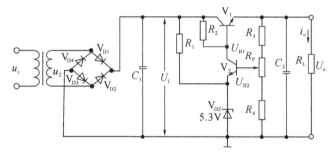

图 5－34　[题 5.15]图

[题 5.16]　电路如图 5－35 所示，调整管 V 的饱和压降 $U_{CES} = 1$ V，$R_1 = R_2 = R_3 = 200$ Ω，$U_Z = 5$ V。

(1) 电路中有 1 个错误的地方，指出并改正之；

(2) 求输出电压 U_o 的调节范围；

(3) 为了使调整管 V 正常工作，U_i 的值至少应取多少？

[题 5.17]　直流稳压电源如图 5－36 所示，已知变压器副边电压有效值 $U_2 = 20$ V，稳压管 V_{DZ1} 的稳定电压 $U_{Z1} = 6$ V，V_1、V_2 的 $U_{BE} = 0.7$ V。

(1) 在 V_{D1}、V_{D4} 和 V_{DZ1} 的位置画出相应的器件符号，并标出运算放大器 A 的同相和反相输入端；

(2) 当电位器 R_P 在中间位置时，计算 U_A、U_B 和 U_o；

(3) 计算输出电压的调节范围。

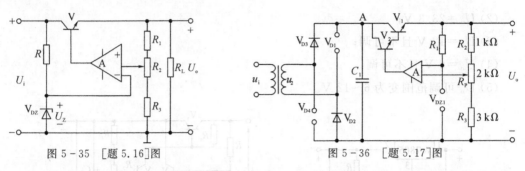

图 5-35　[题 5.16]图　　　　　图 5-36　[题 5.17]图

[题 5.18]　直流稳压电路如图 5-37 所示，已知稳压管 $U_Z = 6$ V，$U_i = 24$ V，$R_3 = 200$ Ω，负载电阻 $R_L = 40$ Ω。

（1）在图中画出运放的同相输入端和反相输入端；

（2）要求输出电压 U_o 变化范围为 12~18 V，则 R_1、R_2 应选多大？

（3）当输出电压 U_o 为 15 V 时，调整管管耗为多大？

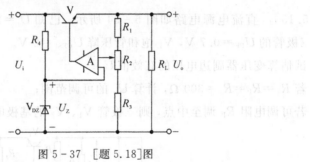

图 5-37　[题 5.18]图

[题 5.19]　在图 5-38 中，试把二极管、电容、电阻正确接在变压器副边和负载之间，使之组成一个单相桥式整流带有滤波器的电路。

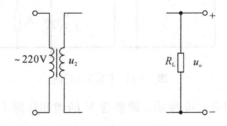

图 5-38　[题 5.19]图

[题 5.20]　电路如图 5-39 所示。已知 u_2 的有效值足够大，合理连线，构成 5 V 的直流电源电路。

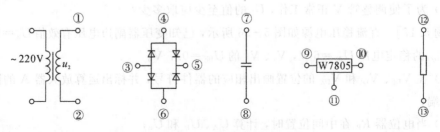

图 5-39　[题 5.20]图

第二部分

数字电子技术

第6章 数制和码制

本章从常用的十进制数开始,分析推导各种不同数制的表示方法及各种数制之间的转换方法,重点介绍在数字设备中广泛使用的二进制数的运算问题,最后介绍几种常用的编码。

6.1 概 述

电子电路中的信号可分为两类:

一类是模拟信号,即随时间连续变化的信号,如模拟语言的音频信号和模拟图像的视频信号等。能够用来产生、传输、处理模拟信号的电路称为模拟电路,如图 6-1(a)所示。

另一类是数字信号,即在时间和数值上都是不连续变化的离散信号,如各种脉冲信号等。能够用来产生、传输、处理数字信号的电路称为数字电路,如图 6-1(b)所示。

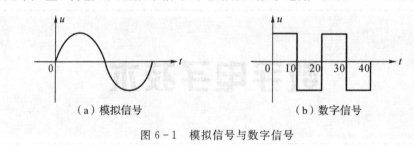

（a）模拟信号 （b）数字信号

图 6-1 模拟信号与数字信号

6.2 几种常用的数制

数码:由数字符号构成且表示物理量大小的数字和数字的组合。

数制:多位数码中每一位的构成方法,以及从低位到高位的进制规则。

在数字电路中经常使用的计数进制除了我们熟悉的十进制之外,更多的是使用二进制和十六进制,有时也用到八进制。下面将对这几种进制数加以介绍。

6.2.1 十进制

十进制是日常生活和工作中最常使用的进位进制数。在十进制数中,每一位有 0～9 十个数码,所以计数基数为 10。低位和相邻高位间的进位关系是"逢十进一",故称为十进制。通常以后缀 D 或 d(Decimal)表示十进制数,但该后缀可以省略。

数字符号:0,1,2,3,4,5,6,7,8,9。

计数规则:逢十进一。

基数:10。

权:10 的幂。

对于任何一个十进制数 N，都可以按权展开成如下形式：

$$(N)_{10} = a_n a_{n-1} a_{n-2} \cdots a_1 a_0 . a_{-1} a_{-2} \cdots a_{-m} = a_n \times 10^n + a_{n-1} \times 10^{n-1} + a_{n-2} \times 10^{n-2} \cdots$$
$$+ a_1 \times 10^1 + a_0 \times 10^0 + a_{-1} \times 10^{-1} + a_{-2} \times 10^{-2} \cdots + a_{-m} \times 10^{-m}$$
$$= \sum_{-m}^{n} a_i \times 10^i$$

式中，n 代表整数位数，m 代表小数位数，$a_i (-m \leqslant i \leqslant n)$ 表示第 i 位数字，它是 0、1、2…9 中的任意一个，10^i 为第 i 位数字的权值。

【例 6-1】 $(123.45)_{10} = 1 \times 10^2 + 2 \times 10^1 + 3 \times 10^0 + 4 \times 10^{-1} + 5 \times 10^{-2}$。

上述十进制数的表示方法也可以推广到任意进制数。对于基数为 $R(R \geqslant 2)$ 的 R 进制计数值，数 N 可以表示为

$$(N)_R = a_n a_{n-1} a_{n-2} \cdots a_1 a_0 . a_{-1} a_{-2} \cdots a_{-m} = a_n \times R^n + a_{n-1} \times R^{n-1} + a_{n-2} \times R^{n-2} \cdots$$
$$+ a_1 \times R^1 + a_0 \times R^0 + a_{-1} \times R^{-1} + a_{-2} \times R^{-2} \cdots + a_{-m} \times R^{-m}$$
$$= \sum_{-m}^{n} a_i \times R^i$$

式中，n 代表整数位数，m 代表小数位数，a_i 表示第 i 位数字，它是 0、1、2、$\cdots$、$R-1$ 中的任意一个，R^i 为第 i 位数字的权值。

6.2.2 二进制

目前在数字电路中应用最广泛的是二进制。在二进制数中，每一位仅有 0 和 1 两个可能的数码，所以计数基数为 2。低位和相邻高位间的进位关系是"逢二进一"，故称为二进制。通常以后缀 B 或 b(Binary)表示二进制数。

数字符号：0，1。

计数规则：逢二进一。

基数：2。

权：2 的幂。

【例 6-2】 $(101011.011) = 1 \times 2^5 + 0 \times 2^4 + 1 \times 2^3 + 0 \times 2^2 + 1 \times 2^1 + 1 \times 2^0 + 0 \times 2^{-1}$
$$+ 1 \times 2^{-2} + 1 \times 2^{-3}$$
$$= (43.375)_{10}$$

6.2.3 八进制

在某些场合有时也使用八进制。八进制的每一位有 0~7 八个不同的数码，计数的基数为 8，低位和相邻的高位之间的进位关系是"逢八进一"。通常以后缀 O 或 o(Octal)表示八进制数。

数字符号：0，1，2，3，4，5，6，7。

计数规则：逢八进一。

基数：8。

权：8 的幂。

【例 6-3】 $(125.04)_8 = 1 \times 8^2 + 2 \times 8^1 + 5 \times 8^0 + 0 \times 8^{-1} + 4 \times 8^{-2} = (85.0625)_{10}$。

6.2.4 十六进制

在编写程序时，常常使用十六进制数。十六进制数的每一位有十六个不同的数码，分别用 0～9、A(10)、B(11)、C(12)、D(13)、E(14)、F(15)表示。通常以后缀 H 或 h (Hexadecimal)表示十六进制数。

数字符号：0～9，A，B，C，D，E，F。

计数规则：逢十六进一。

基数：16。

权：16 的幂。

【例 6-4】 $(2F.6C)_{16}=2\times16^1+15\times16^0+6\times16^{-1}+12\times16^{-2}=(47.421\ 875)_{10}$。

不同进制数的对照表如表 6-1 所示。

表 6-1 几种进制数的对照表

十进制	二进制	八进制	十六进制	十进制	二进制	八进制	十六进制
0	0000	0	0	8	1000	10	8
1	0001	1	1	9	1001	11	9
2	0010	2	2	10	1010	12	A
3	0011	3	3	11	1011	13	B
4	0100	4	4	12	1100	14	C
5	0101	5	5	13	1101	15	D
6	0110	6	6	14	1110	16	E
7	0111	7	7	15	1111	17	F

6.3 不同数制间的转换

6.3.1 二进制与十进制的转换

1. 二一十转换

将二进制数转换为等值的十进制数称为二一十转换。转换时只要将二进制数按权展开，然后将所有各项的数值按十进制数相加，就可以得到等值的十进制数了。此方法也适用于任意进制数转换为等值的十进制数。

【例 6-5】 $(1011.01)_2=1\times2^3+0\times2^2+1\times2^1+1\times2^0+0\times2^{-1}+1\times2^{-2}=(11.25)_{10}$。

2. 十一二转换

将十进制数转换为等值的二进制数称为十一二转换。

整数部分："除 2 倒取余"，即十进制整数被 2 除，取其余数，商再被 2 除，取其余数……，直到商为 0 时结束运算，然后把每次的余数按倒序规则排列就得到等值的二进制数。

小数部分："乘 2 取整"，即把十进制纯小数乘以 2，取其整数(该整数部分不再参加后继运算)，乘积的小数部分再乘以 2，取整……，直到乘积的小数部分为 0。然后把每次乘积的整数部分按正序规则排序，即为等值的二进制数。

【例 6 - 6】　求 $(217)_{10}=($　　　　　$)_2$。

解　因为

$$
\begin{array}{r l}
2\underline{|217} & \cdots\cdots 余\quad1\\
2\underline{|108} & \cdots\cdots 余\quad0\\
2\underline{|54} & \cdots\cdots 余\quad0\\
2\underline{|27} & \cdots\cdots 余\quad1\\
2\underline{|13} & \cdots\cdots 余\quad1\\
2\underline{|6} & \cdots\cdots 余\quad0\\
2\underline{|3} & \cdots\cdots 余\quad1\\
2\underline{|1} & \cdots\cdots 余\quad1\\
0 &
\end{array}
$$

所以 $(217)_{10}=(11011001)_2$。

【例 6 - 7】　求 $(0.39)_{10}=($　　　　　$)_2$。

解　因为

$$
\begin{array}{l l}
0.39\times2=0.78 & \cdots\cdots 整数为\quad0\\
0.78\times2=1.56 & \cdots\cdots 整数为\quad1\\
0.56\times2=1.12 & \cdots\cdots 整数为\quad1\\
0.12\times2=0.24 & \cdots\cdots 整数为\quad0\\
0.24\times2=0.48 & \cdots\cdots 整数为\quad0\\
0.48\times2=0.96 & \cdots\cdots 整数为\quad0
\end{array}
$$

所以 $(0.39)_{10}=(0.011000)_2$。

说明：

(1) 小数部分转换时有时可能无法得到 0 的结果，这时应根据转换精度的要求取适当的位数。

(2) 此方法适用于任意 N 进制数的转换，转换时整数部分采用"除 N 倒取余"，小数部分采用"乘 N 取整"法。

6.3.2　二进制与八进制的转换

转换规则：3 位二进制数对应 1 位八进制数。

1. 二—八转换

将二进制数转换为等值的八进制数称为二—八转换。

转换方法：将二进制数的整数部分从低位到高位每 3 位分为一组并化为等值的八进制数，同时将小数部分从高位到低位每 3 位分为一组并化为等值的八进制数。

【例 6 - 8】　$(110101001001.10011)_2=(110,101,001,001.100,110)_2=(6511.46)_8$。

2. 八—二转换

将八进制数转换为等值的二进制数称为八—二转换。

转换方法：将八进制数的每一位用等值的 3 位二进制数代替。

【例 6 - 9】　　$(6574)_8=(110,101,111,100)_2=(110101111100)_2$。

6.3.3　二进制与十六进制的转换

转换规则：4 位二进制数对应 1 位十六进制数。

1. 二一十六转换

将二进制数转换为等值的十六进制数称为二一十六转换。

转换方法：将二进制数的整数部分从低位到高位每 4 位分为一组并化为等值的十六进制数，同时将小数部分从高位到低位每 4 位分为一组并化为等值的十六进制数。

【例 6 - 10】　　$(10111010110)_2=(0101\ 1101\ 0110)_2=(5D6)_{16}$。

2. 十六一二转换

将十六进制数转换为等值的二进制数称为十六一二转换。

转换方法：将十六进制数的每一位用等值的 4 位二进制数代替。

【例 6 - 11】　　$(76.EB)_{16}=(0111\ 0110.\ 1110\ 1011)_2=(1110110.11101011)_2$。

6.3.4　八进制与十六进制的转换

八进制与十六进制数进行转换时，可以先转换成二进制，进而再转换为相应的十六进制或八进制。方法与前述相同，不再赘述。

6.4　二进制运算

6.4.1　二进制的算术运算

当两个二进制数表示两个数量大小时，它们之间可以进行数值运算，称为算术运算。二进制算术运算的规则是"逢二进一"、"借一当二用"。

【例 6 - 12】　加法运算：

$$
\begin{array}{r}
1001 \\
+\ 0101 \\
\hline
1110
\end{array}
$$

【例 6 - 13】　减法运算：

$$
\begin{array}{r}
1001 \\
-\ 0101 \\
\hline
0110 \\
0100
\end{array}
$$

【例 6 - 14】　乘法运算：

$$
\begin{array}{r}
1001 \\
\times\ 0101 \\
\hline
1001 \\
0000 \\
1001 \\
0000 \\
\hline
0101101
\end{array}
$$

6.4.2　反码、补码和补码运算

在二进制数的前面增加一位符号位，符号位为 0 表示这个数是正数，符号位为 1 表示这个数为负数。这种形式的数称为原码。

1. 反码

反码的运算规则：若二进制数为正数，则反码等于原码；若二进制数为负数，则在原码的基础上，符号位保持不变，其余各位依次取反，即可得到该负数的反码。

2. 补码

补码的运算规则：若二进制数为正数，则补码等于原码；若二进制数为负数，则补码＝反码＋1。

【例 6 - 15】　写出带符号位二进制数 00011010（＋26）、10011010（－26）、00101101（＋45）和 10101101（-45）的反码和补码。

解　根据上述规则，可得到：

$$原码：00011010 \quad 10011010 \quad 00101101 \quad 10101101$$
$$反码：00011010 \quad 11100101 \quad 00101101 \quad 11010010$$
$$补码：00011010 \quad 11100110 \quad 00101101 \quad 11010011$$

3. 补码的运算

补码的运算规则：$\begin{cases} [X+Y]_{补} = [X]_{补} + [Y]_{补} \\ [X-Y]_{补} = [X]_{补} + [-Y]_{补} \end{cases}$。

补码减法运算可使符号位与数一起参加运算，二数相减变成减数变补与被减数相加，补码加减法的结果仍然是补码，若要得到结果的真值，则必须求结果对应的原码。

【例 6 - 16】　用补码运算求（－25－6）。

解　设 $z=-25-6=(-25)+(-6)$，由于 $[-25]_{原}=1001\ 1001B$，$[-25]_{补}=1110\ 0111B$，$[-6]_{原}=1000\ 0110B$，$[-6]_{补}=1111\ 1010B$，因此

$$[z]_{补} = [-25-6]_{补} = [-25]_{补} + [-6]_{补} = 1110\ 0001$$

$$\begin{array}{r} 1110\quad 0111B \\ + 1111\quad 1010B \\ \hline 11110\quad 0001B \end{array}$$

结果为负，将其转换为原码，可得 $z=-31$。

【例 6 - 17】　用补码运算求（64－10）。

解　设 $z=64-10=64+(-10)$，由于 $[+64]_{补}=0100\ 0000B$，$[-10]_{原}=1000\ 1010B$，$[-10]_{补}=1111\ 0110B$，因此

$$[z]_{补} = [+64]_{补} + [-10]_{补} = 0011\ 0110B$$

$$\begin{array}{r} 0100\quad 0000B \\ + 1111\quad 0110B \\ \hline 10011\quad 0110B \end{array}$$

结果为正数，原码补码相同，可得 $z=+54$。

6.5 几种常用的编码

1. 二一十进制代码

为了用二进制代码表示十进制数的 0~9 这 10 个状态,二进制代码至少应当有 4 位。4 位二进制代码一共有 16 个(0000~1111),取哪 10 个数与 0~9 对应,有多种方案,如表 6-2 所示。

表 6-2 几种常用的十进制代码

十进制数	8421 码	余 3 码	2421 码	5211 码	余 3 循环码
0	0000	0011	0000	0000	0010
1	0001	0100	0001	0001	0110
2	0010	0101	0010	0100	0111
3	0011	0110	0011	0101	0101
4	0100	0111	0100	0111	0100
5	0101	1000	1011	1000	1100
6	0110	1001	1100	1001	1101
7	0111	1010	1101	1100	1111
8	1000	1011	1110	1101	1110
9	1001	1100	1111	1111	1010

2. 格雷码

格雷码(Gray Code)又称循环码,其特点是编码顺序依次变化时,相邻两个代码之间只有一位发生变化,如表 6-3 所示。

格雷码通常应用于减少过渡噪声。

表 6-3 格 雷 码

编码顺序	二进制	格雷码	编码顺序	二进制码	格雷码
0	0000	0000	8	1000	1100
1	0001	0001	9	1001	1101
2	0010	0011	10	1010	1111
3	0011	0010	11	1011	1110
4	0100	0110	12	1100	1010
5	0101	0111	13	1101	1011
6	0110	0101	14	1110	1001
7	0111	0100	15	1111	1000

3. ASCII 码

ASCII 码(American Standard Code for Information Interchange,美国信息交换标准代

码)用 7 位二进制数作为字符的编码,共 128 个,其中包括英文字母的大小写(52 个)、数字(10 个)、专用字符(32 个)以及控制字符(34 个),如表 6-4 所示。

ASCII 码通常应用于计算机和通信领域。

表 6-4 ASCII 码字符表

高 3 位 / 低 4 位	000	001	010	011	100	101	110	111
0000	NUL	DLE	SP	0	@	P	`	p
0001	SOH	DC1	!	1	A	Q	a	q
0010	STX	DC2	"	2	B	R	b	r
0011	ETX	DC3	#	3	C	S	c	s
0100	EOT	DC4	$	4	D	T	d	t
0101	ENG	NAK	%	5	E	U	e	u
0110	ACK	SYN	&	6	F	V	f	v
0111	BEL	ETB	'	7	G	W	g	w
1000	BS	CAN	(	8	H	X	h	x
1001	HT	EM	)	9	I	Y	i	y
1010	LF	SUB	*	:	J	Z	j	z
1011	VT	ESC	+	;	K	[	k	{
1100	FF	FS	,	<	L	\	l	|
1101	CR	GS	–	=	M	]	m	}
1110	SO	RS	.	>	N	ˆ	n	~
1111	SI	US	/	?	O	—	o	DEL

习 题

[题 6.1] 将下列十进制数转换为二进制数。

(1) 26　　　　　　(2) 130.625　　　　　(3) 0.4375　　　　　(4) 100

[题 6.2] 将下列二进制数转换为十进制数。

(1) 11001101B　　　　　　　　　　(2) 0.01001B

(3) 101100.11011B　　　　　　　　(4) 1010101.101B

[题 6.3] 将下列十进制数转换为八进制数。

(1) 542.75　　　　　　(2) 256.5　　　　　(3) 200　　　　　(4) 8192

[题 6.4] 将下列八进制数转换为十进制数。

(1) 285.2Q　　　　　　(2) 432.4Q　　　　　(3) 200.5Q　　　　　(4) 500Q

[题 6.5] 将下列十进制数转换为十六进制数。

(1) 65535　　　　　　(2) 150　　　　　(3) 2048.0625　　　　　(4) 512.125

[题 6.6] 将下列十六进制数转换为十进制数。

(1) 88.8H　　　　　(2) 2BEH　　　　　(3) 123H　　　　　(4) 51.BH

[题 6.7]　将下列二进制数分别用八进制数和十六进制数表示。

(1) 1110100B　　　　　　　　　　　(2) 1010010B

(3) 110111.1101B　　　　　　　　　(4) 110111001.101001B

[题 6.8]　将下列十进制数转换成等效的二进制数、八进制数及十六进制数。

(1) $(79)_{10}$　　　　　(2) $(3000)_{10}$　　　　　(3) $(174.06)_{10}$

(4) $(255)_{10}$　　　　　(5) $(27.87)_{10}$　　　　　(6) $(0.25)_{10}$

[题 6.9]　将下列二进制数转换成等效的十进制数、八进制数和十六进制数。

(1) $(0011101)_2$　　　(2) $(11011.110)_2$　　　(3) $(110110111)_2$　　　(4) $(0.1001)_2$

[题 6.10]　求出下列各式的值。

(1) $(2FC5)_{16}=($　　$)_2$　　　　　　　(2) $(3D.BE)_2=($　　$)_{10}$

(3) $(543.21)_8=($　　$)_2$　　　　　　　(4) $(1001101.0110)_2=($　　$)_{10}$

[题 6.11]　已知某数 X 的原码为 10110100B，试求 X 的补码和反码。

[题 6.12]　$[X]_{补码}=01011001B$，$[Y]_{补码}=11011001B$，分别求其真值 X、Y。

[题 6.13]　写出下列二进制数的原码、反码和补码。

(1) $(+1011)_2$　　　　　(2) $(-1011)_2$　　　　　(3) $(+00110)_2$　　　　　(4) $(-00101)_2$

[题 6.14]　设机器字长为 8 位，用二进制补码表示下列十进制数。

(1) +25　　　　　(2) -45　　　　　(3) -89

(4) +32　　　　　(5) -121　　　　　(6) +28

[题 6.15]　用二进制补码完成下列运算，设机器字长为 8 位。

(1) 43+8　　　　　(2) 29+14　　　　　(3) 50+84　　　　　(4) 17+32

[题 6.16]　用二进制补码完成下列运算，设机器字长为 8 位。

(1) -25-6　　　　　(2) -52+7　　　　　(3) 16-30　　　　　(4) 72-8

[题 6.17]　用二进制补码完成下列运算，设机器字长为 8 位。

(1) -16-14　　　　　　　　　　　(2) -12-15

(3) -33+(-37)　　　　　　　　　(4) -30+(-70)

[题 6.18]　将下列十进制数转换为 8421BCD 码。

(1) 8069　　　　　(2) 5324　　　　　(3) 275　　　　　(4) 1256

[题 6.19]　将下列十进制数分别转换成 8421BCD 码、余 3 码和余 3 循环码。

(1) 356　　　　　(2) 712

[题 6.20]　写出下列各数字或字符的 ASCII 码。

(1) 51　　　　　(2) B　　　　　(3) ABH　　　　　(4) f

第7章 逻辑代数基础

　　逻辑代数是分析和设计逻辑电路的数学基础。本章首先简要介绍逻辑代数的基本公式、常用公式和基本定理,然后讲解逻辑函数的表示和化简方法,并配有一定数量的例题,介绍如何应用这些公式和定理化简逻辑函数。

7.1 概　　述

　　逻辑是指事物的前因与后果之间所遵循的规律。19世纪英国数学家乔治·布尔首先提出了描述客观事物逻辑关系的数学方法——布尔代数。布尔代数早期应用于解决继电器开关电路的问题,也称为开关代数。

　　随着数字技术的发展,人们发现它完全可以作为研究逻辑电路的数学工具,成为分析和设计逻辑电路的理论基础,所以也把布尔代数称为逻辑代数。逻辑代数和普通代数都是用字母表示变量,这种变量称为逻辑变量,可以取不同值。和普通代数不同的是,逻辑变量的取值只有两个:"0"或"1"。这两个值不具有数量大小的意义,仅表示客观事物的两种不同状态,如开关的闭合与断开、判断问题的是与非、电位的高与低等。

7.2 逻辑代数中的三种基本运算

　　逻辑代数的基本运算有与(AND)、或(OR)、非(NOT)三种。

7.2.1 与逻辑及与门

　　与逻辑的定义:只有当决定事件发生的所有条件均满足时,事件才会发生。
　　下面以图7-1所示的指示灯控制电路为例进行说明。

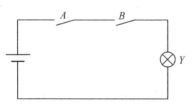

图7-1 指示灯控制电路

表7-1 指示灯的逻辑关系表

A	B	Y
0	0	0
0	1	0
1	0	0
1	1	1

　　【例7-1】 如图7-1所示,开关A、B串联控制灯泡Y。只有当两个开关同时闭合时,指示灯才会亮。任何一个开关断开,指示灯都不会亮。
　　逻辑表达式为:$Y=A \cdot B=AB$。
　　将开关闭合记作1,断开记作0;灯亮记作1,灯灭记作0。可以通过表7-1来描述与逻辑关系。

这种把所有可能的条件组合及其对应结果——列出来的图表叫做逻辑真值表，简称真值表。

实现与逻辑运算的单元电路称为与门。与门的逻辑符号如图 7-2 所示。

图 7-2 与逻辑图形符号

7.2.2 或逻辑及或门

或逻辑的定义：当决定事件发生的各种条件中，只要有一个或多个条件具备，事件就发生。

下面以图 7-3 所示的指示灯控制电路为例进行说明。

【例 7-2】 如图 7-3 所示，开关 A、B 并联控制灯泡 Y。两个开关只要有一个接通，灯就会亮。

逻辑表达式为：$Y = A + B$。

逻辑真值表如表 7-2 所示。

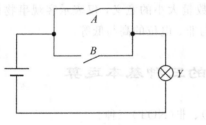

图 7-3 指示灯控制电路

表 7-2 或逻辑真值表

A	B	Y
0	0	0
0	1	1
1	0	1
1	1	1

实现或逻辑运算的单元电路称为或门。或门的逻辑符号如图 7-4 所示。

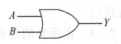
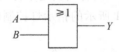

图 7-4 或逻辑图形符号

7.2.3 非逻辑及非门

非逻辑的定义：当决定事件发生的条件满足时，事件不发生；条件不满足时，事件反而发生。

下面以图 7-5 所示的指示灯控制电路为例进行说明。

【例 7-3】 如图 7-5 所示，开关 A 断开，灯亮；开关闭合，灯灭。

逻辑表达式为：$Y = \overline{A}$。

逻辑真值表如表 7-3 所示。

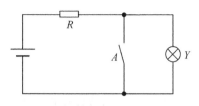

图 7 - 5　指示灯控制电路

表 7 - 3　非逻辑真值表

A	Y
0	1
1	0

实现非逻辑运算的单元电路称为非门。非门的逻辑符号如图 7 - 6 所示。

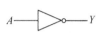
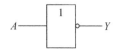

图 7 - 6　非逻辑图形符号

7.2.4　复合逻辑门

与、或、非是三种最基本的逻辑运算，应用这三种运算可以组成复合逻辑运算。常用的一些复合逻辑运算有与非、或非、与或非、异或、同或等。

1. 与非运算

与非逻辑表达式为：$Y = \overline{AB}$。

与非逻辑真值表如表 7 - 4 所示。

与非逻辑符号如图 7 - 7 所示。

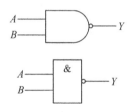

图 7 - 7　与非的图形符号

表 7 - 4　与非逻辑真值表

A	B	Y
0	0	1
0	1	1
1	0	1
1	1	0

2. 或非运算

或非逻辑表达式为：$Y = \overline{A + B}$。

或非逻辑真值表如表 7 - 5 所示。

或非逻辑符号如图 7 - 8 所示。

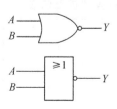

图 7 - 8　或非的图形符号

表 7 - 5　或非逻辑真值表

A	B	Y
0	0	1
0	1	0
1	0	0
1	1	0

3. 与或非运算

与或非逻辑表达式为：$Y=\overline{AB+CD}$。

与或非逻辑真值表如表 7-6 所示。

与或非逻辑符号如图 7-9 所示。

表 7-6 与或非逻辑真值表

A	B	C	D	Y
0	0	0	0	1
0	0	0	1	1
0	0	1	0	1
0	0	1	1	0
0	1	0	0	1
0	1	0	1	1
0	1	1	0	1
0	1	1	1	0
1	0	0	0	1
1	0	0	1	1
1	0	1	0	1
1	0	1	1	0
1	1	0	0	0
1	1	0	1	0
1	1	1	0	0
1	1	1	1	0

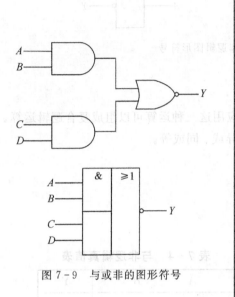

图 7-9 与或非的图形符号

4. 异或运算

异或逻辑表达式为：$Y=A\oplus B$。

异或逻辑真值表如表 7-7 所示，其特点是"相同为 0，不同为 1"。

异或逻辑符号如图 7-10 所示。

表 7-7 异或逻辑真值表

A	B	Y
0	0	0
0	1	1
1	0	1
1	1	0

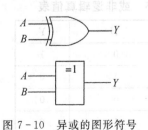

图 7-10 异或的图形符号

5. 同或运算

同或逻辑表达式为：$Y=A\odot B$。

同或逻辑真值表如表 7-8 所示，其特点是"相同为 1，不同为 0"。

同或逻辑符号如图 7-11 所示。

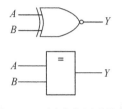

图 7-11　同或的图形符号

表 7-8　同或逻辑真值表

A	B	Y
0	0	1
0	1	0
1	0	0
1	1	1

7.3　逻辑代数的基本公式和常用公式

7.3.1　基本公式

表 7-9 给出了逻辑代数的基本公式。

表 7-9　逻辑代数的基本公式

序号	公　　式	序号	公　　式
1	$0 \cdot A=0$	10	$\overline{1}=0;\ \overline{0}=1$
2	$1 \cdot A=A$	11	$1+A=1$
3	$A \cdot A=A$	12	$0+A=A$
4	$A \cdot \overline{A}=0$	13	$A+A=A$
5	$A \cdot B=B \cdot A$	14	$A+\overline{A}=1$
6	$A(BC)=(AB)C$	15	$A+B=B+A$
7	$A(B+C)=AB+AC$	16	$A+(B+C)=(A+B)+C$
8	$\overline{AB}=\overline{A}+\overline{B}$	17	$A+(BC)=(A+B)(A+C)$
9	$\overline{\overline{A}}=A$	18	$\overline{A+B}=\overline{A} \cdot \overline{B}$

表 7-9 中公式 17 的证明（公式推演法）如下：

$$右=(A+B)(A+C)$$
$$=A+AB+AC+BC$$
$$=A(1+B+C)+BC$$
$$=A+BC=左$$

公式 17 还可以通过真值表进行证明，如表 7-10 所示。

表 7 - 10 公式 17 的真值表

ABC	BC	$A+BC$	$A+B$	$A+C$	$(A+B)(A+C)$
000	0	0	0	0	0
001	0	0	0	1	0
010	0	0	1	0	0
011	1	1	1	1	1
100	0	1	1	1	1
101	0	1	1	1	1
110	0	1	1	1	1
111	1	1	1	1	1

7.3.2 常用公式

表 7 - 11 列出了逻辑代数的几个常用公式，直接使用这些公式，可以大大简化逻辑函数的化简工作。

表 7 - 11 逻辑代数的几个常用公式

序 号	公 式
19	$A+AB=A$
20	$A+\overline{A}B=A+B$
21	$AB+A\overline{B}=A$
22	$A(A+B)=A$
23	$AB+\overline{A}C+BC=AB+\overline{A}C$ $AB+\overline{A}C+BCD=AB+\overline{A}C$
24	$A \cdot \overline{AB}=A\overline{B}$；$\overline{A} \cdot \overline{AB}=\overline{A}$

表 7 - 11 中各公式的证明过程如下：

(1) $A+AB=A$。

证明： $$A+AB=A(1+B)=A \cdot 1=A$$

(2) $A+\overline{A}B=A+B$。

证明： $$A+\overline{A}B=(A+\overline{A})(A+B)=1 \cdot (A+B)=A+B$$

(3) $AB+A\overline{B}=A$。

证明： $$AB+A\overline{B}=A(B+\overline{B})=A \cdot 1=A$$

(4) $A(A+B)=A$。

证明： $$A(A+B)=A \cdot A+A \cdot B=A+A \cdot B=A \cdot (1+B)=A \cdot 1=A$$

(5) $AB+\overline{A}C+BC=AB+\overline{A}C$。

证明：
$$AB+\overline{A}C+BC=AB+\overline{A}C+BC(A+\overline{A})$$
$$=AB+\overline{A}C+ABC+\overline{A}BC$$
$$=AB(1+C)+\overline{A}C(1+B)=AB+\overline{A}C$$

同理，可进一步推导出 $AB+\overline{A}C+BCD=AB+\overline{A}C$。

（6）$A \cdot A\overline{B}=A\overline{B}$；$\overline{A} \cdot A\overline{B}=\overline{A}$

证明：
$$A \cdot \overline{A}\overline{B}=A(\overline{A}+\overline{B})=A\overline{A}+A\overline{B}=A\overline{B}$$
$$\overline{A} \cdot \overline{A}\overline{B}=\overline{A}(\overline{A}+\overline{B})=\overline{A}\,\overline{A}+\overline{A}\,\overline{B}=\overline{A}+\overline{A}\,\overline{B}=\overline{A}(1+\overline{B})=\overline{A}$$

从以上的证明可以看到，这些常用公式都是从基本公式推导出的结果。当然，还可以推导出更多的常用公式。

7.4　逻辑代数的基本定理

7.4.1　代入定理

在任何一个包含变量 A 的逻辑等式中，若以另外一个逻辑式代入式中所有 A 的位置，则等式仍然成立。

例如，已知等式 $\overline{AB}=\overline{A}+\overline{B}$，用函数 $Y=AC$ 代替等式中的 A，根据代入规则，等式仍然成立，即有：

$$\overline{ACB}=\overline{AC}+\overline{B}=\overline{A}+\overline{C}+\overline{B}=\overline{A}+\overline{B}+\overline{C}$$

对复杂的逻辑式进行计算时，与普通代数的运算一样，仍需遵守运算优先顺序，即先括号，其次乘法，最后加法。

7.4.2　反演定理

对于任意一个逻辑式 Y，若将其中所有的"·"换成"＋"，"＋"换成"·"，0 换成 1，1 换成 0，原变量换成反变量，反变量换成原变量，则得到的结果就是 $\overline{Y}$。这个规律称为反演定理。

注意：

（1）仍需遵守"先括号，然后乘，最后加"的运算优先次序。

（2）不属于单个变量上的非号应保留不变。

【例 7-4】 已知 $Y=A\overline{B}+C\overline{D}E$，求 $\overline{Y}$。

解　根据反演定理，可得出：

$$\overline{Y}=(\overline{A}+B)(\overline{C}+D+\overline{E})$$

【例 7-5】 已知 $Y=A(B+C)+CD$，求 $\overline{Y}$。

解　根据反演定理，可得出：

$$\overline{Y}=(\overline{A}+\overline{B}\,\overline{C})(\overline{C}+\overline{D})=\overline{A}\,\overline{C}+\overline{B}\,\overline{C}+\overline{A}\,\overline{D}+\overline{B}\,\overline{C}\,\overline{D}=\overline{A}\,\overline{C}+\overline{B}\,\overline{C}+\overline{A}\,\overline{D}$$

7.4.3　对偶定理

若两逻辑式相等，则它们的对偶式也相等，这就是对偶定理。

对偶式：对于任何一个逻辑式 Y，若将其中的"·"换成"＋"，"＋"换成"·"，0 换成 1，1

换成 0，则得到一个新的逻辑式 Y^D，这个 Y^D 就称为 Y 的对偶式，或者说 Y 和 Y^D 互为对偶式。

利用对偶规则，可以使要证明或要记忆的公式数目减少一半。

例如，$Y=AB+A\overline{B}=A$，根据对偶定理，可知：$Y^D=(A+B)(A+\overline{B})=A$。

7.5　逻辑函数及其表示方法

如果以逻辑变量作为输入，以运算结果作为输出，那么当输入变量的取值确定之后，输出的取值便随之而定。输出与输入之间是一种函数关系，这种关系称为逻辑函数。常用的逻辑函数表示方法有逻辑真值表、逻辑函数式、逻辑图、波形图、卡诺图和硬件描述语言等。

7.5.1　逻辑真值表

逻辑真值表是由变量的所有可能取值组合及其对应的函数值所构成的表格。真值表列写方法：每一个变量均有 0、1 两种取值，n 个变量共有 2^n 种不同的取值，将这 2^n 种不同的取值按顺序(一般按二进制递增规律)排列起来，同时在相应位置上填入函数的值，便可得到逻辑函数的真值表。

例如，当 $A=B=1$，或 $A=C=1$ 时，函数 $Y=1$，否则 $Y=0$。其真值表如表 7-12 所示。

表 7-12　逻辑真值表

A	B	C	Y
0	0	0	0
0	0	1	0
0	1	0	0
0	1	1	0
1	0	0	0
1	0	1	1
1	1	0	1
1	1	1	1

7.5.2　逻辑函数式

逻辑函数式是将输出和输入之间的逻辑关系写成与、或、非等运算的组合式，又称逻辑表达式。

如上例所描述的功能，可得到其逻辑函数式为：$Y=AB+AC$。

7.5.3　逻辑图

将逻辑函数式中各变量之间的与、或、非等逻辑关系用图形符号表示出来，就可以画出表示函数关系的逻辑图。

例如，函数式 $Y=AB+AC=A(B+C)$ 的逻辑图如图 7-12 所示。

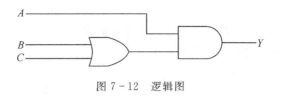

图 7 - 12 逻辑图

7.5.4 波形图

波形图是由输入变量的所有可能取值组合的高低电平及其对应的输出函数值的高低电平按时间顺序依次排列起来所构成的波形。

7.5.5 卡诺图

使用卡诺图表示逻辑函数的方法在后续化简方法中具体介绍，详见 7.7.2 节。

7.6 逻辑函数的两种标准形式

逻辑函数表达式有最小项之和和最大项之积两种标准形式。

7.6.1 最小项之和

1. 最小项

如果一个函数的某个乘积项包含了函数的全部变量，其中每个变量都以原变量或反变量的形式出现，且仅出现一次，则这个乘积项称为该函数的一个标准积项，通常称为最小项。

n 变量的最小项应有 2^n 个。

2. 最小项的表示方法

通常用符号 m_i 来表示最小项。下标 i 的确定方法：把最小项中的原变量记为 1，反变量记为 0，当变量顺序确定后，可以按顺序排列成一个二进制数，则与这个二进制数相对应的十进制数，就是这个最小项的下标 i。

表 7 - 13 所示为三变量最小项的编号表。

表 7 - 13 三变量最小项编号

最小项	取值	对应十进制数	编号
$\overline{A}\,\overline{B}\,\overline{C}$	0 0 0	0	m_0
$\overline{A}\,\overline{B}C$	0 0 1	1	m_1
$\overline{A}B\overline{C}$	0 1 0	2	m_2
$\overline{A}BC$	0 1 1	3	m_3
$A\overline{B}\,\overline{C}$	1 0 0	4	m_4
$A\overline{B}C$	1 0 1	5	m_5
$AB\overline{C}$	1 1 0	6	m_6
ABC	1 1 1	7	m_7

最小项具有如下性质：

(1) 任意一个最小项，只有一组变量取值使其值为 1。

(2) 任意两个不同的最小项的乘积必为 0。

(3) 全部最小项的和必为 1。

(4) 具有逻辑相邻性的两个最小项之和可以合并成一项并消去一对因子。

若两个最小项只有一个因子不同，则称这两个最小项具有逻辑相邻性，如 $\overline{A}\,\overline{B}\,\overline{C}$、$\overline{A}\,\overline{B}\,C$。

3. 最小项之和

任何一个逻辑函数都可以表示成唯一的一组最小项之和，称为标准与或表达式，也称为最小项之和表达式。

对于不是最小项表达式的与或表达式，可利用公式 $A+\overline{A}=1$ 将每个乘积项中缺少的因子补全，这样就可以将其转化为最小项之和的标准形式。

【例 7 - 6】 $Y(A,B,C)=AB\overline{C}+BC=AB\overline{C}+BC(A+\overline{A})$

$$=AB\overline{C}+ABC+\overline{A}BC=\sum m(3,6,7)$$

7.6.2 最大项之积

1. 最大项

如果一个函数由若干个或项以逻辑乘的形式组成，若在某个或项中，每个变量都以原变量或反变量的形式出现，且仅出现一次，则这个或项称为该函数的一个最大项。

n 变量的最大项应有 2^n 个。

2. 最大项的表示方法

通常用符号 M_i 来表示最大项。其下标的确定方法与最小项类似。

表 7 - 14 所示为三变量最大项的编号表。

表 7 - 14　三变量最大项编号

最大项	取值	对应十进制数	编号
$A+B+C$	0 0 0	0	M_0
$A+B+\overline{C}$	0 0 1	1	M_1
$A+\overline{B}+C$	0 1 0	2	M_2
$A+\overline{B}+\overline{C}$	0 1 1	3	M_3
$\overline{A}+B+C$	1 0 0	4	M_4
$\overline{A}+B+\overline{C}$	1 0 1	5	M_5
$\overline{A}+\overline{B}+C$	1 1 0	6	M_6
$\overline{A}+\overline{B}+\overline{C}$	1 1 1	7	M_7

最大项具有如下性质：

(1) 在输入变量的任何取值下必有一个最大项且只有一个最大项的值为 0。

(2) 全体最大项之积为 0。

（3）任意两个最大项之和为 1。

（4）只有一个变量不同的两个最大项的乘积等于各相同变量之和。

由上述两个编号表格可知，最大项与最小项之间存在如下关系：$M_i = \overline{m_i}$。

3. 最大项之积

任何一个逻辑函数都可以表示成唯一的一组最大项之积，称为标准或与表达式，也称为最大项之积表达式。

对于不是最大项之积的与或表达式，可利用公式 $A\overline{A} = 0$ 将每个多项式中缺少的变量补齐，这样就可以将函数式的或与形式化成最大项之积的形式。

【例 7-7】
$$\begin{aligned} Y(A, B, C) &= \overline{A}B + AC = (\overline{A}B + A)(\overline{A}B + C) \\ &= (A + B)(\overline{A} + C)(B + C) \\ &= (A + B + C\overline{C})(\overline{A} + B\overline{B} + C)(A\overline{A} + B + C) \\ &= (A + B + C)(A + B + \overline{C})(\overline{A} + B + C)(\overline{A} + \overline{B} + C) \end{aligned}$$

即 $Y(A, B, C) = \prod M(0, 1, 4, 6)$。

7.7 逻辑函数的化简方法

一般情况下，根据真值表直接写出的逻辑表达式或作出的逻辑图，常会存在一些多余项，所谓多余项，是指可以省略而不会影响逻辑功能的项。由于这些多余项的存在而使电路中连线增多、元件增加、逻辑图变得复杂，从而使电路出现故障的概率增大，工作可靠性下降。因此，一个逻辑电路设计过程中，有必要对其进行化简。

一般情况下，我们将逻辑表达式化为最简与或表达式，即表达式中包含的乘积项已经最少，而且每个乘积项中的因子也不能再减少的表达式形式。

常用的化简方法有逻辑函数的代数化简法和卡诺图化简法。

7.7.1 逻辑函数的代数化简法

反复利用逻辑代数的基本公式、常用公式和运算规则进行化简，称为代数化简法。运用此方法必须依赖于对公式及规则的熟练掌握及一定的经验、技巧。

1. 并项法

利用公式 $A + \overline{A} = 1$ 或公式 $AB + A\overline{B} = A$ 进行化简，通过合并公因子，消去变量。

【例 7-8】 化简函数 $Y = A\overline{B}C + A\overline{B}\,\overline{C}$。

解 $$Y = A\overline{B}C + A\overline{B}\,\overline{C} = A\overline{B}(C + \overline{C}) = A\overline{B}$$

【例 7-9】 化简函数 $Y = A\overline{B}C + A\overline{B}\,\overline{C} + ABC + AB\overline{C}$。

解 $$\begin{aligned} Y &= A\overline{B}C + A\overline{B}\,\overline{C} + ABC + AB\overline{C} = A\overline{B}(C + \overline{C}) + AB(C + \overline{C}) \\ &= A\overline{B} + AB = A(\overline{B} + B) = A \end{aligned}$$

2. 吸收法

（1）利用公式 $A + AB = A$ 进行化简，消去多余项。

【例 7-10】 化简函数 $Y = A\overline{B} + A\overline{B}CD(E + F)$。

解　$Y=A\overline{B}+A\overline{B}CD(E+F)=A\overline{B}[1+CD(E+F)]=A\overline{B}$

【例 7 - 11】　化简函数 $Y=AC+A\overline{B}CD+ABC+\overline{C}D+ABD$。

解
$$Y=AC+A\overline{B}CD+ABC+\overline{C}D+ABD$$
$$=AC(1+\overline{B}D+B)+\overline{C}D+ABD$$
$$=AC+\overline{C}D+ABD$$
$$=AC+\overline{C}D$$

（2）利用公式 $A+\overline{A}B=A+B$ 进行化简，消去多余项。

【例 7 - 12】　化简函数 $Y=AB+\overline{A}C+\overline{B}C$。

解　$\qquad Y=AB+\overline{A}C+\overline{B}C=AB+(\overline{A}+\overline{B})C=AB+\overline{AB}C=AB+C$

【例 7 - 13】　化简函数 $Y=A\overline{B}+B+\overline{A}B$。

解　$\qquad Y=A\overline{B}+B+\overline{A}B=A+B+\overline{A}B=A+B$

3. 消项法

利用公式 $AB+\overline{A}C+BC=AB+\overline{A}C$ 及 $AB+\overline{A}C+BCD=AB+\overline{A}C$，先添加一项 BC，然后再利用公式进行化简，消去多余项。

【例 7 - 14】　化简函数 $Y=A\overline{B}+B\overline{C}+\overline{B}C+\overline{A}B$。

解　$\qquad Y=A\overline{B}+B\overline{C}+\overline{B}C+\overline{A}B=A\overline{B}+B\overline{C}+\overline{B}C+\overline{A}B+\overline{A}C$
$$=A\overline{B}+B\overline{C}+\overline{A}B+\overline{A}C=A\overline{B}+B\overline{C}+\overline{A}C$$

4. 配项法

在适当的项配上 $A+\overline{A}=1$ 或 $A+A=A$ 进行化简。

【例 7 - 15】　用配项法化简函数 $Y=A\overline{B}+\overline{A}B+\overline{B}C+B\overline{C}$。

解　$\qquad Y=A\overline{B}+\overline{A}B+\overline{B}C+B\overline{C}$
$$=A\overline{B}(C+\overline{C})+\overline{A}B+\overline{B}C+B\overline{C}(A+\overline{A})$$
$$=A\overline{B}C+A\overline{B}\overline{C}+\overline{A}B+\overline{B}C+AB\overline{C}+\overline{A}B\overline{C}$$
$$=\overline{A}B+\overline{B}C+A\overline{C}$$

可见，使用不同方法，得到的最简结果的形式是一样的，都为三个与项，每个与项都为两个变量，表达式不唯一。

使用公式化简法进行逻辑函数式的化简，目前尚无一套完整的、有章可循的方法，能否以最快的速度进行化简，与我们的经验和对公式掌握以及运用的熟练程度有关。其优点是公式中变量的个数不受限制，但是对于化简结果，有时不易判断是否最简。

7.7.2　逻辑函数的卡诺图化简法

利用卡诺图可以直观方便地化简逻辑函数。它克服了代数化简法难以判断化简结果是否最简等缺点。

1. 卡诺图的表示方法

1）卡诺图

（1）卡诺图及其构成原则。卡诺图是把最小项按照一定规则排列而构成的方框图。构成卡诺图的原则如下：

① n 变量的卡诺图有 2^n 个小方块(最小项)。

② 最小项排列规则：几何相邻的最小项必须是逻辑相邻项。

逻辑相邻：两个最小项，只有一个变量的形式不同，其余的都相同。逻辑相邻的最小项可以合并。

几何相邻：紧挨的，位置相邻。

(2) 卡诺图的画法。

① 三变量(A, B, C)函数卡诺图如图 7-13 所示。

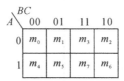

图 7-13　三变量函数卡诺图

三变量的卡诺图有 $2^3=8$ 个小方块；几何相邻的必须逻辑相邻。因此 BC 变量的取值可直接按 00、01、11、10 的顺序排列。

② 四变量(A, B, C, D)函数卡诺图如图 7-14 所示。

AB \ CD	00	01	11	10
00	m_0	m_1	m_3	m_2
01	m_4	m_5	m_7	m_6
11	m_{12}	m_{13}	m_{15}	m_{14}
10	m_8	m_9	m_{11}	m_{10}

图 7-14　四变量函数卡诺图

四变量卡诺图的逻辑相邻包括上下相邻和左右相邻，并呈现"循环相邻"的特性。它类似于一个封闭的球面，如同展开了的世界地图一样。

③ 五变量(A, B, C, D, E)函数卡诺图如图 7-15 所示。

AB \ CDE	000	001	011	010	110	111	101	100
00	m_0	m_1	m_3	m_2	m_6	m_7	m_5	m_4
01	m_8	m_9	m_{11}	m_{10}	m_{14}	m_{15}	m_{13}	m_{12}
11	m_{24}	m_{25}	m_{27}	m_{26}	m_{30}	m_{31}	m_{29}	m_{28}
10	m_{16}	m_{17}	m_{19}	m_{18}	m_{22}	m_{23}	m_{21}	m_{20}

图 7-15　五变量函数卡诺图

2) 用卡诺图表示逻辑函数

(1) 从逻辑真值表画卡诺图。根据变量的个数画出卡诺图，再按真值表填写每一个小方块的值(0 或 1)即可。需注意二者顺序不同。

【例 7-16】 已知 Y 的真值表如表 7-15 所示，要求画出 Y 的卡诺图。

其卡诺图表示如图 7-16 所示。

表 7 – 15 真值表

A	B	C	Y
0	0	0	0
0	0	1	1
0	1	0	1
0	1	1	0
1	0	0	1
1	0	1	0
1	1	0	0
1	1	1	1

A \ BC	00	01	11	10
0	0	1	0	1
1	1	0	1	0

图 7 – 16 例 7 – 16 的卡诺图

（2）从最小项表达式画卡诺图。把逻辑表达式中出现的所有最小项在对应的小方块中填入 1，其余的填为 0。

【例 7 – 17】 画出函数 $Y(A, B, C, D) = \sum m(0, 3, 5, 7, 9, 12, 15)$ 的卡诺图。

解 按上述方法，可得到卡诺图如图 7 – 17 所示。

AB \ CD	00	01	11	10
00	1	0	1	0
01	0	1	1	0
11	1	0	1	0
10	0	1	0	0

图 7 – 17 例 7 – 17 的卡诺图

（3）从与或表达式画卡诺图。把每一个乘积项所包含的那些最小项所对应的小方块都填上 1，剩下的填 0，就可以得到逻辑函数的卡诺图。

【例 7 – 18】 已知 $Y = AB + A\overline{C}D + \overline{A}BCD$，画出其卡诺图。

解 按上述方法，可得到卡诺图如图 7 – 18 所示。

AB \ CD	00	01	11	10
00	0	0	0	0
01	0	0	1	0
11	1	1	1	1
10	0	1	0	0

图 7 – 18 例 7 – 18 的卡诺图

2. 在卡诺图中合并最小项的规律

由于卡诺图两个相邻最小项中，只有一个变量取值不同，而其余的取值都相同，所以，

利用公式 $A + \overline{A} = 1$ 或公式 $AB + A\overline{B} = A$，合并相邻最小项，从而使逻辑函数得到化简。

合并相邻最小项，可以消去变量。图 7-19、图 7-20、图 7-21 分别显示了卡诺图的两个最小项、4 个最小项以及 8 个最小项的合并过程。

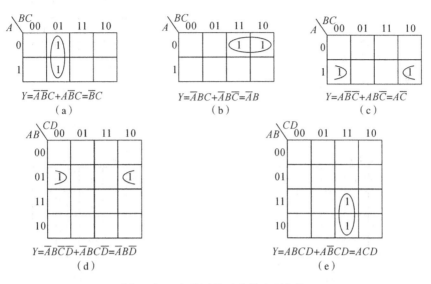

图 7-19　卡诺图的两个最小项合并

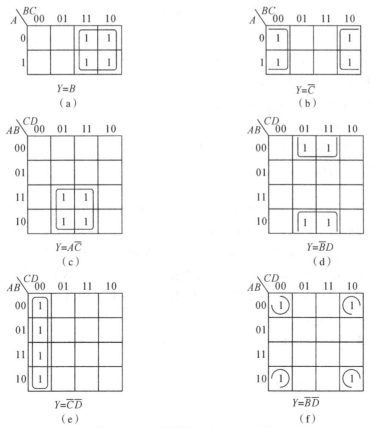

图 7-20　卡诺图的 4 个最小项合并

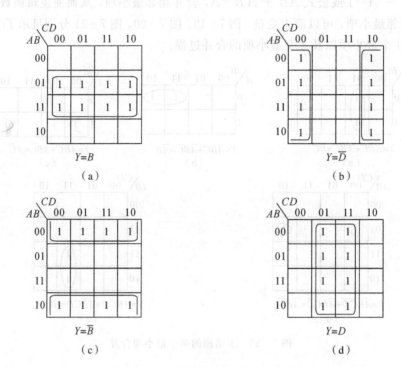

图 7-21 卡诺图的 8 个最小项合并

可见，合并两个最小项，可消去一个变量；合并 4 个最小项，可消去两个变量；合并 8 个最小项，可消去 3 个变量。也就是说，合并 2^n 个最小项，可消去 n 个变量。

3. 利用卡诺图化简逻辑函数

利用卡诺图化简逻辑函数的步骤如下：

(1) 画出逻辑函数的卡诺图。

(2) 合并相邻最小项(圈组)；正确圈组是关键。

(3) 从圈组写出最简与或表达式。

注意：

(1) 必须按 2、4、8…2^n 的规律来圈取值为 1 的相邻最小项。

(2) 每个取值为 1 的最小项至少圈 1 次，可以反复多次使用。

(3) 圈组的个数要最少(与项就少)，每个圈要尽可能大(消去的变量就越多)。

(4) 将每个圈用一个与项表示，将各与项相或，得到最简与或表达式。

将圈内各最小项中互补的因子消去，相同的因子保留，相同取值为 1 用原变量表示，相同取值为 0 用反变量表示。

【例 7-19】 用卡诺图化简逻辑函数 $Y(A, B, C, D) = \sum m(0, 1, 2, 3, 4, 5, 6, 7, 8, 10, 11)$。

解 其卡诺图表示如图 7-22 所示。

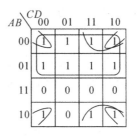

$$Y = \overline{A} + \overline{B}\,\overline{C} + \overline{B}\,\overline{D}$$

图 7-22　例 7-19 的卡诺图

【例 7-20】　化简图 7-23 所示的逻辑函数。

解　按照化简步骤，首先进行圈组，如图 7-24 所示。

$$Y = \overline{A}B\,\overline{C} + \overline{A}CD + ABC + A\,\overline{C}D$$

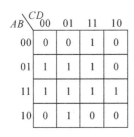

图 7-23　例 7-20 的卡诺图

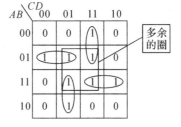

图 7-24　例 7-20 的卡诺图化简

圈组技巧(防止多圈组的方法)：

(1) 先圈孤立的 1，再圈只有一种圈法的 1，最后圈大圈。

(2) 检查：每个圈中至少有一个 1 未被其他圈圈过。

7.8　具有无关项的逻辑函数及其化简

7.8.1　约束项、任意项和逻辑函数中的无关项

1. 约束项

在某些情况下，输入变量的取值不是任意的，对输入变量取值所加的限制称为约束。

如三个变量 A、B、C 表示红、绿、黄灯的三种状态。$A=1$ 表示为红灯，$B=1$ 表示为绿灯，$C=1$ 表示为黄灯，任何时候红绿黄灯只能是 $A\,\overline{B}\,\overline{C}$、$\overline{A}B\,\overline{C}$、$\overline{A}\,\overline{B}\,C$ 中的一种，不会出现其他情况，因此

$$\begin{cases} \overline{A}\,\overline{B}\,\overline{C}=0 \\ \overline{A}BC=0 \\ A\,\overline{B}C=0 \\ AB\,\overline{C}=0 \\ ABC=0 \end{cases}$$

称为约束项。

值恒等于 0 的最小项称为约束项。

2. 任意项

在某些情况下，在输入变量的某些取值下函数值是 1 还是 0 皆可，不影响其功能。在这些变量取值下，其值等于 1 的那些最小项称为任意项。

3. 无关项

约束项与任意项统称为无关项，在卡诺图中用"×"表示。

因为任意项的值可以根据需要取 0 或取 1，所以在用卡诺图化简逻辑函数时，充分利用任意项，可以使逻辑函数进一步得到简化。

7.8.2　无关项在逻辑函数中的应用

【例 7 - 21】 设 $ABCD$ 是十进制数 X 的二进制编码，当 $X \geqslant 5$ 时输出 Y 为 1，求 Y 的最简与或表达式。

解 列出十进制数的真值表如表 7 - 16 所示。

表 7 - 16　十进制数的真值表

X	$A\ B\ C\ D$	Y	X	$A\ B\ C\ D$	Y
0	0 0 0 0	0	8	1 0 0 0	1
1	0 0 0 1	0	9	1 0 0 1	1
2	0 0 1 0	0	/	1 0 1 0	×
3	0 0 1 1	0	/	1 0 1 1	×
4	0 1 0 0	0	/	1 1 0 0	×
5	0 1 0 1	1	/	1 1 0 1	×
6	0 1 1 0	1	/	1 1 1 0	×
7	0 1 1 1	1	/	1 1 1 1	×

其卡诺图如图 7 - 25 所示。

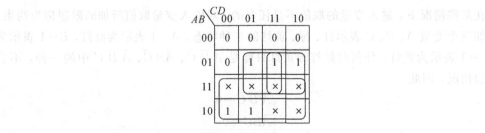

图 7 - 25　例 7 - 21 的卡诺图化简

因此，$Y = A + BD + BC$。

【例 7 - 22】 化简逻辑函数 $Y(A, B, C, D) = \sum m(1, 2, 5, 6, 9) + \sum d(10, 11, 12, 13, 14, 15)$，$d$ 表示无关项。

解　其卡诺图如图 7－26 所示。

AB＼CD	00	01	11	10
00	0	1	0	1
01	0	1	0	1
11	×	×	×	×
10	0	1	×	×

图 7－26　例 7－22 的卡诺图

因此，$Y=\overline{C}D+C\overline{D}$。

习　　题

［题 7.1］　试用列真值表的方法证明下列等式成立。

(1) $A+BC=(A+B)(A+C)$

(2) $A+\overline{A}B=A+B$

(3) $A\oplus 1=\overline{A}$

(4) $A(B\oplus C)=AB\oplus AC$

［题 7.2］　证明下列异或运算公式。

(1) $A\oplus B=\overline{A}\oplus\overline{B}$

(2) $A\oplus\overline{B}=\overline{A\oplus B}=A\oplus B\oplus 1$

［题 7.3］　已知逻辑函数的真值表如表 7－17 所示，试分别写出对应的逻辑表达式。

表 7－17　［题 7.3］的真值表

A	B	C	Y
0	0	0	0
0	0	1	1
0	1	0	1
0	1	1	0
1	0	0	1
1	0	1	0
1	1	0	0
1	1	1	0

［题 7.4］　已知逻辑函数的真值表如表 7－18 所示，试写出其对应的逻辑表达式。

表 7 - 18 ［题 7.4］的真值表

A	B	C	D	Y
0	0	0	0	0
0	0	0	1	1
0	0	1	0	1
0	0	1	1	0
0	1	0	0	1
0	1	0	1	0
0	1	1	0	0
0	1	1	1	1
1	0	0	0	0
1	0	0	1	1
1	0	1	0	0
1	0	1	1	1
1	1	0	0	1
1	1	0	1	0
1	1	1	0	1
1	1	1	1	0

［题 7.5］ 设输入的 4 位 8421BCD 码为 $ABCD$，则当 $ABCD$ 为 0000～0100 时，$Y=0$；当 $ABCD$ 为 0101～1001 时，$Y=1$。列出其真值表，并写出逻辑表达式。

［题 7.6］ 设 X 和 Y 均为 4 位二进制数，X 为自变量，Y 为函数。当 $0 \leqslant X \leqslant 4$ 时，$Y=X+1$；当 $5 \leqslant X \leqslant 9$ 时，$Y=X-1$。X 不大于 9。列出其真值表，并写出逻辑表达式。

［题 7.7］ 写出图 7 - 27 所示电路的输出逻辑表达式。

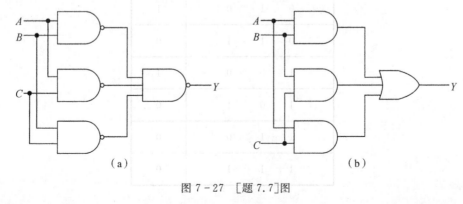

（a）　　　　　　　　　　　　　　（b）

图 7 - 27 ［题 7.7］图

［题 7.8］ 写出图 7 - 28 所示电路的输出逻辑表达式。

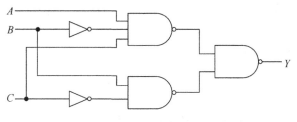

图 7-28　[题 7.8]图

[题 7.9]　用逻辑代数的基本公式和常用的公式将下列逻辑化为最简与或形式。

(1) $Y = A\overline{B} + B + \overline{A}B$

(2) $Y = A\overline{B}C + \overline{A} + B + \overline{C}$

(3) $Y = \overline{\overline{A}BC} + \overline{A\overline{B}}$

(4) $Y = A\overline{B}CD + ABD + A\overline{C}D$

(5) $Y = A\overline{B}(\overline{A}CD + \overline{AD} + \overline{\overline{BC}})(\overline{A} + B)$

(6) $Y = AC(\overline{C}D + \overline{A}B) + BC(\overline{\overline{B} + AD + CE})$

(7) $Y = A\overline{C} + ABC + AC\overline{D} + CD$

(8) $Y = A + \overline{(B + \overline{C})}(A + \overline{B} + C)(A + B + C)$

(9) $Y = B\overline{C} + AB\overline{C}E + \overline{B}\ \overline{(\overline{A}\ \overline{D} + AD)} + B(A\overline{D} + \overline{A}D)$

(10) $Y = AC + A\overline{C}D + A\overline{B}\ \overline{E}F + B(D \oplus E) + B\overline{C}D\ \overline{E} + B\overline{C}\ \overline{D}E + AB\overline{E}F$

[题 7.10]　用公式化简法化简下列各式。

(1) $Y = A + ABC + A\overline{B}\ \overline{C} + BC + \overline{B}C$

(2) $Y = \overline{A}\ \overline{B} + (AB + A\overline{B} + \overline{A}B)C$

(3) $Y = (A \oplus B)C + ABC + \overline{A}\ \overline{B}C$

(4) $Y = \overline{\overline{AB + \overline{A}\ \overline{B}} \cdot \overline{BC + \overline{B}\ \overline{C}}}$

[题 7.11]　写出下列各式的对偶式。

(1) $Y = A \cdot \overline{B} + \overline{D} + (AC + BD)E$

(2) $Y = \overline{A}\ \overline{B} + C + D + E$

(3) $Y = (A + B)(\overline{A} + C)(C + DE) + F$

[题 7.12]　用反演规则求下列函数的反函数。

(1) $Y = A \cdot B + (\overline{A} + B)(C + D + E)$

(2) $Y = [A + (B\overline{C} + CD) \cdot E] + F$

(3) $Y = \overline{A}\ \overline{B} + ABC(A + BC)$

[题 7.13]　将下列各函数式化为最小项之和的形式。

(1) $Y = \overline{A}BC + AC + \overline{B}C$

(2) $Y = A\overline{B}\ \overline{C}D + BCD + \overline{A}D$

(3) $Y = A + B + CD$

(4) $Y = AB + \overline{\overline{B}\ \overline{C}(\overline{C} + \overline{D})}$

(5) $Y = L\overline{M} + M\overline{N} + N\overline{L}$

[题 7.14]　将下列各式化为最大项之积的形式。

(1) $Y=(A+B)(\overline{A}+\overline{B}+\overline{C})$

(2) $Y=A\overline{B}+C$

(3) $Y=\overline{A}B\overline{C}+\overline{B}C+A\overline{B}C$

(4) $Y=BC\overline{D}+C+\overline{A}D$

(5) $Y(A,B,C)=\sum(m_1,m_2,m_4,m_6,m_7)$

[题 7.15]　用卡诺图化简法将下列函数化为最简与或形式。

(1) $Y=ABC+ABD+\overline{C}\overline{D}+A\overline{B}C+\overline{A}C\overline{D}+A\overline{C}D$

(2) $Y=A\overline{B}+A\overline{C}+BC+CD$

(3) $Y=\overline{A}\overline{B}+B\overline{C}+\overline{A}+\overline{B}+ABC$

(4) $Y=\overline{A}\overline{B}+AC+\overline{B}C$

(5) $Y=A\overline{B}\overline{C}+\overline{A}\overline{B}+\overline{A}D+C+BD$

(6) $Y(A,B,C)=\sum(m_0,m_1,m_2,m_5,m_6,m_7)$

(7) $Y(A,B,C)=\sum(m_1,m_3,m_5,m_7)$

(8) $Y(A,B,C,D)=\sum(m_0,m_1,m_2,m_3,m_4,m_6,m_8,m_9,m_{10},m_{11},m_{14})$

(9) $Y(A,B,C,D)=\sum(m_0,m_1,m_2,m_5,m_8,m_9,m_{10},m_{12},m_{14})$

(10) $Y(A,B,C)=\sum(m_1,m_4,m_7)$

[题 7.16]　已知函数 $Y(A,B,C,D)$ 的卡诺图如图 7-29 所示，试写出函数 Y 的最简与或表达式。

AB\CD	00	01	11	10
00	0	1	0	1
01	1	0	0	0
11	1	0	0	0
10	0	1	1	1

图 7-29　[题 7.16]图

[题 7.17]　将下列函数化为最简与或函数式。

(1) $Y=\overline{\overline{A}+C+D}+\overline{A}BC\overline{D}+A\overline{B}\overline{C}D$，给定约束条件为
$$A\overline{B}C\overline{D}+A\overline{B}CD+AB\overline{C}\overline{D}+AB\overline{C}D+ABC\overline{D}+ABCD=0$$

(2) $Y=C\overline{D}(A\oplus B)+\overline{A}B\overline{C}+\overline{A}\overline{C}D$，给定约束条件为
$$AB+CD=0$$

(3) $Y=(A\overline{B}+B)C\overline{D}+\overline{(A+B)(\overline{B}+C)}$，给定约束条件为
$$ABC+ABD+ACD+BCD=0$$

(4) $Y(A,B,C,D)=\sum(m_3,m_5,m_6,m_7,m_{10})$，给定约束条件为
$$m_0+m_1+m_2+m_4+m_8=0$$

(5) $Y(A,B,C)=\sum(m_0,m_1,m_2,m_4)$，给定约束条件为
$$m_3+m_5+m_6+m_7=0$$

(6) $Y(A, B, C, D) = \sum(m_2, m_3, m_7, m_8, m_{11}, m_{14})$，给定约束条件为

$$m_0 + m_5 + m_{10} + m_{15} = 0$$

[题 7.18]　用与非门实现下列逻辑函数。

(1) $Y = AB + AC$

(2) $Y = \overline{AB\overline{C} + A\overline{B}C + \overline{A}BC}$

(3) $Y = A\overline{BC} + \overline{\overline{\overline{A\,\overline{B}}}} + BC + \overline{A}\,\overline{B}$

[题 7.19]　试画出下列逻辑函数的逻辑图。

(1) $Y = (A\overline{BC} + \overline{AC}\,\overline{D})A\overline{CD}$

(2) $Y = (A \oplus B)\overline{AB + \overline{A}\,\overline{B}} + AB$

[题 7.20]　设有三个输入变量 A、B、C，当 $A + B = C$ 时，输出 $Y = 1$，其余情况为 0。试写出满足该要求的逻辑真值表，写出最小与或表达式，并画出相应的逻辑图。

第8章　门　电　路

集成逻辑门电路是数字电路中最基本的逻辑单元，因此了解各类逻辑门电路的基本特性对于合理选择和使用器件是十分必要的。本章简要介绍门电路中的二极管和三极管的工作特性，以及 TTL 集成逻辑门电路的基本工作原理和主要外部特性。

用以实现基本逻辑运算和复合逻辑运算的电路称为门电路。常用的门电路有与门、非门、或门、与非门、或非门、与或非门、异或门、同或门等。门电路中以高低电平来表示逻辑状态的"1"和"0"。

8.1　二极管和三极管的开关特性

在客观世界中，没有理想开关，电子技术中常用开关二极管和开关三极管作为开关使用。

8.1.1　二极管的开关特性

1. 静态开关特性

二极管的伏安特性曲线如图 8-1 所示。其等效电路见图 8-2、图 8-3。

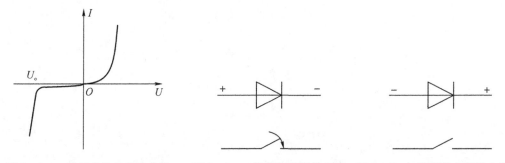

图 8-1　二极管的伏安特性曲线　图 8-2　二极管导通等效电路　图 8-3　二极管截止等效电路

正向导通时，$U_{VD(ON)} \approx 0.7$ V（硅）或 0.3 V（锗），R_{VD} 约为几欧姆到几十欧姆，相当于开关闭合；反向截止时，反向饱和电流极小，反向电阻很大，相当于开关断开。

2. 动态开关特性

二极管从截止变为导通和从导通变为截止都需要一定的时间。通常，后者所需的时间要长得多。

3. 二极管的开关参数

（1）最大正向电流：二极管正向导通电流的最大允许值，使用时不得超过这一数值。

（2）最高反向工作电压：二极管反向工作时所加反向电压的最大值。

（3）反向击穿电压：二极管在一定反向电流下的反向电压。在此电压下，认为二极管已被击穿。

（4）反向恢复时间：二极管从正向电流变化到反向电流一定值所需的时间。

8.1.2　三极管的开关特性

1. 静态开关特性

在数字电路中，三极管作为开关元件，主要工作在饱和与截止两种开关状态，如图 8-4 所示，放大区只是极短暂的过渡状态。

截止状态：发射结反偏，电流约为 0。

饱和状态：发射结正偏，集电结正偏。

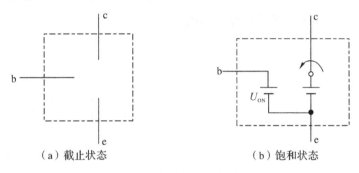

（a）截止状态　　　　　　　　（b）饱和状态

图 8-4　三极管的开关等效电路

2. 动态开关特性

在动态情况下，即三极管在截止与饱和导通两种状态间迅速转换时，三极管内部电荷的建立和消散都需要一定的时间，因而集电极电流 i_c 的变化将滞后于输入电压 u_i 的变化。在接成三极管开关电路以后，开关电路的输出电压 u_o 的变化也必然滞后于输入电压 u_i 的变化，如图 8-5 所示。

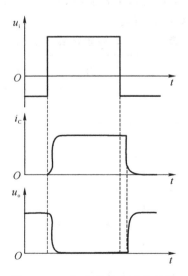

图 8-5　三极管的动态开关特性

3. 晶体三极管的开关参数

（1）最大集电极电流 I_{CM}：i_c 在相当大的范围内 β 值不变，但当 i_c 的数值大到一定程度时 β 值将迅速减小。使 β 值明显减小的 i_c 即为 I_{CM}。

（2）极间反向击穿电压 $U_{(BR)CBO}$：发射极开路时集电极—基极间的反向击穿电压，这是集电结所允许加的最高反向电压。

8.2 基本逻辑门电路

8.2.1 三种基本门电路

1. 与门

最简单的与门可以用二极管和电阻构成，如图 8-6 所示。

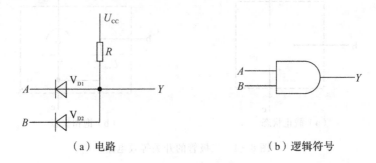

（a）电路　　　　　　　　　　　　　（b）逻辑符号

图 8-6　与门电路及逻辑符号

设 $U_{CC}=5$ V，A、B 输入端的高、低电平分别为 $U_{iH}=3$ V，$U_{iL}=0$ V，二极管 V_{D1}，V_{D2} 的正向导通压降 $U_{DF}=0.7$ V。由图可见，A、B 中只要有一个是低电平 0 V，则必有一个二极管导通，使 $Y=0.7$ V。只有 A、B 同时为高电平 3 V 时，Y 才为 3.7 V。

若规定 3 V 以上为高电平，用逻辑 1 表示，0.7 V 以下为低电平，用逻辑 0 表示，则可得如表 8-1 所示的与逻辑运算的真值表。

表 8-1　与逻辑运算的真值表

A	B	Y
0	0	0
0	1	0
1	0	0
1	1	1

2. 或门

最简单的或门也可以用二极管和电阻构成，如图 8-7 所示。

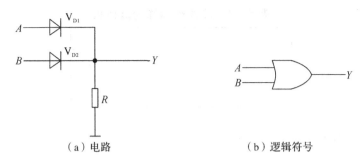

（a）电路　　　　　　　　　　（b）逻辑符号

图 8-7　或门电路及逻辑符号

设 A、B 输入端的高、低电平分别为 $U_{iH}=3\text{ V}$，$U_{iL}=0\text{ V}$，二极管 V_{D1}，V_{D2} 的正向导通压降 $U_{DF}=0.7\text{ V}$。由图可见，A、B 中只要有一个是高电平，输出 Y 就是 2.3 V。只有 A、B 同时为低电平时，输出 Y 才是 0 V。

若规定 2.3 V 以上为高电平，用逻辑 1 表示，0 V 以下为低电平，用逻辑 0 表示，则可得如表 8-2 所示的或逻辑运算的真值表。

表 8-2　或逻辑运算的真值表

A	B	Y
0	0	0
0	1	1
1	0	1
1	1	1

3. 非门

最简单的非门可以用三极管和电阻构成，如图 8-8 所示。

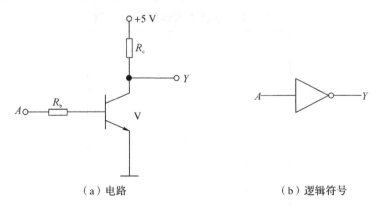

（a）电路　　　　　　　　　　（b）逻辑符号

图 8-8　非门电路及逻辑符号

当 A 端输入电压 $U_i=0\text{ V}$ 时，三极管截止，输出电压 $Y=5\text{ V}$；当 A 端输入电压 $U_i=5\text{ V}$ 时，三极管导通，输出电压 Y 为低电平。因此，非逻辑运算的真值表如表 8-3 所示。

表 8 - 3　非逻辑运算的真值表

A	Y
0	1
1	0

8.2.2　DTL 与非门

把一个电路中的所有元件，包括二极管、三极管、电阻及导线等都制作在一片半导体芯片上，封装在一个管壳内，就是集成电路。早期的简单集成与非门电路称为二极管—三极管逻辑门电路，简称 DTL 电路。DTL 与非门的电路结构如图 8-9 所示。

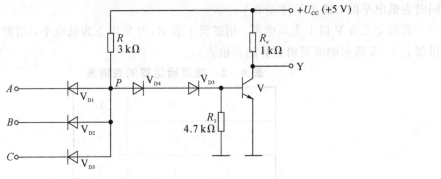

图 8 - 9　DTL 与非门电路

DTL 与非门电路的逻辑关系为：当三输入端都接高电平（即 $U_A = U_B = U_C = 5$ V 时），二极管 $V_{D1} \sim V_{D3}$ 都截止，而 V_{D4}、V_{D5} 和 V 导通。可以验证，此时三极管饱和，$Y = U_{CES} = 0.3$ V，即输出低电平；在三个输入端中只要有一个为低电平 0.3 V 时，则阴极接低电平的二极管导通，由于二极管正向导通时的钳位作用，$U_P = 1$ V，从而使 V_{D4}、V_{D5} 和 V 都截止，$Y = U_{CC} = 5$ V，即输出高电平。

可见该电路满足与非逻辑关系，即 $Y = \overline{ABC}$，逻辑真值表如表 8-4 所示。

表 8 - 4　与非逻辑运算的真值表

A	B	C	Y
0	0	0	1
0	0	1	1
0	1	0	1
0	1	1	1
1	0	0	1
1	0	1	1
1	1	0	1
1	1	1	0

与非门的逻辑符号如图 8-10 所示。

图 8-10　与非门逻辑符号

8.3　TTL 逻辑门电路

8.3.1　TTL 与非门的工作原理

图 8-11 所示为 TTL 与非门的典型电路。其输入端和输出端均为三极管结构，所以称为三极管——三极管逻辑电路(Transistor - Transistor Logic)，简称 TTL 电路。该电路中输入端为多发射极的三极管，我们可以将其看做两个发射极独立而基极和集电极分别并联在一起的三极管，如图 8-12 所示。

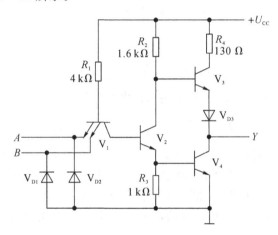

图 8-11　TTL 与非门电路

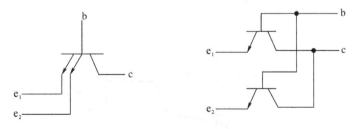

图 8-12　多发射极三极管

设电源电压 $U_{CC}=5\text{ V}$，假设输入的高、低电平分别为 $U_{iH}=3.4\text{ V}$，$U_{iL}=0.2\text{ V}$。只要 A、B 当中有一个接低电平，则 V_1 必有一个发射结导通，并将 V_1 的基极电位钳在 0.9 V（$U_{iL}=0.2\text{ V}$，$u_{BE}=0.7\text{ V}$）。这时 V_2 的发射结不会导通。由于 V_1 的集电极回路电阻是 R_2 和 V_2 的 b-c 结反向电阻之和，阻值非常大，因而 V_1 工作在深度饱和状态，使 $U_{CE}\approx0$。V_2 截止后 u_{C2} 为高电平，而 u_{E2} 为低电平，从而使 V_3 导通、V_4 截止，输出为高电平 U_{OH}。只有当 A、B 同时为高电平时，V_2 和 V_4 才同时导通，并使输出为低电平 U_{oL}。因此，Y 和 A、B 之

间为与非关系，即 $Y=\overline{AB}$。

8.3.2 TTL 与非门的外特性及有关参数

1. 输入特性

在图 8-11 给出的 TTL 与非门电路中，如果仅仅考虑输入信号是高电平和低电平而不是某一个中间值的情况，可忽略 V_2 和 V_4 的 b-c 结反向电流以及 R_3 对 V_4 基极回路的影响，将输入端的等效电路画成如图 8-13 所示的形式。

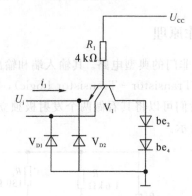

图 8-13 TTL 与非门的输入端等效电路

当 $U_{CC}=5$ V，$u_i=U_{iL}=0.2$ V 时，输入低电平电流为

$$I_{iL}=-\frac{U_{CC}-u_{BE1}-U_{iL}}{R_1}\approx-1 \text{ mA}$$

当 $u_i=U_{iH}=3.4$ V 时，V_1 管处于 $u_{BC}>0$，$u_{BE}<0$ 的状态。在这种工作状态下，相当于把原来的集电极 c_1 当作发射极使用，而把原来的发射极 e_1 当作集电极使用了。我们把晶体管的这种状态称为倒置工作状态。倒置工作状态下三极管的电流放大系数 β_i 极小（在 0.01 以下），如果近似地认为 $\beta_i=0$，则这时的输入电流只是 be 结的方向电流，所以高电平输入电流 I_{iH} 很小。

根据图 8-13 所示的等效电路可以画出输入电流随输入电压变化的曲线—输入特性曲线，如图 8-14 所示。

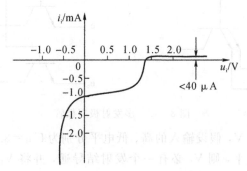

图 8-14 TTL 与非门的输入特性

2. 输出特性

1）高电平输出特性

根据前述工作原理，当 $u_o=U_{oH}$ 时，图 8-11 电路中的 V_3 和 V_{D3} 导通，V_4 截止，输出端

的等效电路可以画成图 8-15 所示的形式。由图可见，这时 V_3 工作在射极输出状态，电路的输出电阻很小。在负载电流较小的范围内，负载电流的变化对 U_{oH} 的影响很小。

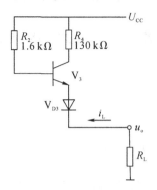

图 8-15　高电平输出等效电路

随着负载电流 i_L 绝对值的增加，R_4 上的压降也随之加大，最终将使 V_4 的 b-c 结变为正向偏置，V_4 进入饱和状态。这时 V_4 将失去射极跟随功能，因而 U_{oH} 随 i_L 绝对值的增加几乎线性地下降。图 8-16 给出了 74 系列门电路在输出为高电平时的输出特性曲线。

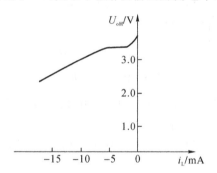

图 8-16　高电平输出特性

2）低电平输出特性

当输出为低电平时，门电路输出级的 V_4 饱和导通而 V_3 截止，输出端的等效电路如图 8-17 所示。

由于 V_4 饱和导通时 c-e 间的饱和导通内阻很小（通常在 10 Ω 以内），饱和导通压降很低（通常约 0.1 V），所以负载电流 i_L 增加时输出的低电平 U_{oL} 仅稍有升高。图 8-18 是低电平输出特性曲线。

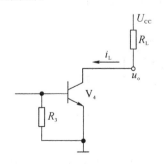

图 8-17　低电平输出等效电路

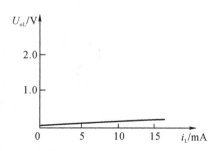

图 8-18　低电平输出特性曲线

以上以 TTL 与非门为例介绍了 TTL 门电路的外特性及有关参数，除此之外还有 CMOS 门电路，在此不再赘述，有兴趣的读者可参阅相关书籍和资料。

8.4 能 力 训 练

8.4.1 集成与门

集成与门芯片 7408 为双列直插式芯片，共 14 个引脚，其功能图如图 8 - 19 所示。

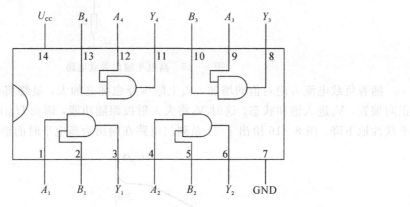

图 8 - 19 7408 功能图

7408 为 4 个 2 输入的与门芯片，其中 14 号引脚接电源，7 号引脚接地，其余引脚如图 8 - 19 所示，分别构成 4 个 2 输入的与门。

另外，还有 3 个 3 输入与门 7411、双 4 输入与门 7421 等，引脚图及功能等可查阅相关资料，这里不再一一赘述。

8.4.2 集成或门

集成或门芯片 7432 为双列直插式芯片，共 14 个引脚，其功能图如图 8 - 20 所示。

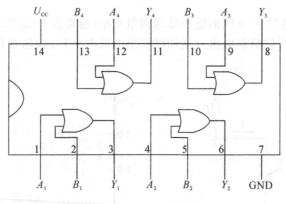

图 8 - 20 7432 功能图

7432 为 4 个 2 输入的或门芯片，其中 14 号引脚接电源，7 号引脚接地，其余引脚如图 8 - 20 所示，分别构成 4 个 2 输入的或门。

8.4.3　集成反相器

集成反相器芯片 7404 为双列直插式芯片，共 14 个引脚，其功能图如图 8-21 所示。

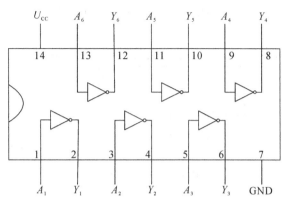

图 8-21　7404 功能图

7404 为六反相器芯片，其中 14 号引脚接电源，7 号引脚接地，其余引脚如图 8-21 所示，分别构成 6 个非门。

8.4.4　集成与非门

1. 7400

集成与非门芯片 7400 为双列直插式芯片，共 14 个引脚，其功能图如图 8-22 所示。

7400 为 4 个 2 输入的与非门芯片，其中 14 号引脚接电源，7 号引脚接地，其余引脚如图 8-22 所示，分别构成 4 个 2 输入的与非门。

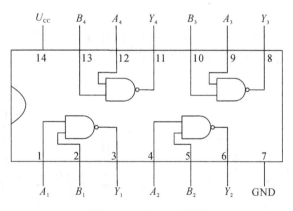

图 8-22　7400 功能图

2. 7420

集成与非门芯片 7420 为双列直插式芯片，共 14 个引脚，其功能图如图 8-23 所示。

7420 为双 4 输入与非门芯片，其中 14 号引脚接电源，7 号引脚接地，其余引脚如图 8-23 所示，分别构成 2 个 4 输入的与非门。

另外，还有 3 个 3 输入与非门 7410、8 输入与非门 7430 等，引脚图及功能等可查阅相关资料，这里不再一一赘述。

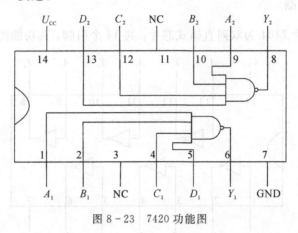

图 8-23　7420 功能图

习　题

[题 8.1]　试画出图 8-24 中各个门电路输出端的电压波形。输入端 A、B 的电压波形如图中所示。

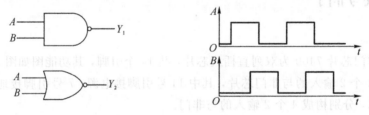

图 8-24　[题 8.1]图

[题 8.2]　在图 8-25(a)、(b)所示电路中，试计算当输入分别接 0 V、5 V 和悬空时输出电压 u_o 的数值，并指出三极管工作在什么状态。假定三极管导通以后 $u_{BE} \approx 0.7$ V，电路参数如图中所注。

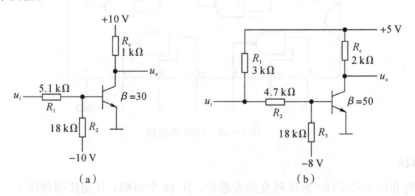

图 8-25　[题 8.2]图

[题 8.3]　指出图 8-26 中各门电路的输出是什么状态(高电平、低电平或高阻态)。

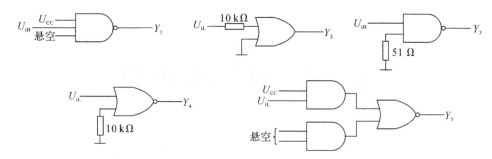

图 8-26　[题 8.3]图

[题 8.4]　试分析图 8-27 中各电路的逻辑功能，写出输出的逻辑表达式。

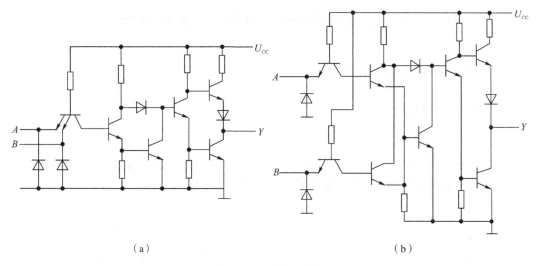

（a）　　　　　　　　　　　　　　（b）

图 8-27　[题 8.4]图

[题 8.5]　在图 8-28 中由 74 系列 TTL 与非门组成的电路中，门 G_M 能驱动多少同样的与非门？要求 G_M 输出的高、低电平满足 $U_{oH} \geq 3.2 \text{ V}$，$U_{oL} \leq 0.4 \text{ V}$，与非门的输入电流为 $I_{iL} \leq -1.6 \text{ mA}$，$I_{iH} \leq 40 \text{ } \mu\text{A}$。$U_{oL} \leq 0.4 \text{ V}$ 时输出电流最大值为 $I_{oL(max)} = 16 \text{ mA}$，$U_{oH} \geq 3.2 \text{ V}$ 时输出电流最大值为 $I_{oH(max)} = -0.4 \text{ mA}$。$G_M$ 的输出电阻可忽略不计。

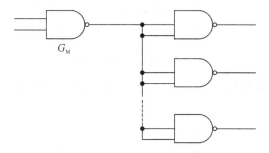

图 8-28　[题 8.5]图

第9章　组合逻辑电路

本章首先讲述组合逻辑电路的一般分析方法和设计方法，然后重点介绍常用的组合逻辑电路的基本功能、工作原理及使用方法，并简要介绍了竞争—冒险现象及其消除方法，最后通过能力训练对常用的组合逻辑电路芯片的使用方法进行说明。

9.1　组合逻辑电路的分析方法和设计方法

9.1.1　组合逻辑电路的基本概念

1. 组合逻辑电路的定义与特点

1) 定义

组合逻辑电路是指在任何时刻的输出状态只取决于这一时刻的输入状态，而与电路的原来状态无关的电路。例如，电子密码锁等就采用了组合逻辑电路。

2) 特点

(1) 结构特点：由逻辑门电路组成，没有记忆单元，没有从输出反馈到输入的回路。

(2) 功能特点：从逻辑功能上看，在任何时刻，电路的输出状态仅仅取决于该时刻的输入状态，而与电路前一时刻的状态无关。

2. 逻辑功能的描述

对于任何一个多输入、多输出的组合逻辑电路，都可用图 9-1 所示的框图表示。

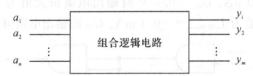

图 9-1　组合逻辑电路的框图

a_1，a_2，$\cdots$，a_n 表示输入变量，y_1，y_2，$\cdots$，y_m 表示输出变量，输入与输出之间的逻辑关系可以用一组逻辑函数表示：

$$\begin{cases} y_1 = f_1(a_1,\ a_2,\ \cdots,\ a_n) \\ y_2 = f_2(a_1,\ a_2,\ \cdots,\ a_n) \\ \quad\vdots \\ y_m = f_m(a_1,\ a_2,\ \cdots,\ a_n) \end{cases}$$

也可写成：

$$Y = F(A)$$

组合逻辑电路与电路原来的状态无关，故电路中不包含存储单元。

9.1.2　组合逻辑电路的分析方法

所谓组合逻辑电路的分析，就是根据给定的逻辑电路图，求出电路的逻辑功能。其主要步骤如下：

（1）根据已知逻辑电路，写出逻辑表达式并化简。

（2）由逻辑表达式列出逻辑真值表。

（3）用文字叙述该真值表描述的逻辑功能。

【例 9 - 1】 试分析图 9 - 2 所示电路的逻辑功能。

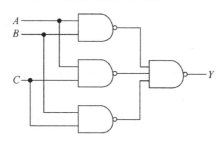

图 9 - 2　例 9 - 1 逻辑电路图

解　第一步，根据已知电路，可以得出输出 Y 的逻辑表达式为

$$Y = \overline{\overline{AB} \cdot \overline{BC} \cdot \overline{AC}}$$

化简得

$$Y = \overline{\overline{AB} \cdot \overline{BC} \cdot \overline{AC}} = AB + BC + AC$$

第二步，列出真值表，如表 9 - 1 所示。

表 9 - 1　例 9 - 1 真值表

A	B	C	Y	A	B	C	Y
0	0	0	0	1	0	0	0
0	0	1	0	1	0	1	1
0	1	0	0	1	1	0	1
0	1	1	1	1	1	1	1

第三步，确定电路的逻辑功能。

由真值表可知，三个变量输入 A、B、C，只有两个及两个以上变量取值为 1 时，输出才为 1。可见电路可实现多数表决逻辑功能。

【例 9 - 2】 分析图 9 - 3 所示电路的逻辑功能。

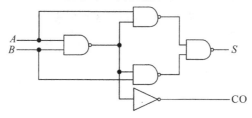

图 9 - 3　例 9 - 2 逻辑电路图

解 第一步，根据电路图写出逻辑表达式：

$$S=\overline{\overline{A\cdot\overline{AB}}\cdot\overline{B\cdot\overline{AB}}}\qquad CO=\overline{\overline{AB}}$$

化简得

$$S=\overline{\overline{A\cdot\overline{AB}}\cdot\overline{B\cdot\overline{AB}}}=A\cdot\overline{AB}+B\cdot\overline{AB}=A(\overline{A}+\overline{B})+B(\overline{A}+\overline{B})=A\overline{B}+\overline{A}B=A\oplus B$$

$$CO=\overline{\overline{AB}}=AB$$

第二步，列出其真值表，如表 9-2 所示。

表 9-2 例 9-2 真值表

A	B	S	CO
0	0	0	0
0	1	1	0
1	0	1	0
1	1	0	1

第三步，确定电路的逻辑功能。

该电路实现两个一位二进制数相加的功能。S 是它们的和，CO 是向高位的进位。

9.1.3 组合逻辑电路的设计方法

与分析过程相反，组合逻辑电路的设计是根据给定的实际逻辑问题，求出实现其逻辑功能的最简单的逻辑电路。

所谓"最简"，是指电路所用的器件数、器件种类最少，而且器件之间的连线也最少。

组合逻辑电路的设计步骤如下：

(1) 分析设计要求，列出真值表。

(2) 把真值表转换为逻辑函数式并化简。

(3) 选定器件类型，并对化简后的逻辑函数式进行变换。

(4) 根据逻辑函数式画出逻辑电路图。

【例 9-3】 一火灾报警系统，设有烟感、温感和紫外光感三种类型的火灾探测器。为了防止误报，只有当其中有两种或两种以上类型的探测器发出火灾检测信号时，报警系统才会产生报警控制信号。设计一个产生报警控制信号的电路。

解 第一步，分析设计要求，设输入、输出逻辑变量并赋值，列真值表。

输入变量：烟感 A，温感 B，紫外光感 C；

输出变量：报警控制信号 Y；

逻辑赋值：用 1 表示肯定，0 表示否定。

根据题意可知真值表如表 9-3 所示。

表 9-3 例 9-3 真值表

A	B	C	Y	A	B	C	Y
0	0	0	0	1	0	0	0
0	0	1	0	1	0	1	1
0	1	0	0	1	1	0	1
0	1	1	1	1	1	1	1

第二步，由真值表写出逻辑表达式，并化简，图 9-4 为所对应的卡诺图。

$$Y=AB+AC+BC$$

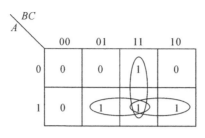

图 9-4　例 9-3 卡诺图

第三步，若要求用与非门实现电路，两次求反将表达式进行变换（如图 9-5 所示）：

$$Y=\overline{\overline{AB+AC+BC}}=\overline{\overline{AB}\cdot\overline{AC}\cdot\overline{BC}}$$

第四步，画出逻辑电路图，如图 9-6 所示。

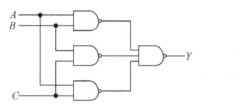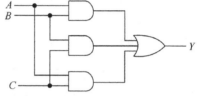

图 9-5　例 9-3 与非门逻辑电路图　　　　图 9-6　例 9-3 逻辑电路图

【例 9-4】　图 9-7 为一交通信号灯，设计一个针对信号灯工作状态的逻辑电路。要求每一组信号灯均由红、黄、绿三盏灯组成。正常工作情况下，任何时刻必有一盏灯点亮，而且只允许有一盏灯点亮。而当出现其余五种状态时，电路发生故障报警，提醒维护人员前去修理。

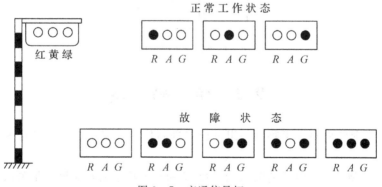

图 9-7　交通信号灯

解　第一步，分析设计要求，设输入、输出逻辑变量并赋值，写出真值表。

设红、黄、绿三盏灯的状态为输入变量，分别用 R、A、G 表示，并规定灯亮为 1，不亮为 0；取故障信号为输出变量，以 Y 表示，并规定正常工作状态下 Y 为 0，发生故障时 Y 为 1。

根据题意可知真值表如表 9-4 所示。

表 9-4　例 9-4 真值表

A	B	C		Y
0	0	0		1
0	0	1		0
0	1	0		0
0	1	1		1
1	0	0		0
1	0	1		1
1	1	0		1
1	1	1		1

第二步，写出逻辑函数式，并化简：

$$Y=\overline{R}\,\overline{A}\,\overline{G}+\overline{R}AG+R\,\overline{A}\,\overline{G}+RA\,\overline{G}+RAG=RA+RG+AG+\overline{R}\,\overline{A}\,\overline{G}$$

第三步，画出逻辑电路图，如图 9-8 所示。

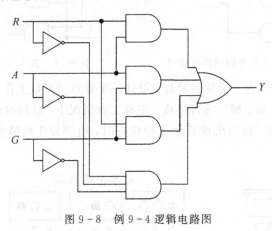

图 9-8　例 9-4 逻辑电路图

9.2　编　码　器

所谓编码，是指将每个事物用一组 n 位二进制代码来表示。能够完成编码功能的电路称为编码器。

根据编码的概念，编码器的输入端子数 N 和输出端子数 n 应该满足关系式：$N\leqslant 2^n$。目前经常使用的编码器有普通编码器和优先编码器两种。

9.2.1　普通编码器

一般规定：在任何时刻只允许输入一个编码信号，其余输入端无信号输入，否则会发生输出混乱。这使其应用受到了较大的限制。

以 3 位二进制普通编码器为例，输入为 $I_0\sim I_7$ 八个高电平信号，输出为 3 位二进制代

码 $Y_2 Y_1 Y_0$，又称为 8 线—3 线(8/3)编码器。图 9-9 为其编码器示意图，其输出与输入的对应关系如表 9-5 所示。

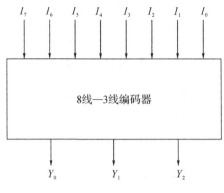

图 9-9　8 线—3 线编码器

表 9-5　8 线—3 线编码器真值表

输　　入								输　　出		
I_0	I_1	I_2	I_3	I_4	I_5	I_6	I_7	Y_2	Y_1	Y_0
1	0	0	0	0	0	0	0	0	0	0
0	1	0	0	0	0	0	0	0	0	1
0	0	1	0	0	0	0	0	0	1	0
0	0	0	1	0	0	0	0	0	1	1
0	0	0	0	1	0	0	0	1	0	0
0	0	0	0	0	1	0	0	1	0	1
0	0	0	0	0	0	1	0	1	1	0
0	0	0	0	0	0	0	1	1	1	1

由真值表 9-5 写出对应的逻辑表达式：

$$Y_2 = \overline{I_7}\,\overline{I_6}\,\overline{I_5}\,I_4\,\overline{I_3}\,\overline{I_2}\,\overline{I_1}\,\overline{I_0} + \overline{I_7}\,\overline{I_6}\,I_5\,\overline{I_4}\,\overline{I_3}\,\overline{I_2}\,\overline{I_1}\,\overline{I_0} + \overline{I_7}\,I_6\,\overline{I_5}\,\overline{I_4}\,\overline{I_3}\,\overline{I_2}\,\overline{I_1}\,\overline{I_0} + I_7\,\overline{I_6}\,\overline{I_5}\,\overline{I_4}\,\overline{I_3}\,\overline{I_2}\,\overline{I_1}\,\overline{I_0}$$

$$Y_1 = \overline{I_7}\,\overline{I_6}\,\overline{I_5}\,\overline{I_4}\,\overline{I_3}\,I_2\,\overline{I_1}\,\overline{I_0} + \overline{I_7}\,\overline{I_6}\,\overline{I_5}\,\overline{I_4}\,I_3\,\overline{I_2}\,\overline{I_1}\,\overline{I_0} + \overline{I_7}\,I_6\,\overline{I_5}\,\overline{I_4}\,\overline{I_3}\,\overline{I_2}\,\overline{I_1}\,\overline{I_0} + I_7\,\overline{I_6}\,\overline{I_5}\,\overline{I_4}\,\overline{I_3}\,\overline{I_2}\,\overline{I_1}\,\overline{I_0}$$

$$Y_0 = \overline{I_7}\,\overline{I_6}\,\overline{I_5}\,\overline{I_4}\,\overline{I_3}\,\overline{I_2}\,I_1\,\overline{I_0} + \overline{I_7}\,\overline{I_6}\,\overline{I_5}\,\overline{I_4}\,I_3\,\overline{I_2}\,\overline{I_1}\,\overline{I_0} + \overline{I_7}\,\overline{I_6}\,I_5\,\overline{I_4}\,\overline{I_3}\,\overline{I_2}\,\overline{I_1}\,\overline{I_0} + I_7\,\overline{I_6}\,\overline{I_5}\,\overline{I_4}\,\overline{I_3}\,\overline{I_2}\,\overline{I_1}\,\overline{I_0}$$

在 8 变量真值表中，只有上述 8 种情况对应取值，其余 248 个状态所对应的最小项均为约束项，利用约束项化简，得

$$Y_2 = I_4 + I_5 + I_6 + I_7$$

$$Y_1 = I_2 + I_3 + I_6 + I_7$$

$$Y_0 = I_1 + I_3 + I_5 + I_7$$

根据该最简表达式可得到逻辑电路图，如图 9-10 所示。

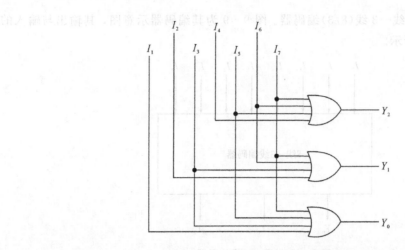

图 9-10 8 线—3 线编码器逻辑电路图

9.2.2 优先编码器

能够识别输入信号的优先级别，并进行编码的逻辑电路称为优先编码器。

优先编码器允许同时输入两个以上的编码信号；当几个输入信号同时出现时，只对其中优先权最高的一个进行编码。

8 线—3 线优先编码器的逻辑电路图如图 9-11 所示。

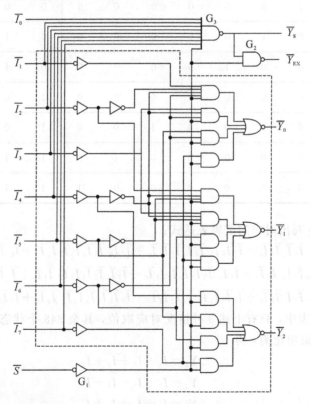

图 9-11 8 线—3 线优先编码器的逻辑电路图

如果不考虑由门 G_1、G_2、G_3 构成的附加控制电路，则编码器电路只有图中虚线框以内的这一部分。$\overline{S}$ 为选通输入端，低电平有效；$\overline{Y_{EX}}$ 为扩展端，其低电平输出信号表示"电路工作且有编码输入"；$\overline{Y_S}$ 为选通输出端，其低电平输出信号表示"电路工作，但无编码输入"。

由图 9-11 可写出优先编码器的逻辑表达式：

$$\overline{Y_2} = \overline{(I_7 + I_6 + I_5 + I_4)S}$$

$$\overline{Y_1} = \overline{(I_7 + I_6 + I_5\,\overline{I_4}\,\overline{I_3} + I_2\,\overline{I_4}\,\overline{I_5})S}$$

$$\overline{Y_0} = \overline{(I_7 + \overline{I_6}I_5 + I_3\,\overline{I_4}\,\overline{I_6} + I_1 I_2\,\overline{I_4}\,\overline{I_6})S}$$

$$\overline{Y_S} = \overline{\overline{I_7}\,\overline{I_6}\,\overline{I_5}\,\overline{I_4}\,\overline{I_3}\,\overline{I_2}\,\overline{I_1}\,\overline{I_0}S}$$

$$Y'_{EX} = \overline{\overline{\overline{I_7}\,\overline{I_6}\,\overline{I_5}\,\overline{I_4}\,\overline{I_3}\,\overline{I_2}\,\overline{I_1}\,\overline{I_0}S} \cdot S} = \overline{(I_7 + I_6 + I_5 + I_4 + I_3 + I_2 + I_1 + I_0)S}$$

根据逻辑表达式，可得到 8 线—3 线优先编码器的逻辑真值表如表 9-6 所示。

表 9-6　8 线—3 线优先编码器的逻辑真值表

输　　入									输　　出				
$\overline{S}$	$\overline{I_0}$	$\overline{I_1}$	$\overline{I_2}$	$\overline{I_3}$	$\overline{I_4}$	$\overline{I_5}$	$\overline{I_6}$	$\overline{I_7}$	$\overline{Y_2}$	$\overline{Y_1}$	$\overline{Y_0}$	$\overline{Y_S}$	$\overline{Y_{EX}}$
1	×	×	×	×	×	×	×	×	1	1	1	1	1
0	1	1	1	1	1	1	1	1	1	1	1	0	1
0	×	×	×	×	×	×	×	0	0	0	0	1	0
0	×	×	×	×	×	×	0	1	0	0	1	1	0
0	×	×	×	×	×	0	1	1	0	1	0	1	0
0	×	×	×	×	0	1	1	1	0	1	1	1	0
0	×	×	×	0	1	1	1	1	1	0	0	1	0
0	×	×	0	1	1	1	1	1	1	0	1	1	0
0	×	0	1	1	1	1	1	1	1	1	0	1	0
0	0	1	1	1	1	1	1	1	1	1	1	1	0

【例 9-5】　试用两片 74HC148 接成 16 线—4 线优先编码器。将 $\overline{A_0} \sim \overline{A_{15}}$ 16 个低电平输入信号编为 0000～1111 四位二进制代码，其中 $\overline{A_{15}}$ 的优先权最高，$\overline{A_0}$ 的优先权最低。

解　由于每片 74HC148 只有 8 个编码输入，所以需将 16 个输入信号分别接到两片上。

现将 $\overline{A_{15}} \sim \overline{A_8}$ 8 个优先权高的输入信号接到第 1 片的 $\overline{I_7} \sim \overline{I_0}$ 输入端，将 $\overline{A_7} \sim \overline{A_0}$ 8 个优先权较低的输入信号接到第 2 片的 $\overline{I_7} \sim \overline{I_0}$ 输入端。按照优先顺序的要求，只有 $\overline{A_{15}} \sim \overline{A_8}$ 均无输入信号时，才允许对 $\overline{A_7} \sim \overline{A_0}$ 的输入信号编码，因此将第 1 片的选通输出端 $\overline{Y_S}$ 作为第二片的选通输入信号 $\overline{S}$ 即可。

当第 1 片有编码信号输入时，它的 $\overline{Y_{EX}} = 0$，无编码信号输入时，$\overline{Y_{EX}} = 1$，可用其作为输出编码的第四位，以区分 8 个高优先权输入信号和 8 个低优先权输入信号的编码。另外 3 个输出为两片输出 $\overline{Y_2}$、$\overline{Y_1}$、$\overline{Y_0}$ 的逻辑或。最终获得的 16 线—4 线优先编码器如图 9-12 所示。

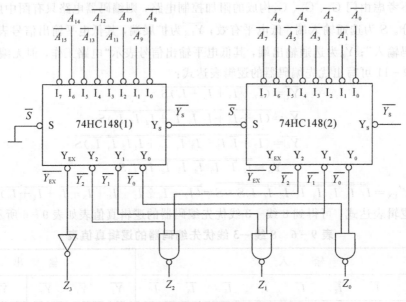

图 9 - 12 16 线—4 线优先编码器

【例 9 - 6】 某医院有一、二、三、四号病室 4 间,每室设有呼叫按钮,同时在护士值班室内对应地装有一号、二号、三号、四号 4 个指示灯。现要求一号病室具有最高优先权,四号病室为最低,即一号病室的按钮按下时,无论其他病室的按钮是否按下,只有一号灯亮;只有在一、二、三号病室的按钮均未按下时,四号灯才亮。试用优先编码器 74HC148 和门电路设计满足上述控制要求的逻辑电路,给出控制四个指示灯状态的高低电平。

解 若以 $\overline{A_1}$、$\overline{A_2}$、$\overline{A_3}$、$\overline{A_4}$ 的低电平分别表示一、二、三、四号病室按下按钮时给出的信号,将它们接到 74HC148 的 $\overline{I_3}$、$\overline{I_2}$、$\overline{I_1}$、$\overline{I_0}$ 输入端后,便在 74HC148 的输出端 $\overline{Y_2}$、$\overline{Y_1}$、$\overline{Y_0}$ 得到了对应的输出编码。

若以 Z_1、Z_2、Z_3、Z_4 分别表示一、二、三、四号灯的点亮信号,还需将 74HC148 输出的代码译成 Z_1、Z_2、Z_3、Z_4 对应的输出高电平信号,可得真值表 9 - 7。

表 9 - 7 例 9 - 6 真值表

$\overline{A_1}$	$\overline{A_2}$	$\overline{A_3}$	$\overline{A_4}$	$\overline{Y_2}$	$\overline{Y_1}$	$\overline{Y_0}$	Z_1	Z_2	Z_3	Z_4
0	×	×	×	1	0	0	1	0	0	0
1	0	×	×	1	0	1	0	1	0	0
1	1	0	×	1	1	0	0	0	1	0
1	1	1	0	1	1	1	0	0	0	1

由真值表 9 - 7 可写出逻辑表达式:

$$Z_1 = \overline{Y_2} Y_1 Y_0$$

$$Z_2 = \overline{Y_2} Y_1 \overline{Y_0}$$

$$Z_3 = \overline{Y_2} \ \overline{Y_1} Y_0$$

$$Z_4 = \overline{Y_2} \; \overline{Y_1} \; \overline{Y_0}$$

画出其逻辑电路图,如图 9 - 13 所示。

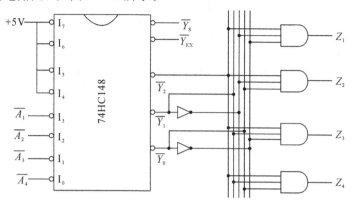

图 9 - 13　例 9 - 6 逻辑电路图

9.3　译码器和数据分配器

译码是编码的逆过程,将输入的每个二进制代码赋予的含义"翻译"过来,得到相应的高低电平信号。

具有译码功能的逻辑部件称为译码器。

常用的译码器有二进制译码器、二—十进制译码器和显示译码器三类。

9.3.1　译码器的工作原理

1. 二进制译码器

二进制译码器的输入是一组二进制代码,输出是一组与输入代码一一对应的高、低电平信号。

1) 2 线—4 线译码器

采用门电路构成的 2 线—4 线译码器如图 9 - 14 所示。

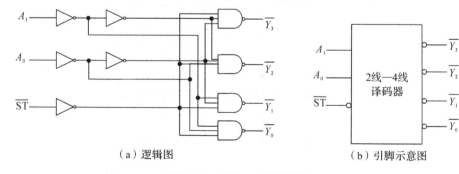

（a）逻辑图　　　　　　　　　　（b）引脚示意图

图 9 - 14　2 线—4 线译码器

根据逻辑电路图,可写出其输出表达式为

$$\overline{Y_3} = \overline{A_1 A_0 \overline{\overline{ST}}}$$

$$\overline{Y_2} = \overline{A_1 \ \overline{A_0} \ \overline{\overline{ST}}}$$

$$\overline{Y_1} = \overline{\overline{A_1} A_0 \ \overline{\overline{ST}}}$$

$$\overline{Y_0} = \overline{\overline{A_1} \ \overline{A_0} \ \overline{\overline{ST}}}$$

由输出表达式列其真值表如表9-8所示。

表 9-8 2 线—4 线译码器真值表

$\overline{ST}$	A_1	A_0	$\overline{Y_3}$	$\overline{Y_2}$	$\overline{Y_1}$	$\overline{Y_0}$
1	$\times$	$\times$	1	1	1	1
0	0	0	1	1	1	0
0	0	1	1	1	0	1
0	1	0	1	0	1	1
0	1	1	0	1	1	1

由真值表9-8可见，在选通端$\overline{ST}$（低电平有效）为0时，对应译码地址输入端A_1、A_0的每一组代码输入，都能译成在对应输出端输出低电平0。所以选通端$\overline{ST}$低电平有效。

2）3 线—8 线译码器

采用门电路构成的 3 线—8 线译码器的逻辑电路图如图 9-15 所示。

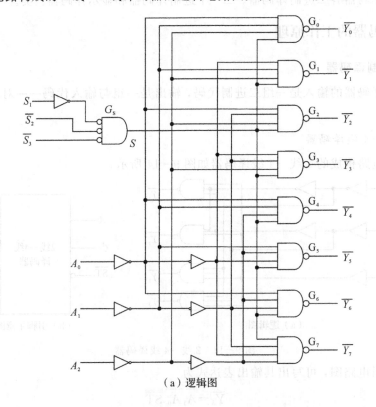

（a）逻辑图

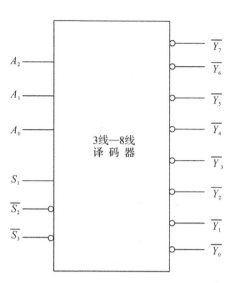

（b）引脚示意图

图 9 - 15　3 线—8 线译码器

当门电路 G_s 的输出为高电平($S=1$)时，可写出其逻辑表达式如下：

$$\overline{Y_0} = \overline{\overline{A_2}\ \overline{A_1}\ \overline{A_0}} = \overline{m_0}$$

$$\overline{Y_1} = \overline{\overline{A_2}\ \overline{A_1} A_0} = \overline{m_1}$$

$$\overline{Y_2} = \overline{\overline{A_2} A_1 \overline{A_0}} = \overline{m_2}$$

$$\overline{Y_3} = \overline{\overline{A_2} A_1 A_0} = \overline{m_3}$$

$$\overline{Y_4} = \overline{A_2\ \overline{A_1}\ \overline{A_0}} = \overline{m_4}$$

$$\overline{Y_5} = \overline{A_2\ \overline{A_1} A_0} = \overline{m_5}$$

$$\overline{Y_6} = \overline{A_2 A_1\ \overline{A_0}} = \overline{m_6}$$

$$\overline{Y_7} = \overline{A_2 A_1 A_0} = \overline{m_7}$$

该译码器又称为最小项译码器。其逻辑功能表如表 9 - 9 所示。

该 3 线—8 线译码器有 3 个附加的控制端 S_1、$\overline{S_2}$、$\overline{S_3}$。当 $S_1 = 1$，$\overline{S_2} + \overline{S_3} = 0$ 时，G_S 输出为高电平($S=1$)，译码器处于工作状态；否则，译码器被禁止，所有的输出被锁在高电平。

表 9 - 9　最小项译码器逻辑功能表

输　　入					输　　出							
S_1	$\overline{S_2}+\overline{S_3}$	A_2	A_1	A_0	$\overline{Y_0}$	$\overline{Y_1}$	$\overline{Y_2}$	$\overline{Y_3}$	$\overline{Y_4}$	$\overline{Y_5}$	$\overline{Y_6}$	$\overline{Y_7}$
0	×	×	×	×	1	1	1	1	1	1	1	1
×	1	×	×	×	1	1	1	1	1	1	1	1
1	0	0	0	0	0	1	1	1	1	1	1	1

续表

输入					输出							
S_1	$\overline{S_2}+\overline{S_3}$	A_2	A_1	A_0	$\overline{Y_0}$	$\overline{Y_1}$	$\overline{Y_2}$	$\overline{Y_3}$	$\overline{Y_4}$	$\overline{Y_5}$	$\overline{Y_6}$	$\overline{Y_7}$
1	0	0	0	1	1	0	1	1	1	1	1	1
1	0	0	1	0	1	1	0	1	1	1	1	1
1	0	0	1	1	1	1	1	0	1	1	1	1
1	0	1	0	0	1	1	1	1	0	1	1	1
1	0	1	0	1	1	1	1	1	1	0	1	1
1	0	1	1	0	1	1	1	1	1	1	0	1
1	0	1	1	1	1	1	1	1	1	1	1	0

这 3 个控制端也称为"片选"输入端,利用片选的作用可将多片连接起来以扩展译码器的功能。

【例 9-7】 试用两片 3 线—8 线译码器 74HC138 组成 4 线—16 线译码器,然后将输入的 4 位二进制代码 $D_3D_2D_1D_0$ 译成 16 个输出端独立的低电平信号 $\overline{Z_0} \sim \overline{Z_{15}}$ 输出。

解 74HC138 仅有 3 个地址输入端 $A_2A_1A_0$,如果要对 4 位二进制代码译码,只能利用一个附加控制端(从 S_1、$\overline{S_2}$、$\overline{S_3}$ 中选)作为第四个地址输入端。

取第 1 片的 $\overline{S_2}$ 和 $\overline{S_3}$ 作为它的第四个输入端(同时令 $S_1=1$),取第 2 片的 S_1 作为它的第四个输入端(同时令 $\overline{S_2}=\overline{S_3}=0$),取两片的 $A_2=D_2$,$A_1=D_1$,$A_0=D_0$,并将第 1 片的 $\overline{S_2}$ 和 $\overline{S_3}$ 接 D_3,将第 2 片的 S_1 接 D_3,如图 9-16 所示。

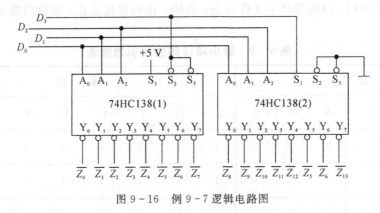

图 9-16 例 9-7 逻辑电路图

当 $D_3=0$ 时,第 1 片 74HC138 工作而第 2 片 74HC138 禁止。第 1 片将 $D_3D_2D_1D_0$ 的

$0000 \sim 0111$ 这 8 个代码译成 $\overline{Z_0} \sim \overline{Z_7}$ 8 个低电平信号。

当 $D_3 = 1$ 时，第 1 片 74HC138 禁止而第 2 片 74HC138 工作。第 2 片将 $D_3 D_2 D_1 D_0$ 的 $1000 \sim 1111$ 这 8 个代码译成 $\overline{Z_8} \sim \overline{Z_{15}}$ 8 个低电平信号。

【例 9-8】 利用 74HC138 设计一个多输出的组合逻辑电路，输出逻辑函数式为

$$Z_1 = A\overline{C} + \overline{A}BC + A\overline{B}C$$

$$Z_2 = BC + \overline{A}\,\overline{B}C$$

$$Z_3 = \overline{A}B + A\overline{B}C$$

$$Z_4 = \overline{A}B\overline{C} + \overline{B}\,\overline{C} + ABC$$

解 将逻辑函数式化为最小项之和的形式：

$$Z_1 = A\overline{C} + \overline{A}BC + A\overline{B}C = \sum m(3, 4, 5, 6)$$

$$Z_2 = BC + \overline{A}\,\overline{B}C = \sum m(1, 3, 7)$$

$$Z_3 = \overline{A}B + A\overline{B}C = \sum m(2, 3, 5)$$

$$Z_4 = \overline{A}B\overline{C} + \overline{B}\,\overline{C} + ABC = \sum m(0, 2, 4, 7)$$

为了与 74HC138 的输出形式相一致，再进一步将 $Z_1 \sim Z_4$ 进行变换：

$$Z_1 = \sum m(3, 4, 5, 6) = \overline{\overline{m_3}\,\overline{m_4}\,\overline{m_5}\,\overline{m_6}}$$

$$Z_2 = \sum m(1, 3, 7) = \overline{\overline{m_1}\,\overline{m_3}\,\overline{m_7}}$$

$$Z_3 = \sum m(2, 3, 5) = \overline{\overline{m_2}\,\overline{m_3}\,\overline{m_5}}$$

$$Z_4 = \sum m(0, 2, 4, 7) = \overline{\overline{m_0}\,\overline{m_2}\,\overline{m_4}\,\overline{m_7}}$$

在 74HC138 的输出端附加 4 个与非门，即可得到 $Z_1 \sim Z_4$ 的逻辑电路，如图 9-17 所示。

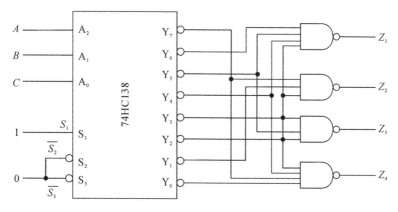

图 9-17　例 9-8 逻辑电路图

2. 二—十进制译码器（码制变换译码器）

二—十进制译码器的逻辑功能是将 BCD 码的 10 个代码译成 10 个高低电平输出信号，又称 4 线—10 线译码器，如图 9-18 所示。

$$\overline{Y_0} = \overline{\overline{A_3}\,\overline{A_2}\,\overline{A_1}\,\overline{A_0}} \qquad \overline{Y_1} = \overline{\overline{A_3}\,\overline{A_2}\,\overline{A_1}A_0}$$

$$\overline{Y_2}=\overline{\overline{A_3}\,\overline{A_2}A_1\overline{A_0}} \qquad \overline{Y_3}=\overline{\overline{A_3}\,\overline{A_2}A_1A_0}$$

$$\overline{Y_4}=\overline{\overline{A_3}A_2\overline{A_1}\,\overline{A_0}} \qquad \overline{Y_5}=\overline{\overline{A_3}A_2\overline{A_1}A_0}$$

$$\overline{Y_6}=\overline{\overline{A_3}A_2A_1\overline{A_0}} \qquad \overline{Y_7}=\overline{\overline{A_3}A_2A_1A_0}$$

$$\overline{Y_8}=\overline{A_3\overline{A_2}\,\overline{A_1}\,\overline{A_0}} \qquad \overline{Y_9}=\overline{A_3\,\overline{A_2}\,\overline{A_1}A_0}$$

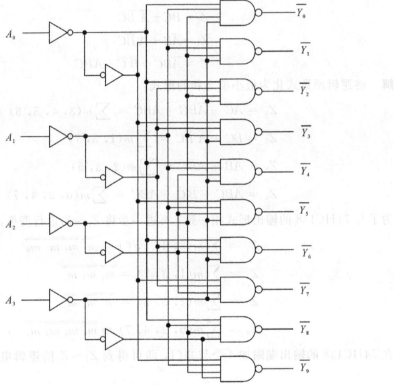

（a）逻辑图

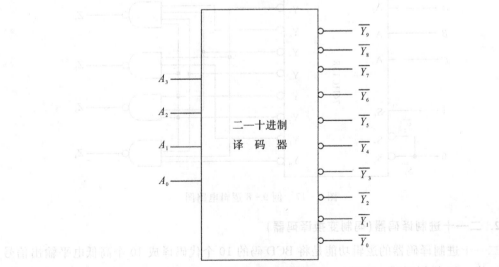

（b）引脚示意图

图 9-18　4 线—10 线译码器

根据该逻辑表达式，可写出真值表如表 9-10 所示。

表 9-10 4线—10线译码器逻辑功能表

序号	输入				输出									
	A_3	A_2	A_1	A_0	$\overline{Y_0}$	$\overline{Y_1}$	$\overline{Y_2}$	$\overline{Y_3}$	$\overline{Y_4}$	$\overline{Y_5}$	$\overline{Y_6}$	$\overline{Y_7}$	$\overline{Y_8}$	$\overline{Y_9}$
0	0	0	0	0	0	1	1	1	1	1	1	1	1	1
1	0	0	0	1	1	0	1	1	1	1	1	1	1	1
2	0	0	1	0	1	1	0	1	1	1	1	1	1	1
3	0	0	1	1	1	1	1	0	1	1	1	1	1	1
4	0	1	0	0	1	1	1	1	0	1	1	1	1	1
5	0	1	0	1	1	1	1	1	1	0	1	1	1	1
6	0	1	1	0	1	1	1	1	1	1	0	1	1	1
7	0	1	1	1	1	1	1	1	1	1	1	0	1	1
8	1	0	0	0	1	1	1	1	1	1	1	1	0	1
9	1	0	0	1	1	1	1	1	1	1	1	1	1	0
伪码	1	0	1	0	1	1	1	1	1	1	1	1	1	1
	1	0	1	1	1	1	1	1	1	1	1	1	1	1
	1	1	0	0	1	1	1	1	1	1	1	1	1	1
	1	1	0	1	1	1	1	1	1	1	1	1	1	1
	1	1	1	0	1	1	1	1	1	1	1	1	1	1
	1	1	1	1	1	1	1	1	1	1	1	1	1	1

对 BCD 码以外的伪码(1010～1111 六个代码)，$\overline{Y_0}$～$\overline{Y_9}$ 均无低电平信号产生，译码器拒绝翻译。

3. 显示译码器

1) 七段字符显示器

这种字符显示器由七段可发光的数码管拼合而成。常见的七段字符显示器有半导体数码管和液晶显示器两种。

半导体数码管的每个线段都是一个发光二极管(LED)，又称 LED 数码管或 LED 七段显示器，如图 9-19 所示。

同一规格的数码管一般都有共阴极和共阳极两种类型。共阴极数码管 8 个发光二极管的阴极连在一起，用高电平驱动；共阳极数码管 8 个发光二极管的阳极连在一起，用低电平驱动。

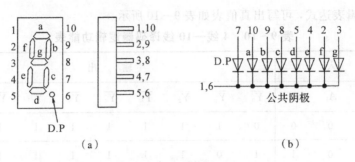

图 9-19 半导体数码管

2）七段显示译码器

显示译码器将输入的 BCD 代码转换成十进制数码对应的各段的驱动信号。

以 A_3、A_2、A_1、A_0 表示显示译码器输入的 BCD 代码，以 $Y_a \sim Y_g$ 表示输出的 7 位二进制代码，并规定 1 表示数码管中线段点亮，0 表示线段熄灭，可得到真值表 9-11。

表 9-11 七段显示译码器真值表

数字	输入				输出							显示数码
	A_3	A_2	A_1	A_0	Y_a	Y_b	Y_c	Y_d	Y_e	Y_f	Y_g	
0	0	0	0	0	1	1	1	1	1	1	0	0
1	0	0	0	1	0	1	1	0	0	0	0	1
2	0	0	1	0	1	1	0	1	1	0	1	2
3	0	0	1	1	1	1	1	1	0	0	1	3
4	0	1	0	0	0	1	1	0	0	1	1	4
5	0	1	0	1	1	0	1	1	0	1	1	5
6	0	1	1	0	0	0	1	1	1	1	1	6
7	0	1	1	1	1	1	1	0	0	0	0	7
8	1	0	0	0	1	1	1	1	1	1	1	8
9	1	0	0	1	1	1	1	0	0	1	1	9
10	1	0	1	0	0	0	0	1	1	0	1	⊏
11	1	0	1	1	0	0	1	1	1	0	1	⊐
12	1	1	0	0	0	1	0	0	0	1	1	⊏
13	1	1	0	1	1	0	0	1	0	1	1	⊔
14	1	1	1	0	0	0	0	1	1	1	1	⊏
15	1	1	1	1	0	0	0	0	0	0	0	

利用卡诺图化简，可得

$$Y_a = \overline{\overline{A_3}\ \overline{A_2}\ \overline{A_1}A_0 + A_3A_1 + A_2\ \overline{A_0}}$$

$$Y_b = \overline{A_3A_1 + A_2A_1\ \overline{A_0} + A_2\ \overline{A_1}A_0}$$

$$Y_c = \overline{A_3A_2 + \overline{A_2}A_1\ \overline{A_0}}$$

$$Y_d = \overline{A_2A_1A_0 + A_2\ \overline{A_1}\ \overline{A_0} + \overline{A_2}\ \overline{A_1}A_0}$$

$$Y_e = \overline{\overline{A_2}\ \overline{A_1} + A_0}$$

$$Y_f = \overline{\overline{A_3}\ \overline{A_2}A_0 + \overline{A_2}A_1 + A_1\ \overline{A_0}}$$

$$Y_g = \overline{\overline{A_3}\ \overline{A_2}\ \overline{A_1} + A_2A_1A_0}$$

显示译码器的逻辑电路图如图 9-20 所示。

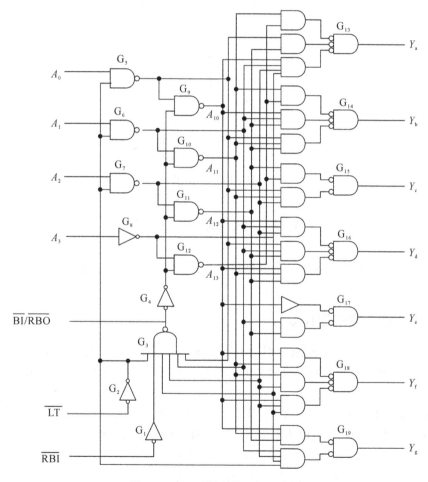

图 9-20 显示译码器逻辑电路图

· 灯测试输入 $\overline{\text{LT}}$：当 $\overline{\text{LT}} = 0$ 时，$Y_a \sim Y_g$ 全部置为 1；

· 灭零输入 $\overline{\text{RBI}}$：当 $\overline{\text{RBI}} = 1$ 时，$A_3A_2A_1A_0 = 0000$ 时，则灭灯；

· 灭灯输入/灭零输出 $\overline{\text{BI}}/\overline{\text{RBO}}$：输入信号，称灭灯输入控制端，$\overline{\text{BI}} = 0$，无论输入状态是什么，数码管均熄灭；输出信号，称灭零输出端，只有当输入 $A_3 = A_2 = A_1 = A_0 = 0$，且灭

零输入信号$\overline{RBI}=0$时，才给出低电平，因此表示译码器将本来应该显示的零熄灭了。

9.3.2 数据分配器的工作原理

数据分配器又称为多路分配器。它可以将一路输入数据按 n 位地址分送到 2^n 个数据输出端上。数据分配器可以用唯一地址译码器实现，带控制输入端的译码器可以当做数据分配器来用。如前述 74HC139 为 1 路～4 路数据分配器，74HC138 为 1 路～8 路分配器。

【例 9 - 9】 将一片 3 线—8 线译码器 74HC138 连接成 1 路～8 路数据分配器。

解 如图 9 - 21 所示，将 74HC138 的 S_1 作为"数据"输入端（同时令 $\overline{S_2}=\overline{S_3}=0$），而将 $A_2A_1A_0$ 作为"地址"输入端，那么从 S_1 送来的数据只能通过由 $A_2A_1A_0$ 所指定的一根输出线送出去。

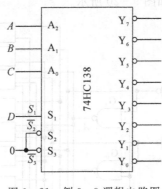

图 9 - 21 例 9 - 9 逻辑电路图

9.4 数 据 选 择 器

从一组输入数据中选出某一个数据进行输出，可实现这一功能的器件称为数据选择器。

9.4.1 双 4 选 1 数据选择器

图 9 - 22 为双 4 选 1 数据选择器 74HC153 的逻辑电路图，它包含两个完全相同的 4 选 1 数据选择器。两个数据选择器有公共的地址输入端 A_1、A_0，数据输入端和输出端是各自独立的。

通过给定的不同地址代码（A_1A_0 状态），即可从 4 个数据中选出所要的一个，并送至 Y。$\overline{S_1}$ 和 $\overline{S_2}$ 是附加控制端，低电平有效，用于控制电路工作状态和扩展功能。

当 $A_0=0$ 时，TG_1 和 TG_3 导通，TG_2 和 TG_4 截止；

当 $A_1=0$ 时，TG_1 和 TG_3 截止，TG_2 和 TG_4 导通。

同理，当 $A_1=0$ 时，TG_5 导通，TG_6 截止；当 $A_1=1$ 时，TG_5 截止，TG_6 导通。

在 A_1A_0 的状态确定以后，$D_{10}\sim D_{13}$ 当中只有一个能通过两级导通的传输门到达输出端。

$$Y_1=(D_{10}\overline{A_1}\,\overline{A_0}+D_{11}\overline{A_1}A_0+D_{12}A_1\,\overline{A_0}+D_{13}A_1A_0)S_1$$

$$Y_2=(D_{20}\overline{A_1}\,\overline{A_0}+D_{21}\overline{A_1}A_0+D_{22}A_1\,\overline{A_0}+D_{23}A_1A_0)S_2$$

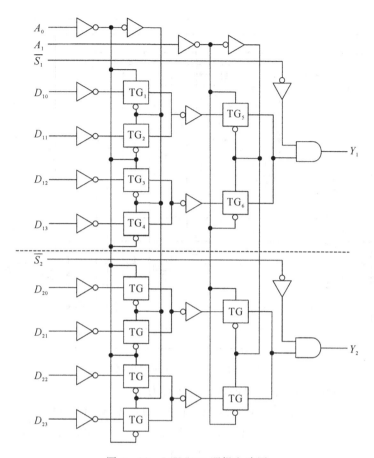

图 9 - 22　74HC153 逻辑电路图

双 4 选 1 数据选择器的逻辑真值表如表 9 - 12 所示。

表 9 - 12　双 4 选 1 数据选择器的逻辑真值表

$\overline{S_1}(\overline{S_2})$	A_1	A_0	Y_1	Y_2
1	$\times$	$\times$	0	0
0	0	0	D_{10}	D_{20}
0	0	1	D_{11}	D_{21}
0	1	0	D_{12}	D_{22}
0	1	1	D_{13}	D_{23}

9.4.2　8 选 1 数据选择器

互补输出的 8 选 1 数据选择器 74HC151 的逻辑电路图如图 9 - 23 所示。

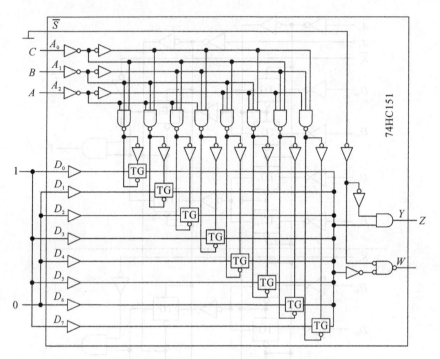

图 9-23 74HC151 逻辑电路图

若控制端 $\overline{S}=0(S=1)$，则输出的逻辑表达式为

$$Y=D_0\,\overline{A_2}\,\overline{A_1}\,\overline{A_0}+D_1\,\overline{A_2}\,\overline{A_1}A_0+D_2\,\overline{A_2}A_1\,\overline{A_0}+D_3\,\overline{A_2}A_1A_0$$
$$+D_4A_2\,\overline{A_1}\,\overline{A_0}+D_5A_2\,\overline{A_1}A_0+D_6A_2A_1\,\overline{A_0}+D_7A_2A_1A_0$$
$$W=\overline{Y}$$

8 选 1 数据选择器的逻辑真值表如表 9-13 所示。

表 9-13 8 选 1 数据选择器的逻辑真值表

$\overline{S}$	A_2	A_1	A_0	Y	W
1	$\times$	$\times$	$\times$	0	1
0	0	0	0	D_0	$\overline{D_0}$
0	0	0	1	D_1	$\overline{D_1}$
0	0	1	0	D_2	$\overline{D_2}$
0	0	1	1	D_3	$\overline{D_3}$
0	1	0	0	D_4	$\overline{D_4}$
0	1	0	1	D_5	$\overline{D_5}$
0	1	1	0	D_6	$\overline{D_6}$
0	1	1	1	D_7	$\overline{D_7}$

【**例 9 - 10**】 试将 74HC153 的两个 4 选 1 数据选择器接成一个 8 选 1 数据选择器。

解 将 74HC153 输入的低位地址代码 A_1、A_0 接到芯片的公共地址输入端 A_1 和 A_0；将高位输入地址代码 A_2 接至 $\overline{S_1}$，将 $\overline{A_2}$ 接至 $\overline{S_2}$，同时将两个数据选择器的输出相加，即得到 8 选 1 数据选择器如图 9 - 24 所示。

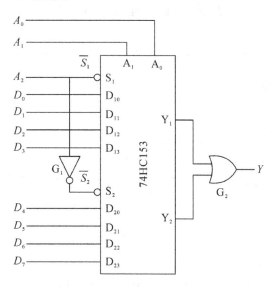

图 9 - 24 例 9 - 10 逻辑电路图

当 $A_2 = 0$ 时，上边的 4 选 1 选择器工作，通过给定的 A_1 和 A_0 状态，即可从 $D_0 \sim D_3$ 中选择某一个数据，并经过门 G_2 送到输出端 Y；当 $A_2 = 1$ 时，下边的 4 选 1 选择器工作，通过给定的 A_1 和 A_0 状态，即可从 $D_4 \sim D_7$ 中选择某一个数据，并经过门 G_2 送到输出端 Y。其逻辑表达式如下：

$$Y = D_0 \, \overline{A_2} \, \overline{A_1} \, \overline{A_0} + D_1 \, \overline{A_2} \, \overline{A_1} A_0 + D_2 \, \overline{A_2} A_1 \, \overline{A_0} + D_3 \, \overline{A_2} A_1 A_0$$
$$+ D_4 A_2 \, \overline{A_1} \, \overline{A_0} + D_5 A_2 \, \overline{A_1} A_0 + D_6 A_2 A_1 \, \overline{A_0} + D_7 A_2 A_1 A_0$$

【**例 9 - 11**】 分析图 9 - 25 所示的电路，写出输出 Z 的逻辑函数式。

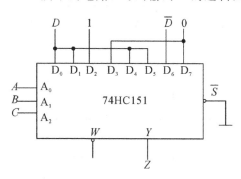

图 9 - 25 例 9 - 11 逻辑电路图

解 74HC151 的输出逻辑函数式为

$$Y = D_0 \, \overline{A_2} \, \overline{A_1} \, \overline{A_0} + D_1 \, \overline{A_2} \, \overline{A_1} A_0 + D_2 \, \overline{A_2} A_1 \, \overline{A_0} + D_3 \, \overline{A_2} A_1 A_0$$
$$+ D_4 A_2 \, \overline{A_1} \, \overline{A_0} + D_5 A_2 \, \overline{A_1} A_0 + D_6 A_2 A_1 \, \overline{A_0} + D_7 A_2 A_1 A_0$$

将 $A_2=C$、$A_1=B$、$A_0=A$、$D_0=D_1=D_4=D_5=D$、$D_6=\overline{D}$、$D_2=1$、$D_3=D_7=0$、$Y=Z$ 代入上式，得到

$$Z=D\overline{C}\,\overline{B}\,\overline{A}+D\,\overline{C}\,\overline{B}A+\overline{C}B\,\overline{A}+DC\overline{B}\,\overline{A}+DC\overline{B}A+\overline{D}CB\,\overline{A}$$

9.5 数 值 比 较 器

能够完成比较两个数字的大小或是否相等的各种逻辑功能电路统称为数值比较器。

9.5.1 1位数值比较器

1位数值比较器如图 9 - 26 所示。

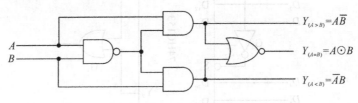

图 9 - 26 1位数值比较器

根据电路可写出逻辑表达式：

$$Y_{(A>B)}=A\cdot\overline{AB}=A(\overline{A}+\overline{B})=A\,\overline{B}$$

$$Y_{(A=B)}=\overline{A\cdot\overline{AB}+B\cdot\overline{AB}}=\overline{A\cdot\overline{AB}}\cdot\overline{B\cdot\overline{AB}}$$

$$=(\overline{A}+AB)(\overline{B}+AB)$$

$$=\overline{A}\,\overline{B}+AB=A\odot B$$

$$Y_{(A<B)}=B\cdot\overline{AB}=B(\overline{A}+\overline{B})=\overline{A}B$$

根据逻辑表达式列出其真值表如表 9 - 14 所示。

表 9 - 14 1位数值比较器真值表

输 入		输 出		
A	B	$Y(A>B)$	$Y(A=B)$	$Y(A<B)$
0	0	0	1	0
0	1	0	0	1
1	0	1	0	0
1	1	0	1	0

9.5.2 多位数值比较器

多位数值比较器是由高位开始比较，逐位进行，只有在高位相等时，才需要比较低位。

对于集成数值比较器，设置有级联信号输入端，接收来自低位比较器的输出结果。若比较器的各位比较结果都相等，则最终结果取决于级联信号输入。

以 4 位数值比较器 74LS85 为例，其内部电路结构原理图如图 9-27 所示。

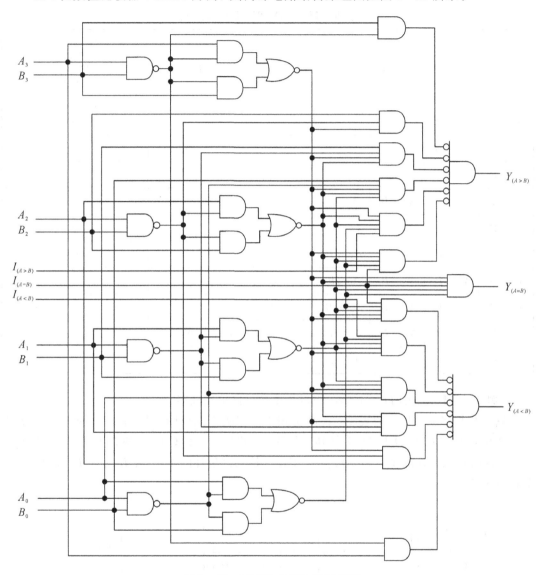

图 9-27　74LS85 内部电路结构图

可得到其逻辑表达式如下：

$$Y_{(A<B)} = \overline{A_3}B_3 + \overline{A_3 \oplus B_3}\ \overline{A_2}B_2 + \overline{A_3 \oplus B_3}\ \overline{A_2 \oplus B_2}\ \overline{A_1}B_1$$

$$+ \overline{A_3 \oplus B_3}\ \overline{A_2 \oplus B_2}\ \overline{A_1 \oplus B_1}\ \overline{A_0}B_0$$

$$+ \overline{A_3 \oplus B_3}\ \overline{A_2 \oplus B_2}\ \overline{A_1 \oplus B_1}\ \overline{A_0 \oplus B_0} I_{(A<B)}$$

$$Y_{(A=B)} = \overline{A_3 \oplus B_3}\ \overline{A_2 \oplus B_2}\ \overline{A_1 \oplus B_1}\ \overline{A_0 \oplus B_0} I_{(A=B)}$$

$$Y_{(A>B)} = \overline{Y_{(A<B)} + Y_{(A=B)}}$$

上式中，$I_{(A>B)}$、$I_{(A=B)}$、$I_{(A<B)}$ 是来自低位的比较结果。利用这三个输入端，可以将两片以上的集成芯片组合成位数更多的数值比较器电路。

74LS85 的逻辑真值表如表 9-15 所示。

表 9-15 74LS85 逻辑真值表

输　　入							输　　出		
A_3　B_3	A_2　B_2	A_1　B_1	A_0　B_0	$I_{(A>B)}$	$I_{(A=B)}$	$I_{(A<B)}$	$Y_{(A>B)}$	$Y_{(A=B)}$	$Y_{(A<B)}$
$A_3 > B_3$	×　×	×　×	×　×	×	×	×	1	0	0
$A_3 < B_3$	×　×	×　×	×　×	×	×	×	0	0	1
$A_3 = B_3$	$A_2 > B_2$	×　×	×　×	×	×	×	1	0	0
$A_3 = B_3$	$A_2 < B_2$	×　×	×　×	×	×	×	0	0	1
$A_3 = B_3$	$A_2 = B_2$	$A_1 > B_1$	×　×	×	×	×	1	0	0
$A_3 = B_3$	$A_2 = B_2$	$A_1 < B_1$	×　×	×	×	×	0	0	1
$A_3 = B_3$	$A_2 = B_2$	$A_1 = B_1$	$A_0 > B_0$	×	×	×	1	0	0
$A_3 = B_3$	$A_2 = B_2$	$A_1 = B_1$	$A_0 < B_0$	×	×	×	0	0	1
$A_3 = B_3$	$A_2 = B_2$	$A_1 = B_1$	$A_0 = B_0$	1	0	0	1	0	0
$A_3 = B_3$	$A_2 = B_2$	$A_1 = B_1$	$A_0 = B_0$	0	1	0	0	1	0
$A_3 = B_3$	$A_2 = B_2$	$A_1 = B_1$	$A_0 = B_0$	0	0	1	0	0	1

【例 9-12】 试用两片 74LS85 组成一个 8 位数值比较器。

解 根据多位数比较的规则，在高位相等时取决于低位的比较结果。因此，将两个数的高 4 位 $C_7 C_6 C_5 C_4$ 和 $D_7 D_6 D_5 D_4$ 接到高位片上，将低 4 位 $C_3 C_2 C_1 C_0$ 和 $D_3 D_2 D_1 D_0$ 接到低位片上，同时把低位片的 $Y_{(A>B)}$、$Y_{(A=B)}$、$Y_{(A<B)}$ 接到高位片的 $I_{(A>B)}$、$I_{(A=B)}$、$I_{(A<B)}$ 上即可，如图 9-28 所示。

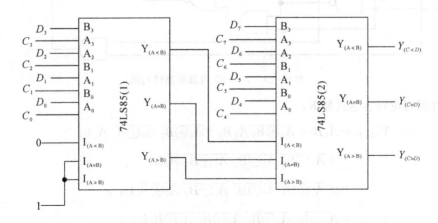

图 9-28 例 9-12 逻辑电路图

9.6 加 法 器

两个二进制数之间的算术运算无论是加、减、乘、除,目前在数字计算机中都是由若干步加法运算进行的。因此,加法器是构成算术运算器的基本单元。

9.6.1 1 位加法器

1. 半加器

不考虑来自低位的进位,将两个 1 位二进制数相加,称为半加;实现半加运算的电路称为半加器。

半加器的真值表如表 9-16 所示。

表 9-16 半加器的真值表

输 入		输 出	
A	B	S	CO
0	0	0	0
0	1	1	0
1	0	1	0
1	1	0	1

可得到其逻辑表达式为

$$S = A \oplus B$$
$$CO = AB$$

半加器的逻辑图及逻辑符号如图 9-29 所示。

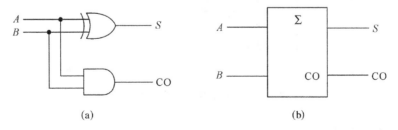

(a)   (b)

图 9-29 半加器逻辑图及逻辑符号

2. 全加器

将两个多位二进制数相加时,除了最低位以外,每一位都应该考虑来自低位的进位,即两个对应位相加并和来自低位的进位三个数相加,这种运算称为全加。实现全加运算的电路称为全加器。

全加器的真值表如表 9-17 所示。

表 9 - 17　全加器的真值表

输　入			输　出	
CI	A	B	S	CO
0	0	0	0	0
0	0	1	1	0
0	1	0	1	0
0	1	1	0	1
1	0	0	1	0
1	0	1	0	1
1	1	0	0	1
1	1	1	1	1

可得到其逻辑表达式为

$$S=\overline{A}B\,\overline{CI}+A\,\overline{B}\,\overline{CI}+\overline{A}\,\overline{B}CI+ABCI$$
$$CO=AB\,\overline{CI}+\overline{A}BCI+A\,\overline{B}CI+ABCI$$

全加器的逻辑图及逻辑符号如图 9 - 30 所示。

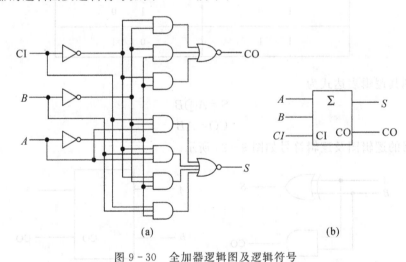

(a)　　　　　　　　　　　　　　(b)

图 9 - 30　全加器逻辑图及逻辑符号

9.6.2　多位加法器

1. 串行进位加法器

两个多位数相加时每一位都是带进位相加的，因此使用全加器。在 1 位全加器的基础上，可以构成多位加法电路。

只要依次将低位全加器的进位输出端 CO 接到高位全加器的进位输入端 CI，就可以构成多位加法器。这种结构也叫做逐位进位加法器，如图 9 - 31 所示。

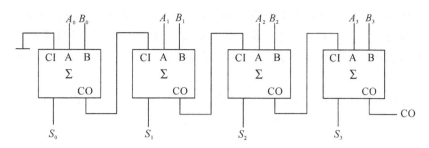

图 9 - 31　串行进位加法器

串行进位加法器的优点是：结构简单；缺点是运算速度慢，具有 4 个全加器的传输延迟时间。它通常使用于对运算速度要求不高的设备当中。

2. 超前进位加法器

为提高运算速度，须减小由于进位信号逐位传递的传输延迟时间。通过逻辑电路事先得出一位全加器的进位输入信号，而无需再从最低位开始向高位逐位传递位信号，可有效提高运算速度。采用这种结构形式的加法器称为超前进位加法器。其电路结构如图 9 - 32 所示。

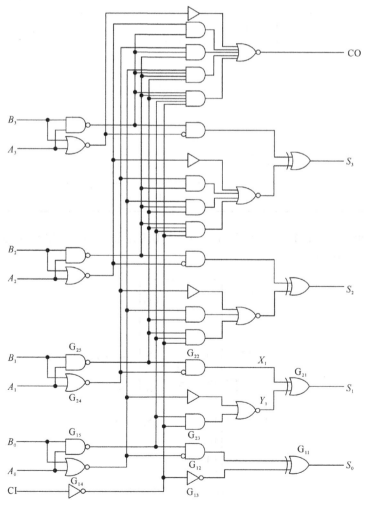

图 9 - 32　超前进位加法器

可见，从两个加数送到输入端到完成加法运算只需三级门电路的传输延迟时间（一级反相器、一级与门、一级或门），进位输出信号只需一级反相器和一级与或非门的传输延迟时间。该电路的缺点是电路结构比较复杂，运算时间的缩短是用增加电路复杂度的代价换取的。

【例 9 - 13】　设计一个代码转换电路，将十进制代码的 8421 码转换为余 3 码。

解　以 8421 码为输入，余 3 码为输出，可得到代码转换电路的逻辑真值表如表 9 - 18 所示。

表 9 - 18　例 9 - 13 真值表

输入				输出			
D	C	B	A	Y_3	Y_2	Y_1	Y_0
0	0	0	0	0	0	1	1
0	0	0	1	0	1	0	0
0	0	1	0	0	1	0	1
0	0	1	1	0	1	1	0
0	1	0	0	0	1	1	1
0	1	0	1	1	0	0	0
0	1	1	0	1	0	0	1
0	1	1	1	1	0	1	0
1	0	0	0	1	0	1	1
1	0	0	1	1	1	0	0

从真值表可得，$Y_3Y_2Y_1Y_0 = DCBA + 0011$，用 4 位加法器 74LS283 可实现该代码转换电路，如图 9 - 33 所示。

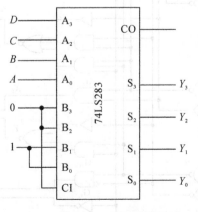

图 9 - 33　例 9 - 13 逻辑电路图

9.7 组合逻辑电路中的竞争与冒险

9.7.1 产生竞争—冒险的原因

如图 9-34 所示为产生竞争—冒险的几种原因。

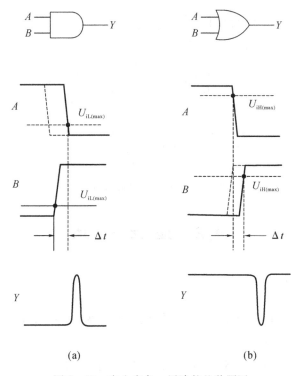

图 9-34 产生竞争—冒险的几种原因

如图 9-34(a)所示，当 A 从 1 跳变到 0，B 从 0 跳变到 1 时，且 B 首先上升到 $U_{iL(max)}$ 以上，这样在 Δt 内，A、B 均为高电平，在输出端会出现极窄的 $Y=1$ 的尖峰脉冲。

如图 9-34(b)所示，当 A 从 1 跳变到 0，B 从 0 跳变到 1 时，且 A 首先下降到 $U_{iH(min)}$ 以下，这样在 Δt 内，A、B 均为低电平，在输出端会出现极窄的 $Y=0$ 的尖峰脉冲。

门电路两个输入信号同时向相反的逻辑电平跳变（一个从 1 变为 0，另一个从 0 变为 1）的现象称为竞争。由于竞争而在电路输出端可能产生尖峰脉冲的现象称为竞争—冒险。当出现 $Y=1$ 的尖峰脉冲时称为偏 1 冒险，出现 $Y=0$ 的尖峰脉冲时称为偏 0 冒险。

产生竞争—冒险的原因主要是门电路的延迟时间。

9.7.2 冒险的消除方法

1. 接入滤波电容

尖峰脉冲很窄，用很小的电容就可将尖峰削弱到门电路的阈值电压以下。

2. 引入选通脉冲

取选通脉冲作用时间，在电路达到稳定之后，选通脉冲的高电平期间的输出信号不会出现尖峰。

3. 修改逻辑设计

例如，图 9-35 所示电路中，$Y=AB+\overline{A}C$，在 $B=C=1$ 的条件下，当 A 改变状态时存在竞争—冒险现象。根据逻辑代数的常用公式 $Y=AB+\overline{A}C=AB+\overline{A}C+BC$ 可知，在增加了 BC 项以后，在 $B=C=1$ 时无论 A 如何改变，输出始终为 $Y=1$，不会出现竞争—冒险现象。

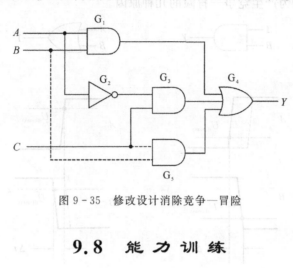

图 9-35 修改设计消除竞争—冒险

9.8 能 力 训 练

9.8.1 集成编码器

集成优先编码器 74HC148 为 8 线—3 线优先编码器，为双列直插式的芯片，共 16 个引脚，引脚分布图如图 9-36 所示。

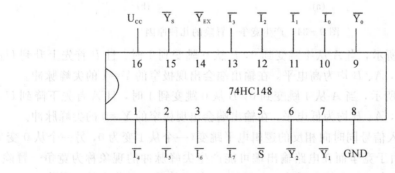

图 9-36 74HC148 引脚分布图

引脚功能如下：

$\overline{I_0} \sim \overline{I_7}$：输入引脚，低电平有效，且 $\overline{I_7}$ 优先权最高，$\overline{I_0}$ 优先权最低。

$\overline{S}$：选通输入端，低电平有效。

$\overline{Y_S}$：选通输出端，其低电平输出信号表示"电路工作，但无编码输入"。

$\overline{Y_{EX}}$：扩展端，其低电平输出信号表示"电路工作且有编码输入"。

U_{CC}：电源引脚，工作时接 +5 V 电压。

GND：接地。

9.8.2　集成译码器

目前，常用的集成译码器有 2 线—4 线集成译码器 74HC139、3 线—8 线集成译码器 74HC138、二—十进制集成译码器 74HC42 和显示译码器 7448。

1. 74HC139

74HC139 集成了 2 组 2 线—4 线译码器，为双列直插式的芯片，共 16 个引脚，引脚分布图如图 9 - 37 所示。

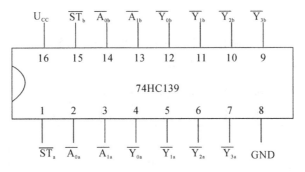

图 9 - 37　74HC139 引脚分布图

引脚功能如下：

1～7 号引脚为 a 组 2 线—4 线译码器，9～15 号引脚为 b 组 2 线—4 线译码器，两者功能完全相同。

$\overline{ST_a}$：a 组使能端，低电平有效。

A_{0a}、A_{1a}：a 组地址输入端。

$\overline{Y_{0a}} \sim \overline{Y_{3a}}$：a 组输出端。

$\overline{ST_b}$：b 组使能端，低电平有效。

A_{0b}、A_{1b}：b 组地址输入端。

$\overline{Y_{0b}} \sim \overline{Y_{3b}}$：b 组输出端。

U_{CC}：电源引脚，工作时接 +5 V 电压。

GND：接地。

2. 74HC138

74HC138 为集成 3 线—8 线译码器，为双列直插式的芯片，共 16 个引脚，引脚分布图如图 9 - 38 所示。

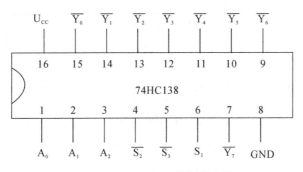

图 9 - 38　74HC138 引脚分布图

引脚功能如下：

A_2、A_1、A_0：地址输入端。

$\overline{Y_0} \sim \overline{Y_7}$：输出端。

S_1、$\overline{S_2}$、$\overline{S_3}$：片选输入端。只有当 $S_1 = 1$，$\overline{S_2} + \overline{S_3} = 0$ 时，译码器处于工作状态；否则，译码器被禁止，所有的输出被锁在高电平。

U_{CC}：电源引脚，工作时接 +5 V 电压。

GND：接地。

3. 74HC42

74HC42 为集成二—十进制译码器，又称 4 线—10 线译码器，为双列直插式的芯片，共 16 个引脚，引脚分布图如图 9-39 所示。

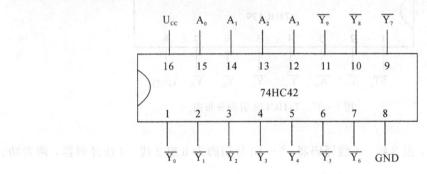

图 9-39　74HC42 引脚分布图

引脚功能如下：

A_3、A_2、A_1、A_0：地址输入端。

$\overline{Y_0} \sim \overline{Y_9}$：输出端。

U_{CC}：电源引脚，工作时接 +5 V 电压。

GND：接地。

4. 7448

7448 为集成显示译码器，是双列直插式的芯片，共 16 个引脚，引脚分布图如图 9-40 所示。

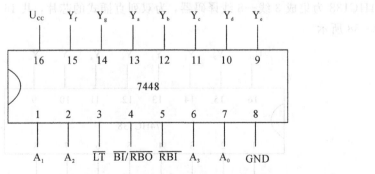

图 9-40　7448 引脚分布图

引脚功能如下：

A_3、A_2、A_1、A_0：译码信号输入端。

$Y_a \sim Y_g$：信号输出端。

$\overline{LT}$：测试输入端，当 $\overline{LT}=0$ 时，$Y_a \sim Y_g$ 全为 1。

$\overline{RBI}$：灭零输入端，当 $\overline{RBI}=0$ 时，可将不希望显示的零熄灭。

$\overline{BI}/\overline{RBO}$：灭灯输入/灭零输出端。作为输入端使用时，加入低电平信号，可将数码管的各段同时熄灭；作为输出端使用时，只有当输入 $A_3=A_2=A_1=A_0=0$，且灭零输入信号 $\overline{RBI}=0$ 时，才给出低电平，因此表示译码器将本来应该显示的零熄灭了。

U_{CC}：电源引脚，工作时接 +5 V 电压。

GND：接地。

9.8.3 集成数据选择器

1. 74HC153

74HC153 是双 4 选 1 数据选择器集成芯片，为双列直插式的芯片，共 16 个引脚，引脚分布图如图 9 - 41 所示。

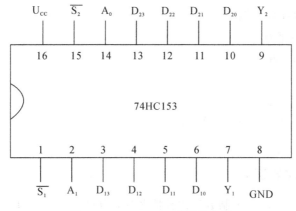

图 9 - 41 74HC153 引脚分布图

引脚功能如下：

1、3～7 号引脚为第一组 4 选 1 数据选择器；9～13、15 引脚为第二组 4 选 1 数据选择器。

A_1、A_0：地址输入端，两组共用地址引脚。

$\overline{S_1}$：第一组选择器附加控制端。

$D_{10} \sim D_{13}$：第一组选择器数据输入端。

Y_1：第一组选择器数据输出端。

$\overline{S_2}$：第二组选择器附加控制端。

$D_{20} \sim D_{23}$：第二组选择器数据输入端。

Y_2：第二组选择器数据输出端。

U_{CC}：电源引脚，工作时接 +5 V 电压。

GND：接地。

2. 74HC151

74HC151 是 8 选 1 数据选择器集成芯片，为双列直插式的芯片，共 16 个引脚，引脚分布图如图 9 - 42 所示。

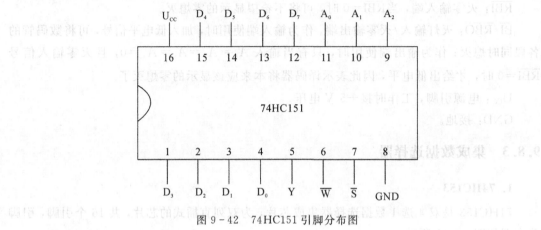

图 9 - 42　74HC151 引脚分布图

引脚功能如下：

A_2、A_1、A_0：地址输入端。

$\overline{S}$：控制端，低电平有效。

$D_0 \sim D_7$：数据输入端。

Y：数据输出端。

$\overline{W}$：Y 的互补输出端。

U_{CC}：电源引脚，工作时接 +5 V 电压。

GND：接地。

9.8.4　集成数值比较器

74LS85 是集成的 4 位二进制数值比较器芯片，为双列直插式的芯片，共 16 个引脚，引脚分布图如图 9 - 43 所示。

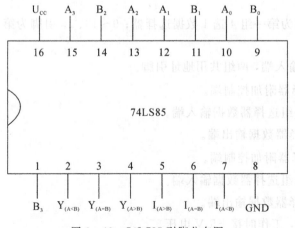

图 9 - 43　74LS85 引脚分布图

引脚功能如下：

A_0、B_0～A_3、B_3：4位二进制数输入端。

$Y_{(A>B)}$、$Y_{(A=B)}$、$Y_{(A<B)}$：比较结果输出引脚。

$I_{(A>B)}$、$I_{(A=B)}$、$I_{(A<B)}$：来自低位的比较结果输入端。

U_{CC}：电源引脚，工作时接＋5 V电压。

GND：接地。

9.8.5　集成加法运算电路

1. 74LS183

74LS183是双全加器集成芯片，含有两个独立的1位全加器。为双列直插式的芯片，共14个引脚，引脚分布图如图9-44所示。

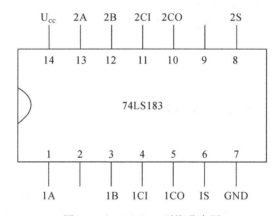

图9-44　74LS183引脚分布图

引脚功能如下：

1、3～6号引脚为第一个全加器；8、10～15引脚为第二个全加器，2、9号引脚悬空。

1A、1B：第一个全加器的二进制数输入端。

1CI：第一个全加器来自低位的进位输入信号。

1CO：第一个全加器的进位输出信号。

1S：第一个全加器的结果输出端。

2A、2B：第二个全加器的二进制数输入端。

2CI：第二个全加器来自低位的进位输入信号。

2CO：第二个全加器的进位输出信号。

2S：第二个全加器的结果输出端。

U_{CC}：电源引脚，工作时接＋5 V电压。

GND：接地。

2. 74LS283

74LS283是4位二进制超前进位全加器集成芯片，为双列直插式的芯片，共16个引脚，引脚分布图如图9-45所示。

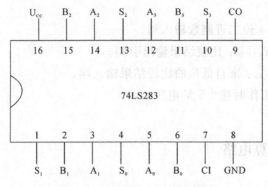

图 9-45 74LS283 引脚分布图

引脚功能如下：

$A_0 \sim A_3$：第一个 4 位二进制数输入端。

$B_0 \sim B_3$：第二个 4 位二进制数输入端。

$S_0 \sim S_3$：和输出端。

CI：进位输入端。

CO：进位输出端。

U_{CC}：电源引脚，工作时接 +5 V 电压。

GND：接地。

9.8.6 综合训练

使用 8 线—3 线优先编码器 74HC148 一片，译码器 7448 一片，六反相器 74HC04 一片以及七段数码管一个，连接电路，使数码管能够显示编码器输入端所表示的数值。

其具体连接图如图 9-46 所示。

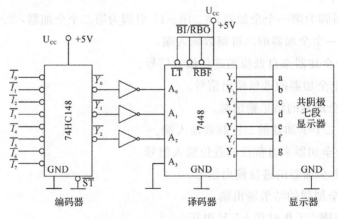

图 9-46 编码显示电路图

习 题

[题 9.1] 分析图 9-47 所示的各组合电路，写出输出函数表达式，列出真值表，并说

明电路的逻辑功能。

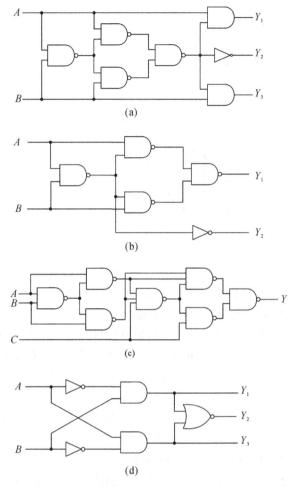

图 9 - 47　［题 9.1］图

［题 9.2］　分析图 9 - 48 电路的逻辑功能，写出 Y_1，Y_2 的逻辑函数式，列出真值表，并指出电路完成什么逻辑功能。

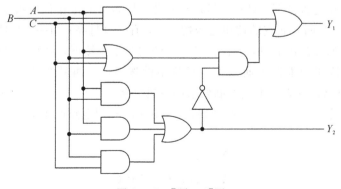

图 9 - 48　［题 9.2］图

［题 9.3］　分析图 9 - 49 所示的组合电路，写出输出函数的逻辑表达式，列出真值表，

指出该电路完成的逻辑功能。

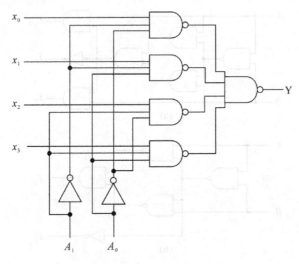

图 9-49 [题 9.3]图

[题 9.4] 用与非门设计四变量的多数表决电路。当输入变量 A、B、C、D 有 3 个或 3 个以上为 1 时，输出为 1，输入为其他状态时输出为 0。

[题 9.5] 用逻辑门设计一个受光、声和触摸控制的电灯开关逻辑电路，分别用 A、B、C 表示光、声和触摸信号，用 Y 表示电灯。灯亮的条件是：无论有无光、声信号，只要有人触摸开关，灯就亮；当无人触摸开关时，只有当无光、有声音时灯才亮。试列出真值表，写出输出函数的逻辑表达式，并画出最简逻辑电路图。

[题 9.6] 设计一个交通灯故障检测电路，要求红、黄、绿三个灯仅有一个灯亮时，输出 $Y=0$；若无灯亮或有两个以上的灯亮，则均为故障，输出 $Y=1$。试用最少的非门和与非门实现该电路。要求列出真值表，化简逻辑函数。

[题 9.7] 试用两片 8 线—3 线优先编码器 74HC148 组成 16 线—4 线优先编码器，画出逻辑电路图，说明其逻辑功能。

[题 9.8] 某医院有一、二、三、四号病室 4 间，每室设有呼叫按钮，同时在护士值班室内对应地装有一号、二号、三号、四号 4 个指示灯。现要求当一号病室的按钮按下时，无论其他病室的按钮是否按下，只有一号灯亮；当一号病室的按钮没有按下而二号病室的按钮按下时，无论三、四号病室的按钮是否按下，只有二号灯亮；当一、二号病室的按钮都未按下而三号病室的按钮按下时，无论四号病室的按钮是否按下，只有三号灯亮；只有在一、二、三号病室的按钮均未按下而按下四号病室的按钮时，四号灯才亮。试用优先编码器 74HC148 和门电路设计满足上述控制要求的逻辑电路。

[题 9.9] 试用一片 3 线—8 线译码器 74HC138 和门电路产生如下多输出逻辑函数的逻辑图：

$$Y_1 = AC$$
$$Y_2 = \overline{A}\,\overline{B}\,\overline{C} + A\overline{B}\,\overline{C} + BC$$
$$Y_3 = \overline{B}\,\overline{C} + AB\overline{C}$$

[题 9.10] 已知逻辑函数 $Y(a,b,c) = \sum m(1,3,7)$，试用一片 3 线—8 线译码器

74HC138 和少量逻辑门实现该电路。

[题 9.11]   某组合电路的输入 X 和输出 Y 均为三位二进制数。当 $X<2$ 时，$Y=1$；当 $2\leqslant X\leqslant 5$ 时，$Y=X+2$；当 $X>5$ 时，$Y=0$。试用一片 3 线—8 线译码器和少量逻辑门实现该电路。

[题 9.12]   由 3 线—8 线译码器 74HC138 和逻辑门构成的组合逻辑电路如图 9-50 所示。

(1) 试分别写出 Z_1、Z_2 的最简与或表达式；

(2) 试说明当输入变量 A、B、C、D 为何种取值时，$Z_1=Z_2=1$。

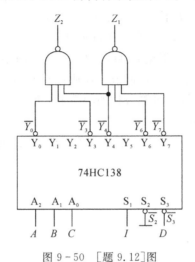

图 9-50   [题 9.12]图

[题 9.13]   分析图 9-51 所示电路，写出输出 Z 的逻辑函数式。74HC151 为 8 选 1 数据选择器。

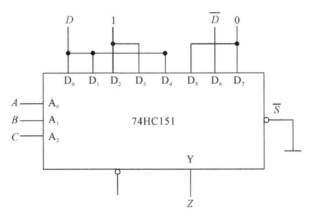

图 9-51   [题 9.13]图

[题 9.14]   试用 8 选 1 数据选择器 74HC151 实现下列逻辑函数：

(1) $Y=A\overline{C}D+\overline{A}\,\overline{B}CD+BC+B\overline{C}\,\overline{D}$；

(2) $Y=AC+\overline{A}B\overline{C}+\overline{A}\,\overline{B}C$。

[题 9.15]   设计用 3 个开关控制一个电灯的逻辑电路，要求改变任何一个开关的状态都能控制电灯由亮变灭或者由灭变亮。要求用数据选择器来实现。

[题 9.16]   用 8 选 1 数据选择器 74HC151 设计一个组合逻辑电路。该电路有 3 个输

入逻辑变量 A、B、C 和 1 个工作状态控制变量 M。当 $M=0$ 时电路实现"意见一致"(A、B、C 状态一致时输出为 1，否则输出为 0)，而 $M=1$ 时电路实现"多数表决"功能，即输出与 A、B、C 中多数的状态一致。

[题 9.17]　若使用 4 位数值比较器 74LS85 组成 10 位数值比较器，需要用几片? 各片之间应如何连接?

[题 9.18]　使用两个 4 位数值比较器 74LS85 组成三个数的判断电路。要求能够判别三个 4 位二进制数 A、B、C 是否相等、A 是否最大、A 是否最小，并分别给出"三个数相等"、"A 最大"、"A 最小"的输出信号。允许附加必要的门电路。

[题 9.19]　试利用两片 4 位二进制并行加法器 74LS283 和必要的门电路组成 1 个二—十进制加法器电路。(提示：根据 BCD 码中 8421 码的加法运算规则，当两数之和小于、等于 9(1001) 时，相加的结果和按二进制数相加所得到的结果一样。当两数之和大于 9(即等于 1010~1111) 时，则应在按二进制数相加的结果上加 6(0110)，这样就可以给出进位信号，同时得到一个小于 9 的和。)

[题 9.20]　判断下列函数是否存在冒险现象。若有，试消除该冒险现象。

(1) $Y=AB+\overline{A}C+\overline{B}\,\overline{C}$；

(2) $Y=A\overline{B}+\overline{A}C+B\overline{C}$。

第 10 章　触发器和时序逻辑电路

　　触发器和时序逻辑电路是数字电路中应用最为广泛的内容之一。本章首先简要介绍基本 RS 触发器、电平触发的触发器、脉冲触发的触发器等常见的几种触发器，分析其电路组成、逻辑功能、特性方程；其次对时序逻辑电路的分析和设计方法、定时器电路的结构、设计进行介绍；同时配置有一定数量的例题，介绍时序逻辑电路具体的设计过程。

　　在数字系统中，能够存储 1 位二值信号的基本单元电路统称为触发器。

　　触发器的基本特点主要如下：

　　(1) 具有两个稳定的状态，分别用二进制数码的"1"和"0"表示。

　　(2) 由一个稳态到另一稳态，必须有外界信号的触发；否则它将长期稳定在某个状态，即长期保持所记忆的信息。

　　(3) 具有两个输出端：原码输出 Q 和反码输出 $\overline{Q}$。一般用 Q 的状态表明触发器的状态。如外界信号使 $Q=\overline{Q}$，则破坏了触发器的状态，这种情况在实际运用中是不允许出现的。

10.1　基本 RS 触发器

　　在所有触发器中，RS 触发器是各种触发器电路的基本构成部分，因此又称为基本 RS 触发器，由于它的置 1 或置 0 状态是由输入信号直接完成的，因此又称为 RS 锁存器。

10.1.1　电路结构与工作原理

　　图 10-1 所示为由与非门组成的基本 RS 触发器电路图。由图 10-1(a)可知，它由两个与非门的输入端和输出端相互交叉连接构成。正常工作时，触发器的两个输出端 Q、$\overline{Q}$ 总是处于相反的状态，具有状态互补的特点。Q 称为原码输出端，$\overline{Q}$ 称为反码输出端，以 Q 的状态作为触发器的状态。触发器的输入端 $\overline{S_D}$ 称为置位端(置 1 端)，$\overline{R_D}$ 为复位端(置 0 端)。图 10-1(b)为由与非门组成的基本 RS 触发器图形符号。

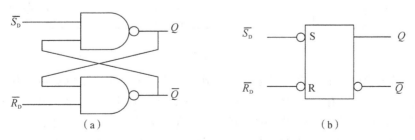

图 10-1　由与非门组成的基本 RS 触发器电路

10.1.2 逻辑功能及其描述方法

基本 RS 触发器电路的逻辑功能可以表述以下：

(1) 当 $\overline{R_D}=1$，$\overline{S_D}=0$ 时，不管触发器原来处于什么状态，其次态一定为"1"，即 $Q^{n+1}=1$(也可写成 $Q^*=1$)，故触发器处于置位状态。

(2) 当 $\overline{R_D}=0$，$\overline{S_D}=1$ 时，不管触发器原来处于什么状态，其次态一定为"0"，即 $Q^{n+1}=0$，触发器处于复位状态。

(3) 当 $\overline{R_D}=\overline{S_D}=1$，触发器状态不变，处于维持状态，即 $Q^{n+1}=Q^n$。

(4) 当 $\overline{R_D}=\overline{S_D}=0$，$Q^{n+1}=Q^n=1$，破坏了触发器的正常工作，使触发器失效。而且当输入条件同时消失时，触发器是"0"态还是"1"态是不定的，即 $Q^{n+1}=X$。这种情况在触发器工作时是不允许出现的。因此使用这种触发器时，禁止 $\overline{R_D}=\overline{S_D}=0$ 出现，即确保遵守 $S_D R_D=0$，该方程也称为由与非门组成的基本 RS 触发器的约束条件。

将上述逻辑关系列成真值表的形式，就得到表 10-1，也称为特性表。

表 10-1 用与非门组成的基本 RS 触发器特性表

$\overline{R_D}$ $\overline{S_D}$ Q^n	Q^{n+1}	说　明
0　0　0	1	不允许
0　0　1	1	
0　1　0	0	置 0：$Q^{n+1}=0$
0　1　1	0	
1　0　0	1	置 1：$Q^{n+1}=1$
1　0　1	1	
1　1　0	0	保持：$Q^{n+1}=Q^n$
1　1　1	1	

图 10-2 所示为与非门组成的基本 RS 触发器的工作波形图。

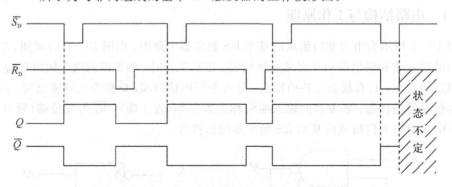

图 10-2　由与非门组成的基本 RS 触发器工作波形

由功能描述可以明显看出，由与非门组成的基本 RS 触发器是以低电平作为工作输入信号的，也称为低电平有效。当然，也可以用或非门来组成 RS 触发器，其动作特点是任何时刻输入信号的改变均有可能引起输出状态的变化。所以抗干扰能力很差。这里不再赘述。

根据前面所学，可以很容易将表 10-1 写成逻辑函数表达形式：$Q^{n+1}=S+\overline{R}Q^n$。考虑到必须满足约束条件 $S_D R_D=0$，故可将两方程统一表述为基本 RS 触发器的特性方程组：

$$\begin{cases} Q^{n+1} = S + \overline{R}Q^n \\ SR = 0 \end{cases}$$

10.2　电平触发的触发器

基本 RS 触发器在工作时，其状态仅与两个数据输入端($\overline{S_D}$、$\overline{R_D}$)有关，无法通过其他控制信号对触发器工作状态进行控制，且抗干扰能力很差。当需要对触发器的置 1 或置 0 进行控制时，常在各触发器前端增加控制门。只有当触发信号(也称时钟信号 CP，也可写成 CLK)为有效电平时，所控制的触发器才能按照输入的置 1、置 0 信号置成相应的状态。当需要使用多个触发器一起工作时，可以采用同一触发信号触发多个触发器，使之同步动作，此时的触发信号即为同步控制信号。

10.2.1　电平触发的同步 RS 触发器

1. 电路结构及符号

图 10-3 反映了同步 RS 触发器的组成结构及符号。由图 10-3(a)可以发现，该触发器由两部分组成，即由与非门 G_1、G_2 组成的基本 RS 触发器和由与非门 G_3、G_4 组成的输入控制电路。图 10-3(b)为同步 RS 触发器的图形符号，框中 C1 表示 CP 是编号为 1 的一个控制信号，1S 和 1R 表示受 C1 控制的两个输入信号。

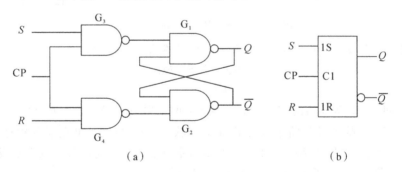

(a)　　　　　　　　　　　　　　　　　(b)

图 10-3　同步 RS 触发器的组成结构及符号

2. 功能及描述

由图 10-3 易知，当 CP=0 时，触发器不工作，此时 G_3、G_4 门输出均为 1，基本 RS 触发器处于保持态。此时无论 R、S 如何变化，均不会改变 G_1、G_2 门的输出，故对状态无影响。

由于组成同步 RS 触发器的基本 RS 触发器必须满足约束条件 $S_D R_D = 0$，因此同步 RS 触发器也存在约束条件 $SR = 0$。

当 CP=1 时，触发器工作，其逻辑功能如下：

$R=0$，$S=1$，触发器置"1"；

$R=1$，$S=0$，触发器置"0"；

$R=S=0$，$Q^{n+1}=Q^n$，触发器状态不变；

$R=S=1$，触发器失效，工作时不允许。

表 10-2 为同步 RS 触发器特性表，图 10-4 为同步 RS 触发器工作波形图。

表 10-2 同步 RS 触发器特性表

R	S	Q^n	Q^{n+1}	说 明
0	0	0	0	保持
0	0	1	1	
0	1	0	1	置 1
0	1	1	1	
1	0	0	0	置 0
1	0	1	0	
1	1	0	×	禁止
1	1	1	×	

图 10-4 同步 RS 触发器工作波形图

同基本 RS 触发器一样，同步 RS 触发器的特性方程组仍然是：

$$\begin{cases} Q^{n+1} = S + \overline{R}Q^n \\ SR = 0 \end{cases}$$

假如在同步 RS 触发器的控制门后，再增加两个触发器输入信号 $\overline{R_D}$ 和 $\overline{S_D}$，则可以在同步触发信号 CP 来临前预先将触发器置成指定状态，此时的 $\overline{R_D}$ 和 $\overline{S_D}$ 端分别称为异步复位（置 0）端和异步置位（置 1）端，图 10-5 所示为带异步置位、复位端的电平触发 RS 触发器电路图，其中图（a）反映了电路结构，图（b）为图形符号。

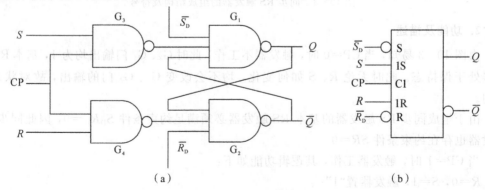

图 10-5 带异步置位、复位端的电平触发 RS 触发器

综上所述，在电平触发的 RS 触发器中，只有当触发信号 CP 到达，S 和 R 才能起作用。其动作特点是在 CP=1 的全部时间里，S 和 R 的变化都将引起输出状态的变化，抗干

扰能力得到了提高。

10.2.2　电平触发的 D 触发器

1. 电路结构及符号

图 10-6 为 D 触发器的组成结构及符号。由图 10-6(a)可以发现，相比同步 RS 触发器的两个输入信号，D 触发器采用同一信号的两种互逆状态作为触发器的两个输入状态，这样不存在类似于同步 RS 触发器必须工作在约束条件 $SR=0$ 的情况，同时还可以有效减少器件引脚数目。图 10-6(b)为 D 触发器的图形符号，框中 C1 表示 CP 是编号为 1 的一个控制信号，1D 表示受 C1 控制的输入信号。

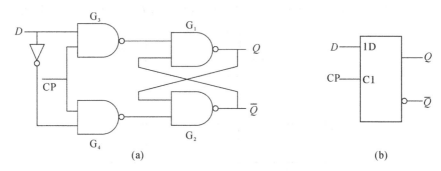

图 10-6　同步 D 触发器的组成结构及符号

2. 功能及描述

当 CP=0 时，触发器不工作，触发器处于维持状态。当 CP=1 时，触发器功能为：$D=0$，$Q^{n+1}=0$；$D=1$，$Q^{n+1}=1$。

即触发器向何状态翻转，由当前输入控制函数 D 确定。

表 10-3 为 D 触发器特性表，图 10-7 为 D 触发器工作波形图。

表 10-3　D 触发器特性表

D	Q^n	Q^{n+1}
0	0	0
0	1	0
1	0	1
1	1	1

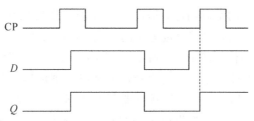

图 10-7　D 触发器工作波形图

D 触发器的特性方程可写为：$Q^{n+1}=D$。

*10.2.3 同步触发器存在的问题——空翻

由于在 CP=1 期间,组成同步触发器的各触发门都是开放的,触发器都可以接收输入信号而翻转,所以在 CP=1 期间,如果输入信号发生多次变化,触发器的状态也会发生相应的改变,这种在 CP=1 期间,由于输入信号变化而引起的触发器翻转的现象,称为同步触发器的空翻现象。

以同步 RS 触发器为例,如图 10-3 所示,设起始态 $Q=0$。正常情况,CP=1 期间,$R=0$,$S=1$,则 G_3 输出为 0,G_4 输出为 1,这样 G_1 和 G_2 组成的触发器产生置位动作,$Q=1$,$\overline{Q}=0$。当 S 和 R 均发生变化,即 $R=1$,$S=0$ 时(如图 10-8 所示),对应时刻 t 使 G_3 输出从 0 回到 1,G_4 输出由 1 回到 0,触发器又回到 $Q=0$,$\overline{Q}=1$ 状态,这就称为空翻现象。

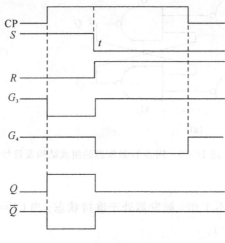

图 10-8 触发器的空翻现象

由于空翻问题的存在,使得同步触发器在使用时抗干扰能力很容易受到影响,特别是当使用同步触发器构成移位寄存器(Register)和计数器(Counter)时,在 CP=1 期间,往往存在触发器的输入信号发生变化的现象,由于同步触发器会出现空翻现象,导致这些部件不能按时钟脉冲的节拍正常工作。此外,同步触发器在 CP=1 期间,如遇到一定强度的正向脉冲干扰,使 S、R 或 D 信号发生变化,也会引起空翻现象,这都限制了同步触发器的应用。

10.3 脉冲触发的触发器

为了解决同步触发器的空翻问题,提高触发器的工作可靠性,希望在每个 CP 周期内输出端的状态只能改变一次,故需改进电路的结构,目前常用的结构是主从触发器。

主从触发器的基本结构如图 10-9 所示,由图可知,主从触发器主要由主触发器、从触发器和时钟信号组成。主触发器的输出信号作为从触发器的输入信号,两个触发器所用的时钟信号互逆。这样在任何时刻主、从触发器都不能同时发生状态变化。在同一时钟周期内,当 CP=1 时,主触发器状态根据输入信号进行状态变化,从触发器处于保持状态;当 CP=0 时,主触发器状态处于保持状态,而从触发器根据主触发器的输出信号进行状态变化,并进行输出。这样就保证了在同一 CP 周期内每个触发器的输出状态只改变一次,从而提高了触发器工作的可靠性，避免了空翻现象的影响。

由于主从触发器使用的时钟信号需要在同一周期内既有"0"态又有"1"态，因此常采用脉冲信号，这样的主从触发器又称脉冲触发的触发器。

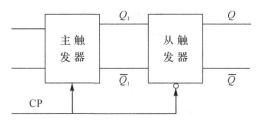

图 10-9　主从触发器基本结构图

10.3.1　主从 RS 触发器

1. 电路结构及符号

如图 10-10 所示为主从 RS 触发器组成结构及符号。由图 10-10(a)可以发现，主从 RS 触发器由两个同步 RS 触发器组成，其中 $G_1 \sim G_4$ 组成的触发器称为从触发器，$G_5 \sim G_8$ 组成的触发器称为主触发器，主从触发器工作的 CP 脉冲信号互逆。主触发器的两个输出端同时作为从触发器的两个输入端。图 10-10(b)为主从 RS 触发器的图形符号，框中 C1 表示 CP 是编号为 1 的一个控制信号，1S、1R 表示受 C1 控制的输入信号，┐ 表示延迟输出，即 CP 回到低电压(有效电平消失)后，输出状态才改变，因此图示电路输出状态的变化发生在 CP 信号的下降沿。

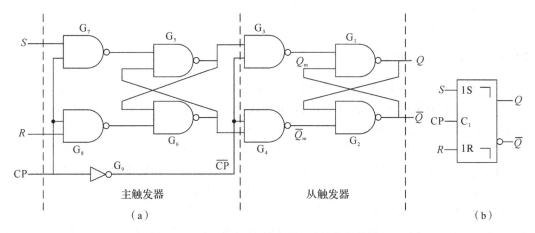

图 10-10　主从 RS 触发器组成结构及符号

2. 功能及描述

当时钟脉冲 CP=0 时，G_7 门和 G_8 门输出均为 1，所以主触发器的状态不变；而这时 $\overline{CP}$=1(也可写成 CP'=1)，所以 G_3 门和 G_4 门开放，从触发器的状态跟随主触发器的前一状态，即 $Q=Q_m$。当时钟脉冲 CP=1 时，则 $\overline{CP}$=0，G_3 门和 G_4 门输出为 1，从触发器状态不变，而这时 G_7 门和 G_8 门开放，主触发器接收输入 R、S 信号。

由上述分析可知，主从 RS 触发器工作分两步进行。第一步，当 CP 由 0 跳变到 1 及

CP＝1 期间主触发器接收输入信号，从触发器被封锁，因此触发器状态保持不变，这一步称为准备阶段。第二步，当 CP 由 1 跳变到 0 时及 CP＝0 期间，主触发器被封锁，状态保持不变。从触发器接收此时主触发器状态，触发器状态发生变化。因此，就整个触发器来说，它的状态在 CP＝1 时是不变的。在 CP 由 1 跳变到 0 时，主触发器不再接收输入信号，因此也不会引起触发器状态发生两次以上的翻转。

总之，主从触发器输出状态的改变是在时钟脉冲下跳沿发生的，一次 CP 的到来，只会引起主从触发器状态改变一次，有效克服了空翻。

由于主从 RS 触发器是由两个同步 RS 触发器组成的，所以它的功能描述、特征方程、约束条件均和同步 RS 触发器完全相同。

表 10-4 为主从 RS 触发器特性表，图 10-11 为主从 RS 触发器工作波形图。

表 10-4 主从 RS 触发器特性表

CP	S	R	Q^n	Q^{n+1}
×	×	×	×	Q^n
⎍	0	0	0	0
⎍	0	0	1	1
⎍	1	0	0	1
⎍	1	0	1	1
⎍	0	1	0	0
⎍	0	1	1	0
⎍	1	1	0	1*
⎍	1	1	1	1*

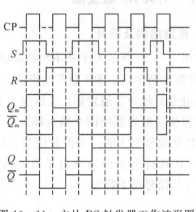

图 10-11 主从 RS 触发器工作波形图

10.3.2 主从 JK 触发器

由前面的知识可知，无论是同步 RS 触发器还是主从 RS 触发器，都必须满足 $SR＝0$ 的约束条件，因此如果用 $S＝J\overline{Q}, R＝KQ$，分别代替原来的输入，则原触发器中的约束条件便自然满足了，得到的这种触发器就是主从 JK 触发器。

图 10-12 为主从 JK 触发器的组成结构及符号。由图 10-12(a) 可以发现，主从 JK 触发器由两个结构相同的同步触发器组成，其中 $G_1 \sim G_4$ 组成的触发器称为从触发器，$G_5 \sim G_8$ 组成的触发器称为主触发器，主从触发器工作的 CP 脉冲信号互逆。主触发器的两个输出端同时作为从触发器的两个输入端。图 10-12(b) 为主从 JK 触发器的图形符号，框中 C1 表示 CP 是编号为 1 的一个控制信号，1J、1K 表示受 C1 控制的输入信号。与主从 RS 触发器相同，主从 JK 触发器输出状态的变化也是发生在 CP 信号的下降沿。

表 10-5 为主从 JK 触发器特性表，图 10-13 为主从 JK 触发器工作波形图。

将 $S＝J\overline{Q}, R＝KQ$ 代入同步 RS 触发器特性方程，则得到主从 JK 触发器对应特性方程为：$Q^{n+1}＝J\overline{Q^n}+\overline{K}Q^n$。

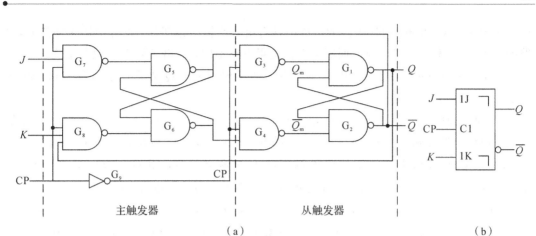

（a）　　　　　　　　　　　　　　　　　　　　　（b）

图 10 - 12　主从 JK 触发器的组成结构及符号

表 10 - 5　主从 JK 触发器特性表

CP	J	K	Q^n	Q^{n+1}
×	×	×	×	Q^n
⊓↓	0	0	0	0
⊓↓	0	0	1	1
⊓↓	1	0	0	1
⊓↓	1	0	1	1
⊓↓	0	1	0	0
⊓↓	0	1	1	0
⊓↓	1	1	0	1
⊓↓	1	1	1	0

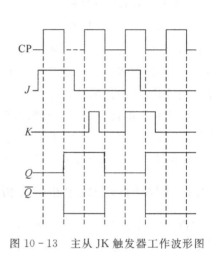

图 10 - 13　主从 JK 触发器工作波形图

10.4　同步时序逻辑电路

10.4.1　时序逻辑电路

1. 时序逻辑电路的特点

时序逻辑电路(简称时序电路)是一种与时间相关且具有"记忆"功能的电路,其特点是,在任何时刻电路产生的稳定输出信号不仅与该时刻电路的输入信号有关,而且还与电路过去的状态有关。图 10 - 14 显示了时序电路的电路框图。

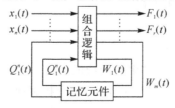

图 10 - 14　时序电路的电路框图

由图 10-13 可知，时序电路的组成中既有组合逻辑电路部分，也有记忆元件部分，电路的输入为 x，输出为 F。与前面所学组合逻辑电路不同，输出函数 F 不仅与输入 x 有关，而且与记忆元件此时的输出 Q 相关，而记忆元件此时的输出 Q 又是由前一状态组合逻辑电路的另一个输出 W 决定的。

设 t 时刻时，记忆元件的状态输出为 $Q_1^n(t)$，$Q_2^n(t)$，$\cdots$，$Q_l^n(t)$，称为时序电路的现态。该时刻时序电路在输入 $x_n(t)$ 及现态 $Q_i^n(t)$ 的共同作用下，产生输出函数 $F_r(t)$ 及控制函数 $W_m(t)$。控制函数用来建立记忆元件的新状态的输出函数，用 $Q_1^{n+1}(t)$，$Q_2^{n+1}(t)$，$\cdots$，$Q_l^{n+1}(t)$ 表示，称为次态。这样时序电路的功能可由下面两组表达式描述：

$$F_i(t)=f_i[x_1(t),\ x_2(t),\ \cdots,\ x_r(t);\ Q_1^n(t),\ Q_2^n(t),\ \cdots Q_l^n(t)] \quad i=1,\ 2,\ \cdots,\ r$$

$$Q_j^{n+1}(t)=q_j[x_1(t),\ x_2(t),\ \cdots,\ x_l(t);\ Q_1^n(t),\ Q_2^n(t),\ \cdots Q_l^n(t)] \quad j=1,\ 2,\ \cdots,\ l$$

由此可知，时序电路就是通过记忆元件的不同状态来记忆以前的状态。

2. 时序逻辑电路的分类

时序电路可分为两大类：同步时序电路和异步时序电路。

在同步时序电路中，电路的状态仅仅在统一的信号脉冲（称为时钟脉冲 CP）控制下才同时变化一次。如果 CP 脉冲没来，即使输入信号发生变化，它可能会影响输出，但绝不会改变电路的状态（即记忆电路的状态）。

在异步时序电路中，记忆元件的状态变化不是同时发生的。这种电路中没有统一的时钟脉冲，一般采用前一级的进位输出作为后一级的时钟脉冲，用以控制后一级电路状态的改变。任何输入信号的变化都可能立刻引起异步时序电路状态的变化。

10.4.2 同步时序逻辑电路的分析

分析一个时序电路，就是要找出给定时序电路的逻辑功能，具体来说，就是找出电路的状态和输出的状态在输入变量和时钟信号作用下的变化规律。

由于同步时序电路中所有触发器都是在同一时钟信号操作下工作的，所以分析同步时序电路比较简单。其主要步骤如下：

（1）仔细观察电路，判断是否为同步时序电路。

（2）列出电路的驱动方程、状态方程和输出方程。

从给定的逻辑图中写出每个触发器的驱动方程（即存储电路中每个触发器输入信号的逻辑函数式）。

将得到的这些驱动方程代入相应触发器的特性方程，得到每个触发器的状态方程，从而得到由这些状态方程组成的整个时序电路的状态方程组。

根据逻辑图写出电路的输出方程。

（3）列出电路的状态转换表。

（4）画出电路的状态转换图。

（5）根据上述分析，总结并描述电路的功能。

【例 10-1】 时序电路如图 10-15 所示，试分析驱动方程、状态方程和输出方程，当 x 序列为 10101100 时，若起始态为 $Q_2Q_1=00$，画出电路时序图。

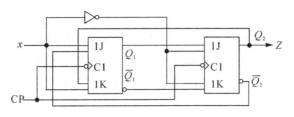

图 10-15　例 10-1 的时序电路

解　该电路中，时钟脉冲接到每个触发器的时钟输入端，故为同步时序电路。

（1）驱动方程为

$$\begin{cases} J_1 = x\,\overline{Q_2^n},\ K_1 = xQ_2^n \\ J_2 = \overline{x}Q_1^n,\ K_2 = \overline{x}\,\overline{Q_1^n} \end{cases}$$

（2）将上述驱动函数代入触发器的特性方程中，即得每一触发器的状态方程：

$$\begin{cases} Q_1^{n+1} = J_1\,\overline{Q_1^n} + \overline{K_1}Q_1^n = x\,\overline{Q_2^n}\,\overline{Q_1^n} + \overline{xQ_2^n}Q_1^n \\ Q_2^{n+1} = J_2\,\overline{Q_2^n} + \overline{K_2}Q_2^n = \overline{x}Q_1^n\,\overline{Q_2^n} + (x + Q_1^n)Q_2^n \end{cases}$$

（3）输出方程为

$$Z = Q_2^n$$

若将任何一组输入变量及电路初态的取值代入状态方程和输出方程，即可在电路的次态和现态下取值，以得到的次态作为新的初态，和这时的输入变量取值一起再代入状态方程进行计算，又得到一组新的次态和输出值，这样将全部计算结果列成真值表的形式，会得到初态与次态的对应情况，得到了状态转换表。

如果将 x 的取值按时钟脉冲先后顺序列表，就可以求出对应的 Q_2^n、Q_1^n、Q_2^{n+1}、Q_1^{n+1}、Z，显然可以知道，上述状态不能包含电路可能出现的所有情况，将这些可以出现的其他状态也计算出来，则可得到表 10-6 所示的形式，这样就得到了例 10-1 的状态转换表。

表 10-6　例 10-1 的状态转换表

CP	x	Q_2^n	Q_1^n	Q_2^{n+1}	Q_1^{n+1}	Z
1	1	0	0	0	1	0
2	0	0	1	1	1	0
3	1	1	1	1	0	1
4	0	1	0	0	0	1
5	1	0	0	0	1	0
6	1	0	1	0	1	0
7	0	0	1	1	1	0
8	0	1	1	1	1	1
9	0	0	0	0	0	0
10	1	1	0	1	0	1

为了更形象直观地显示时序电路的逻辑功能，有时还进一步将状态转换表的内容表示

成状态转换图的形式。

图 10-16 是表 10-6 所示的状态转换图。在状态转换图中以圆圈表示电路的各个状态，以箭头表示状态转换的方向。在箭头旁要注明状态转换的输入变量和输出变量，通常将输入变量取值写在斜线上，将输出变量写在斜线下，如果电路没有输入逻辑，则斜线上就不用注字说明。

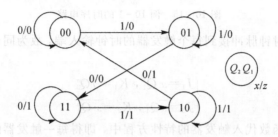

图 10-16 表 10-6 所示的状态转换图

需要说明的是，由于状态转换图圆圈表示的状态是以 Q 的组合形式来表示的，图 10-16 既可以用 $Q_2 Q_1$ 表示，也可以用 $Q_1 Q_2$ 表示，因此为准确说明状态转换，一般需要在图中增加标注，以此说明状态的编号。

综合上述分析，可以作出例 10-1 的时序图，如图 10-17 所示。

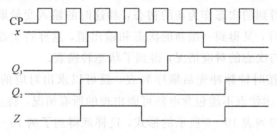

图 10-17 例 10-1 时序图

【例 10-2】 时序电路如图 10-18 所示，试分析其功能。

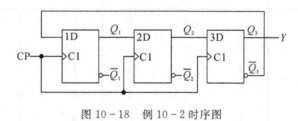

图 10-18 例 10-2 时序图

解 该电路仍为同步时序电路。

电路的驱动方程为

$$D_1 = \overline{Q_3^n} ; \quad D_2 = Q_1^n ; \quad D_3 = Q_2^n$$

状态方程为

$$Q_1^{n+1} = \overline{Q_3^n} ; \quad Q_2^{n+1} = Q_1^n ; \quad Q_3^{n+1} = Q_2^n$$

输出方程为

$$Y = Q_3^n$$

由此得出状态转换表如表 10-7 所示，状态转换图如图 10-19 所示。

表 10 - 7　状态转换表

Q_1^n	Q_2^n	Q_3^n	Q_1^{n+1}	Q_2^{n+1}	Q_3^{n+1}	Y
0	0	0	1	0	0	0
0	0	1	0	0	0	1
0	1	0	1	0	1	0
0	1	1	0	0	1	1
1	0	0	1	1	0	0
1	0	1	0	1	0	1
1	1	0	1	1	1	0
1	1	1	0	1	1	1

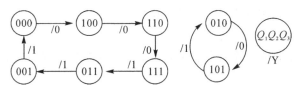

图 10 - 19　状态转换图

由图 10 - 19 可看出该电路为六进制计数器,又称为六分频电路,且无自启动能力(电路处于无效状态时在 CP 作用下可以进入有效循环状态,称其为可以自启动)。所谓分频电路,是指将输入的高频信号变为低频信号输出的电路,所以有时又将计数器称为分频器。六分频是指输出信号的频率为输入信号频率的 1/6,即

$$f_0 = \frac{1}{6} f_{CP}$$

其波形图如图 10 - 20 所示。

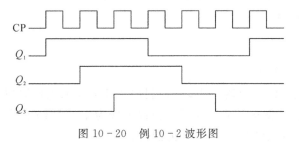

图 10 - 20　例 10 - 2 波形图

10.5　若干常用的时序逻辑电路

10.5.1　计数器

在数字系统中应用最多的时序电路是计数器,它不仅可以用于对时钟脉冲计数,还可以用于分频、定时、产生节拍脉冲和脉冲序列以及进行数字运算。

1. 计数器的分类

计数器的种类很多，大体上可以按以下几种方法来进行分类：

1）按进位模数来分

所谓进位模数，就是计数器所经历的独立状态总数，即进位制的数。

（1）模 2 计数器：进位模数为 2^n 的计数器均称为模 2 计数器。其中 n 为触发器级数。

（2）非模 2 计数器：进位模数非 2^n，用得较多的如十进制计数器。

2）按计数脉冲输入方式来分

（1）同步计数器：计数脉冲引至所有触发器的 CP 端，使应翻转的触发器同时翻转。

（2）异步计数器：计数脉冲并不引至所有触发器的 CP 端，有的触发器的 CP 端，是其他触发器的输出，因此触发器不是同时动作的。

3）按计数增减趋势来分

（1）递增计数器：每来一个计数脉冲，触发器组成的状态就按二进制代码规律增加。这种计数器有时又称为加法计数器。

（2）递减计数器：每来一个计数脉冲，触发器组成的状态按二进制代码规律减少。有时又称为减法计数器。

（3）双向计数器：又称可逆计数器，计数规律可按递增规律，也可按递减规律，由控制端决定。

4）按电路集成度来分

（1）小规模集成计数器：个数小于 10 的门电路，经外部连线构成具有计数功能的逻辑电路。

（2）中规模集成计数器：由 10～100 个门电路（或元器件个数为 100～1000），经内部连接集成在一块硅片上，它使计数功能比较完善，并能进行功能扩展的逻辑部件。

由于计数器是时序电路，故它的分析与时序电路的分析完全一样，其设计方法将在时序电路设计中予以介绍。

2. 同步计数器

1）同步二进制计数器

（1）同步二进制加法计数器。同步二进制加法计数器的工作原理是依据二进制加法运算规则，在多位二进制数末位加 1，若第 i 位以下皆为 1，则第 i 位应翻转。若用 T 触发器构成计数器，则第 i 位触发器输入端 T_i 的逻辑式应为

$$\begin{cases} T_i = Q_{i-1}Q_{i-2}\cdots Q_0 \\ T_0 \equiv 1 \end{cases}$$

图 10-21 即为一种用 T 触发器组成的 4 位二进制同步加法计数器。由图可知，该计数器采用的是控制时钟信号的形式，当每次计数脉冲到达时，只会加到该翻转的触发器的 CP 端，而不会加到那些不该翻转的触发器上，同时所有触发器都接成 $T = 1$ 的状态，这样就可以用计数器电路的不同状态来记录输入的 CP 脉冲数目。图中当每输入 16 个信号时，输出 C 端会产生一个进位输出信号。

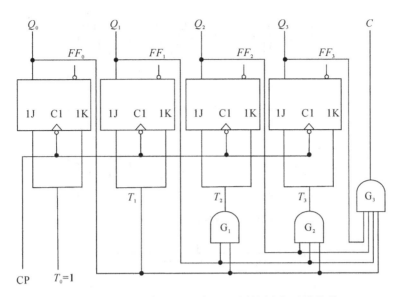

图 10-21　用 T 触发器组成的二进制同步加法计数器

图 10-22 和图 10-23 是图 10-21 电路的状态转换图和时序图，由图可知，该计数器能够完成$(0000)_2 \sim (1111)_2$ 的计数工作。

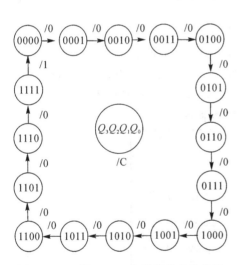

图 10-22　图 10-19 电路的状态转换图

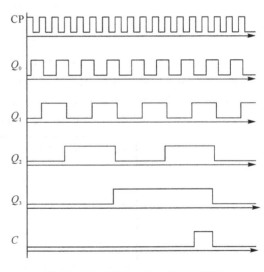

图 10-23　图 10-19 电路的时序图

若图示计数器的频率是 f_0，则 Q_0、Q_1、Q_2、Q_3 端输出脉冲的频率分别是 $\frac{1}{2}f_0$、$\frac{1}{4}f_0$、$\frac{1}{8}f_0$、$\frac{1}{16}f_0$，即计数器同时具有分频功能，因此也将它称为分频器。

实际使用的计数器常采用中规模集成计数器，规格为 74LS161 的 4 位同步二进制计数器除了具有二进制加法计数功能外，还增加了预置数、保持和异步置零等附加功能，图 10-24、图 10-25 分别为 74LS161 引脚分布图和逻辑符号，是在图 10-21 电路基础上接入控制端而得到的。

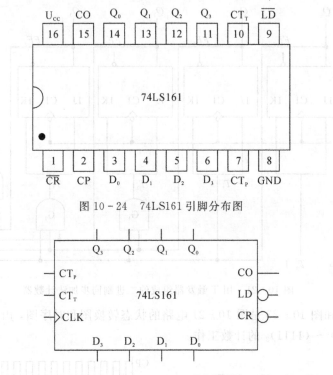

图 10 - 24　74LS161 引脚分布图

图 10 - 25　74LS161 逻辑符号

图 10 - 24、图 10 - 25 中，$\overline{\text{LD}}$ 为预置数控制端，$D_0 \sim D_3$ 为数据输入端，CO 为进位输出端，$Q_0 \sim Q_3$ 为数据输出端，$\overline{\text{CR}}$ 为异步置零(复位)端，CT_P、CT_T 为工作状态控制端。

图 10 - 26 为一种 74LS161 芯片外形图。表 10 - 8 为 74LS161 的功能表。

表 10 - 8　74LS161 的功能表

CP	$\overline{\text{CR}}$	$\overline{\text{LD}}$	CT_P	CT_T	工作状态
×	0	×	×	×	置 0(异步)
⎍	1	0	×	×	预置数(同步)
×	1	1	0	1	保持(包括 CO)
×	1	1	×	0	保持(CO＝0)
⎍	1	1	1	1	计数

图 10 - 26　一种 74LS161 芯片外形

当 $\overline{CR}=0$ 时所有触发器将同时被置"0"，且此操作不受其他输入状态的影响。

当 $\overline{CR}=1$，$\overline{LD}=0$ 时，电路工作在同步预置数状态，此时各触发器的输入端状态完全由 $D_0 \sim D_3$ 的状态决定。

当 $\overline{CR}=\overline{LD}=1$，且 $CT_P=0$，$CT_T=1$ 时，各触发器处于保持状态，不受 CP 信号控制，同时进位输出 CO 状态也得到保持。如果 $CT_T=0$，无论 CT_P 为何状态，计数器状态也保持不变，但此时 CO=0。

当 $\overline{CR}=\overline{LD}=CT_P=CT_T=1$ 时，电路处于计数状态，与图 10-18 的工作状态相同。

（2）同步二进制减法计数器。同步二进制减法计数器的工作原理是在多位二进制数末位减 1，若第 i 位以下皆为 0，则第 i 位应翻转。若用 T 触发器构成计数器，则第 i 位触发器输入端 T_i 的逻辑式应为

$$\begin{cases} T_i = \overline{Q_{i-1}}\ \overline{Q_{i-2}}\cdots\overline{Q_0} \\ T_0 \equiv 1 \end{cases}$$

同步二进制减法计数器的分析方法与同步二进制加法计数器基本类似，这里就不再赘述了。

事实上，常用的同步 n 位二进制计数器还有 74LS191，这是一种同步十六进制加/减法计数器，图 10-27、图 10-28 分别为 74LS191 引脚分布图和逻辑符号，表 10-9 为 74LS191 的功能表。

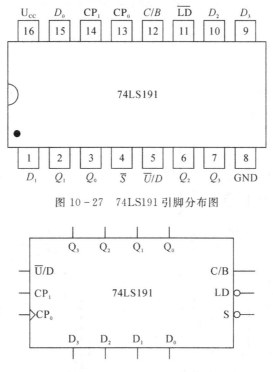

图 10-27　74LS191 引脚分布图

图 10-28　74LS191 逻辑符号

74LS191 电路的加减由 $\overline{U}/D$ 的电平决定，当 $\overline{U}/D=0$ 时，实现二进制加法计数功能；$\overline{U}/D=1$ 时，做减法计数。$\overline{S}$ 为计数允许控制端，当 $\overline{S}=0$ 时可以计数，$\overline{S}=1$ 时，计数器处于保持状态。C/B 为进位/借位信号输出端（也称最大/最小输出端），代表在加法计数时的进位信号或减法计数时的借位信号。

表 10-9 74LS191 的功能表

CP	$\bar{S}$	$\overline{LD}$	$\bar{U}/D$	工作状态
*	1	1	*	保持
*	*	0	*	预置数
⊓	0	1	0	加法计数
⊓	0	1	1	减法计数

需要注意的是：同步加/减法计数器既有采用同一个时钟脉冲作为加/减法控制脉冲的，也有采用两个时钟脉冲分别作为加法和减法控制脉冲的，前者称为单时钟方式，后者称为双时钟方式。74LS191 是采用单时钟方式工作的同步十六进制加/减法计数器。

2）同步十进制计数器

对于 4 位二进制同步计数器，当计数值由 0000 计到 1001 后，下一个计数脉冲到来时，能够将电路翻转回 0000 状态，则得到的计数器就变成 4 位十进制同步计数器。

图 10-29 和图 10-30 分别是用 T 触发器组成的 4 位十进制同步加法计数器和 4 位十进制同步减法计数器，如图可知 4 位十进制同步加法计数器和 4 位十进制同步减法计数器的逻辑式分别为

$$\begin{cases} T_0 = 1 \\ T_1 = Q_0 \overline{Q_3} \\ T_2 = Q_0 Q_1 \\ T_3 = Q_2 Q_1 Q_0 + Q_3 Q_0 \end{cases} \qquad \begin{cases} T_0 = 1 \\ T_1 = \overline{Q}_0 \overline{(\overline{Q}_3 \overline{Q}_2 \overline{Q}_1)} \\ T_2 = \overline{Q}_1 \overline{Q}_0 \cdot \overline{\overline{Q}_1 \overline{Q}_2 \overline{Q}_3} \\ T_3 = \overline{Q}_2 \overline{Q}_1 \overline{Q}_0 \end{cases}$$

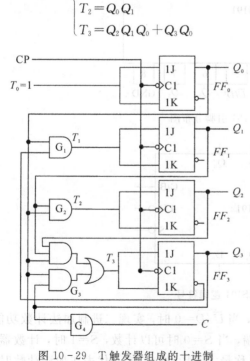

图 10-29　T 触发器组成的十进制
同步加法计数器

图 10-30　T 触发器组成的十进制
同步减法计数器

图 10 - 31 和图 10 - 32 分别为十进制同步加法计数器和减法计数器的状态转换图。由图可知，当加法和减法计数到临界值时(加法计到 1001，减法计到 0000)，都能自动向下一初始状态(加法 0000，减法计到 1001)转换，这种现象称为自启动，因此十进制同步加法计数器和减法计数器都属于自启动计数器。

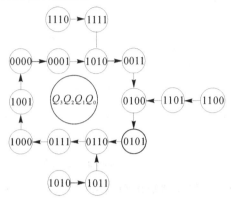

图 10 - 31　十进制同步加法计数器状态转换图

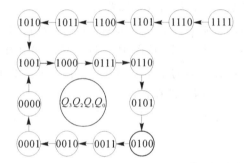

图 10 - 32　十进制同步减法计数器状态转换图

常用的十进制同步计数器有 74LS160、74LS190 和 74LS192，前者为十进制同步加法计数器，后两者为十进制同步可逆计数器。它们的引脚接口、功能表分别与 74LS161、74LS191 类似，这里就不再赘述了。

3. 异步计数器

与组成同步计数器的各触发器使用同一时钟信号进行翻转控制不同，异步计数器一般使用某一触发器的输出信号来控制另一触发器的翻转，因此异步计数器中各触发器不是同步翻转。

图 10 - 33 是异步二进制加法计数器，图 10 - 34 是异步二进制加法计数器的时序图。

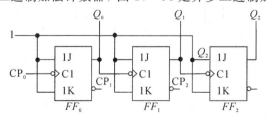

图 10 - 33　3 位异步二进制加法计数器

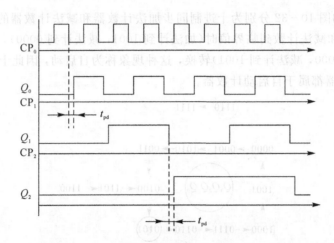

图 10-34 3位异步二进制加法计数器的时序图

由图 10-33 可知，前一级触发器输出 Q，同时作为后一级触发器的时钟脉冲 CP，在末位＋1 时，每 1 位从"1"变"0"，并向高位发出进位，使高位翻转，从低位到高位逐位进位，为保证各触发器能正常计数，所有数据输入端置"1"。

由于组成异步计数器的各触发器需要依次翻转，触发器输出端新状态的建立要比时钟信号滞后一个触发器的传输延迟时间，从图 10-34 中可以明显看到传输延迟时间 t_{pd}。

异步减法计数器与加法计数器的工作原理基本类似，它是以前一级触发器输出 $\overline{Q}$ 作为后一级触发器的时钟脉冲 CP，两者都存在逐位借（进）位和传输延迟的情况。

常用的 4 位异步二进制加法计数器有 74LS293，4 位异步十进制加法计数器有 74LS290。

10.5.2 寄存器和移位寄存器

1. 寄存器

寄存器用于寄存一组二值代码，它由若干个触发器组成，一般 N 位寄存器由 N 个触发器组成，可存放一组 N 位二值代码。对于寄存器中的触发器，无论是电平触发，还是脉冲触发或边沿触发，只要求其中每个触发器置 1、置 0 即可。

图 10-35 为中规模集成 4 位寄存器 74LS175 逻辑图。

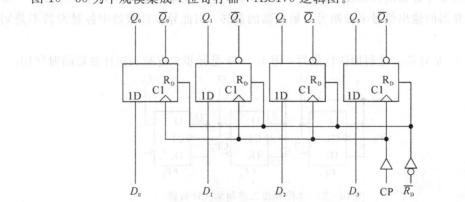

图 10-35 74LS175 逻辑图

当时钟脉冲 CP 为上升沿时，数码 $D_0 \sim D_3$ 可并行输入到寄存器中，因此是单拍式。4 位数码 $Q_0 \sim Q_3$ 并行输出，故该寄存器又可称为并行输入、并行输出寄存器。$\overline{R_D}$ 为 0，则 4 位数码寄存器异步清零。CP＝0，$\overline{R_D}$＝1，寄存器保持数码不变。若要扩大寄存器位数，则可将多片器件进行级联。

2. 移位寄存器

移位寄存器除了具有存储代码的功能外，还具有移位功能。所谓移位功能，是指寄存器里存储的代码能在移位脉冲作用下依次左移或右移。因此，移位寄存器不但可以用来寄存代码，还可以用来实现数据的串行—并行转换、数值的运算以及数据处理。

图 10 - 36 为用 D 触发器组成的移位寄存器，图 10 - 37 为图 10 - 36 的波形图。

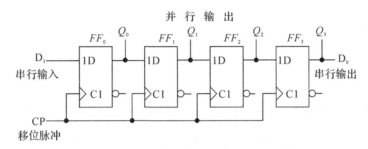

图 10 - 36　用 D 触发器组成的移位寄存器

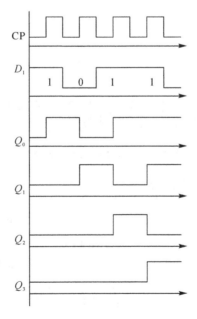

图 10 - 37　图 10 - 36 的电压波形

可以看出，在图 10 - 36 所示电路中，在移位脉冲作用下，串行输入数据代码 D_i 会依次右移到 $FF_0 \sim FF_3$ 触发器中。当经过 4 个脉冲信号后，串行输入的 4 个代码全部移入了移位寄存器中，并根据先后顺序依次出现在 $Q_3 \sim Q_0$ 输出端，这样就可以在 4 个触发器输出端同时得到并行的输出结果，实现数据的串行—并行转换。

如果先将 4 位数据并行地置入移位寄存器的 4 个触发器中，然后连续加入 4 个移位脉冲,则移位寄存器的 4 位代码将从串行输出端 D_0 依次送出,从而实现数据的并行－串行转换。

常用的移位寄存器有 4 位双向移位寄存器 74LS194A,其功能表如表 10－10 所示。图 10－38、图 10－39 分别为 74LS194A 引脚分布图和逻辑符号。

表 10－10 74LS194A 功能表

$\overline{R_D}$	S_1	S_0	工作状态
0	×	×	置零
1	0	0	保持
1	0	1	右移
1	1	0	左移
1	1	1	并行输入

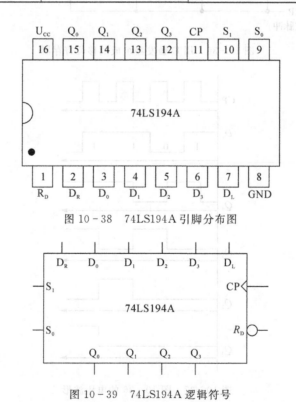

图 10－38 74LS194A 引脚分布图

图 10－39 74LS194A 逻辑符号

10.6 时序逻辑电路的设计

所谓时序逻辑电路设计,就是要求设计者根据给出的具体逻辑问题,求出实现这一逻辑功能的最简单逻辑电路。

10.6.1　同步时序逻辑电路的设计

在设计同步时序逻辑电路时，一般执行的步骤如图 10-40 所示。

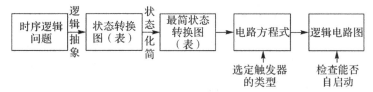

图 10-40　同步时序逻辑电路的设计过程

设计同步时序逻辑电路的具体步骤如下：

（1）逻辑抽象，求出电路的状态转换图或状态转换表，具体要求如下：

① 分析给定的逻辑问题，确定输入变量、输出变量和电路状态数。通常以原因（或条件）作为输入逻辑变量，结果为输出逻辑变量。

② 定义输入、输出逻辑状态以及每个电路状态的含意，并对电路状态进行编号。

③ 按设计要求列出状态转换表，或画出状态转换图。

这样，一个给定的逻辑问题就抽象为一个时序逻辑函数了。

（2）状态化简。若两个电路状态在相同的输入下有相同的输出，并转换到同一个次态，则这两个状态称为等价状态。等价状态可以合并为一个状态。电路的状态数越少，设计的电路结构就越简单。

（3）状态分配。状态分配又称为状态编码。其主要内容如下：

① 由于逻辑电路的状态是由触发器状态的不同组合来表示的，状态分配首先要确定触发器数目。一般情况下若 n 个触发器有 2^n 种状态组合，则时序电路所需的状态数 M 必须满足 $2^{n-1} < M \leq 2^n$。

② 给每个状态规定一个代码。每组触发器状态组合都是一组二值代码（又称状态编码），为便于记忆和识别，通常状态编码的取法、排列顺序都要依照一定的规律。

（4）选定触发器类型，求出状态方程、驱动方程和输出方程。

（5）根据得到的方程画出逻辑图。

（6）检查设计的电路能否自启动。如果电路不能自启动，需采取措施解决。一种方法是在电路开始工作时通过电路的置数功能将电路的状态设置成有效状态循环中的某一状态；另一种方法是通过修改逻辑设计加以解决。

【例 10-3】　设计一个串行数据检测器，要求在连续输入 3 个或 3 个以上"1"时输出为 1，其余情况下输出为 0。

（1）逻辑抽象，画出状态转换图。用 X（1 位）表示输入数据，用 Y（1 位）表示输出（检测结果）。设电路在没有输入 1 以前的状态为 S_0，输入一个 1 以后的状态为 S_1，输入两个 1 以后的状态为 S_2，输入 3 个及 3 个以上 1 以后状态为 S_3，则存在如表 10-11 所示的状态转换表。

表 10-11　例 10-3 的状态转换表

S^{n+1}/Y ＼ S　X	S_0^n	S_1^n	S_2^n	S_3^n
0	$S_0^n/0$	$S_0^n/0$	$S_0^n/0$	$S_0^n/0$
1	$S_1^n/0$	$S_2^n/0$	$S_3^n/1$	$S_3^n/1$

由状态转换表可以画出状态转换图，如图 10-41(a)所示。

(2) 状态化简。由表 10-11 可知，状态 S_2 与 S_3 为等价状态，将状态转换图化简后，得到图 10-41(b)。

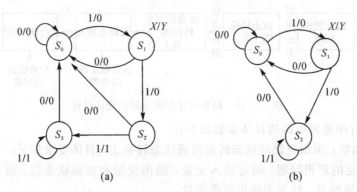

图 10-41 例 10-3 的状态转换图

(3) 状态分配。如果取触发器状态 Q_1Q_0 的 00、01、10 分别代表 S_0、S_1、S_2，并选择 JK 触发器组成该电路，则可由状态转换图画出电路次态和输出的卡诺图，如图 10-42 所示。

X \ Q_1Q_0	00	01	11	10
0	00/0	00/0	XX/X	00/0
1	01/0	10/0	XX/X	10/1

图 10-42 例 10-3 的电路次态和输出的卡诺图

将图 10-42 分解后可得 3 个卡诺图，如图 10-43 所示。化简后可得电路的状态方程和输出方程：

$$\begin{cases} Q_1^{n+1} = XQ_1^n + XQ_0^n \\ Q_0^{n+1} = X\overline{Q_1^n}\,\overline{Q_0^n} \\ Y = XQ_1^n \end{cases}$$

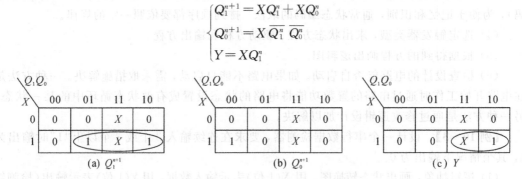

图 10-43 例 10-3 的卡诺图分解

(4) 选用 JK 触发器。将上面的状态方程写成 JK 触发器特性方程的形式：

$$\begin{cases} Q_1^{n+1} = XQ_1^n + XQ_0^n = XQ_1^n + XQ_0^n(Q_1^n + \overline{Q_1^n}) = (XQ_0^n)\overline{Q_1^n} + \overline{X}Q_1^n \\ Q_0^{n+1} = X\overline{Q_1^n}\,\overline{Q_0^n} = (X\overline{Q_1^n})\overline{Q_0^n} + \overline{1}Q_0^n \end{cases}$$

$$\begin{cases} J_1 = XQ_0, & K_1 = \overline{X} \\ J_0 = X\overline{Q_1}, & K_0 = 1 \end{cases}$$

（5）画逻辑图。根据 JK 触发器特性方程和 Y 的输出方程可以画出电路逻辑图，如图 10-44 所示。

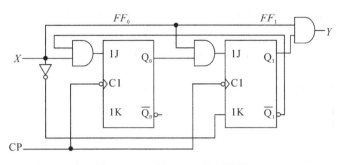

图 10-44 例 10-3 的逻辑图

（6）检查电路能否自启动。将状态"11"代入状态方程和输出方程，分别求 $X=0/1$ 下的次态和现态下的输出，得到：

$$\begin{cases} X=0 \text{ 时}, Q_1^{n+1}Q_0^{n+1}=00, Y=0 \\ X=1 \text{ 时}, Q_1^{n+1}Q_0^{n+1}=10, Y=1 \end{cases}$$

说明该电路是可以自启动的。

10.6.2　计数器的设计

常见的时序逻辑电路设计中，有很大比例是计数器的设计，本节将具体介绍任意进制计数器的设计过程。

假设采用的计数芯片为 N 进制，需要设计的计数器为 M 进制，则必然存在两种情况：$N>M$ 和 $N<M$。

1. $N>M$

$N>M$ 指的是用大进制的计数芯片组成小进制的计数器，这时只要将计数循环过程中设法跳过 $N-M$ 个状态即可，常用的方法有"置 0 法"和"置数法"两种。图 10-45 表现了两种方法的状态转换情况，其中图(a)为"置 0 法"，图(b)为"置数法"。

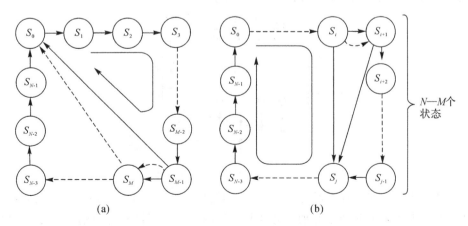

图 10-45　两种方法的状态转换图

【例 10-4】　用十进制计数器 74160 芯片设计一个六进制计数器。

（1）采用异步"置 0 法"实现。

由表 10 - 12 可知 74160 芯片的状态转换情况，显然如果当计数脉冲达到"0110"（十进制数恰为 6）时，通过外部电路使得 74160 芯片复位，则可以实现六进制计数。其状态转换图如图 10 - 46 所示。

表 10 - 12　74160 芯片的状态转换表

CP	$\overline{R}_D$	$\overline{LD}$	EP	ET	工作状态
×	0	×	×	×	置 0（异步）
⌐⌐	1	0	×	×	预置数（同步）
×	1	1	0	1	保持（包括 C）
×	1	1	×	0	保持（$C=0$）
⌐⌐	1	1	1	1	计数

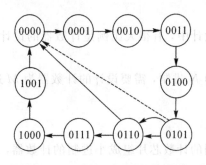

图 10 - 46　例 10 - 4 状态转换图

由此可以设计出逻辑电路，如图 10 - 47 所示。

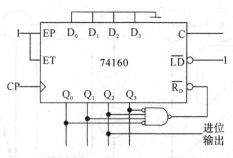

图 10 - 47　例 10 - 4 逻辑电路

事实上，由于电路在计数脉冲达到"0110"时会立即产生"置 0 信号"（复位信号），同时开始下一周期计数，因此产生并加在芯片复位端的"置 0 信号"和进位输出信号持续时间很短，这样不可避免会产生"丢失信号"问题，因此在实用的电路中，常需对"置 0 信号"、进位输出信号进行锁存处理，以提高工作可靠性，其电路如图 10 - 48 所示。

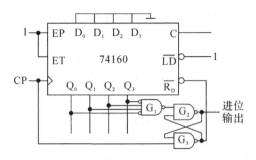

图 10-48　带锁存的例 10-4 逻辑电路

（2）采用"置数法"实现。

图 10-49 反映的是采用"置数法"实现例 10-4 计数功能的两种情况，由图可知，箭头 1 是将状态 0101 直接转换成 0000，箭头 2 则是将状态 0100 转换成 1001。换句话，两种变化实质是将计数芯片的初始状态分别设置为 0000 和 1001 两种状态，而这两种状态都是需要通过置数输入端置入计数芯片的。

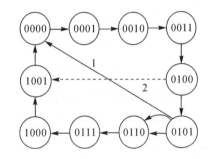

图 10-49　"置数法"例 10-4 状态转换图

图 10-50 为采用"置数法"的逻辑电路图，图（a）是预置 0000 时的电路，图（b）是预置 1001 时的电路。

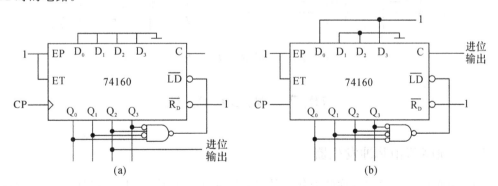

图 10-50　"置数法"例 10-4 逻辑电路

2. $N{<}M$

当出现 $N{<}M$ 时，说明一个芯片不能满足计数需要，此时可以采用多个（多种）芯片共同组建所需计数器。先用前面的方法分别接成 $N1$ 和 $N2$ 两个计数器，实现 $M{\leqslant}N_1{\times}N_2$，最后再通过电路连接实现所需进制。

N_1 和 N_2 间的连接有以下两种方式：

(1) 并行进位方式：用同一个 CP，低位片的进位输出作为高位片的计数控制信号（如 74160 的 EP 和 ET）。

(2) 串行进位方式：低位片的进位输出作为高位片的 CP，两片始终同时处于计数状态。

【例 10-5】 设计一个采用十进制的 74160 芯片组成的二十九进制计数器。

由题可知，该计数器需要 2 个 74160 芯片组建，高位芯片计数范围为 0~2，低位芯片计数范围为 0~9。当高位芯片计数为 2，且低位芯片计数为 9 时，向外进位输出，同时两个芯片归 0。

图 10-51 为采用整体异步置 0 法设计的逻辑电路，电路中以低位芯片(1)的进位信号 C，作为高位芯片(2)EP、ET 控制信号。

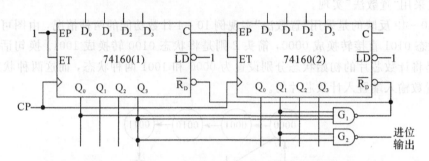

图 10-51 采用整体异步置 0 法设计的例 10-5 逻辑电路

图 10-52 为采用整体同步置数法设计的逻辑电路，电路中低位芯片(1)和高位芯片(2)共用同一时钟脉冲，同步运行。低位的进位信号控制高位的 ET、EP 端口。

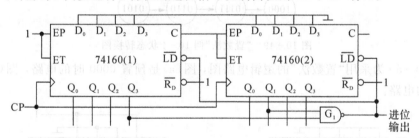

图 10-52 采用整体同步置数法设计的例 10-5 逻辑电路

10.7 能力训练

10.7.1 顺序节拍脉冲发生器

顺序节拍脉冲发生器也称脉冲分配器或节拍脉冲发生器，能按一定时间、一定顺序轮流输出脉冲波形，在数字系统中，常用来控制某些设备按照事先规定的顺序进行运算或操作。

顺序节拍脉冲发生器一般由计数器和译码器组成。作为时间基准的计数脉冲由计数器的输入端送入，译码器将计数器状态译成输出端上的顺序脉冲，使输出端上的状态按一定时间、一定顺序轮流为 1 或者轮流为 0。图 10-53 为顺序节拍脉冲发生器组成图，图 10-54 为顺序节拍脉冲发生器输出波形图。

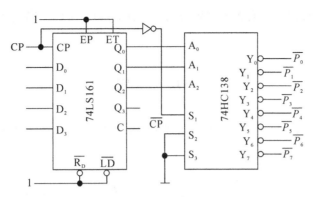

图 10-53 顺序节拍脉冲发生器组成图

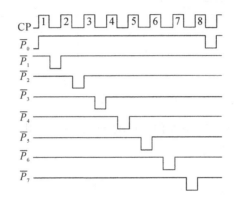

图 10-54 顺序节拍脉冲发生器输出波形图

10.7.2 序列信号发生器

序列信号发生器是能循环产生特定串行数字信号的电子电路,图 10-55 就是一种可以任意设置输出序列的序列信号发生器,它由一个计数器(74LS161)和一个 8 选 1 数据选择器(74LS152)组成,使用时将计数器的进制接成所需序列信号位数,再根据 8 选 1 数据选择器 $D_0 \sim D_7$ 端高低电平的不同,设置所需的序列信号,这样即可得到需要的串行序列信号。图 10-53 中计数器接成八进制计数器,产生的序列信号为 00010111。

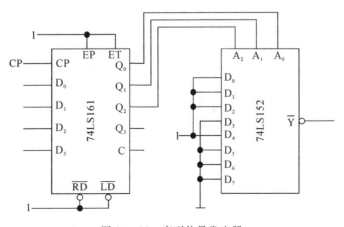

图 10-55 序列信号发生器

由前可知，计数器可以有置零与置数两种接法，所以图 10-55 也可以有别的接法，此处就不再赘述了。

习　题

[题 10.1]　画出图 10-56 与非门组成的 SR 锁存器输出端 Q、$\overline{Q}$ 的电压波形，输入端 $\overline{S_D}$、$\overline{R_D}$ 的电压波形如图中所示。

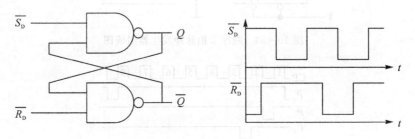

图 10-56　[题 10.1]图

[题 10.2]　画出图 10-57 或非门组成的 SR 锁存器输出端 Q、$\overline{Q}$ 的电压波形，输入端 S_D、R_D 的电压波形如图中所示。

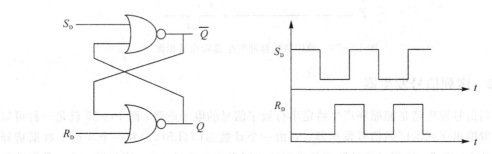

图 10-57　[题 10.2]图

[题 10.3]　试分析图 10-58 所示电路的逻辑功能，列出真值表，写出逻辑函数式。

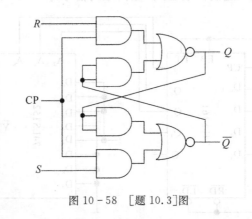

图 10-58　[题 10.3]图

[题 10.4]　在图 10-59 所示电路中，若 CP、S、R 的电压波形如图中所示，试画出 Q、

$\overline{Q}$ 端与之对应的电压波形。假定触发器的初始状态是 $Q=0$。

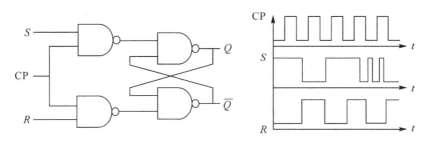

图 10－59　［题 10.4］图

［题 10.5］　若将电平触发 SR 触发器的 Q 与 R、$\overline{Q}$ 与 S 相连，如图 10－60 所示，试画出在 CP 信号作用下 Q 和 $\overline{Q}$ 端的电压波形。已知 CP 信号的宽度 $t_W = 4t_{pd}$。t_{pd} 为门电路的平均传输延迟时间，假定 $t_{pd} \approx t_{PHL}$。触发器的初始状态 $Q=0$。

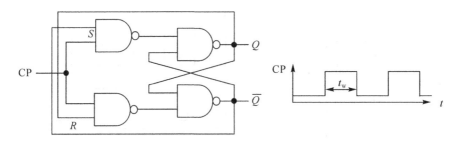

图 10－60　［题 10.5］图

［题 10.6］　若主从结构 SR 触发器的 CP、S、R、$\overline{S_D}$ 各输入端的电压波形如图 10－61 中所示，$\overline{S_D}=1$，试画出 Q、$\overline{Q}$ 端对应的电压波形。

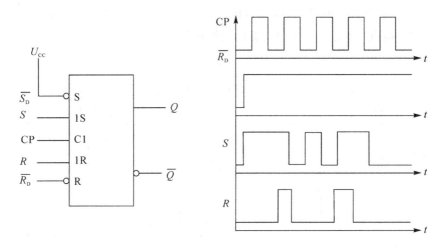

图 10－61　［题 10.6］图

［题 10.7］　若主从结构 SR 触发器输入端的电压波形如图 10－62 所示，试画出 Q、$\overline{Q}$ 所对应的电压波形。设触发器的初始状态为 $Q=0$。

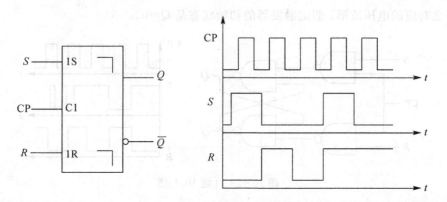

图 10 - 62 [题10.7]图

[题10.8] 在脉冲触发 JK 触发器电路中，若 J、K、CP 端的电压波形如图 10 - 63 所示，试画出 Q、$\overline{Q}$ 端对应电压波形。设触发器的初始状态 $Q=0$。

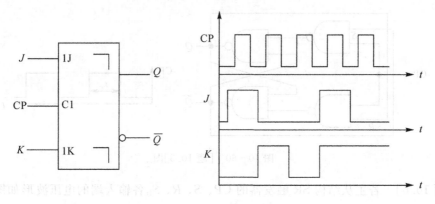

图 10 - 63 [题10.8]图

[题10.9] 已知脉冲触发 JK 触发器输入端 J、K 和 CP 的电压波形如图 10 - 64 所示，画出 Q、$\overline{Q}$ 端对应电压波形。假定触发器的初始状态 $Q=0$。

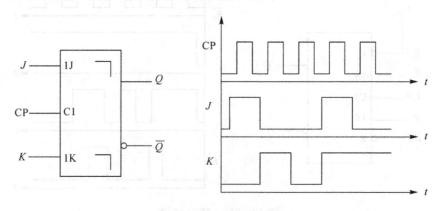

图 10 - 64 [题10.9]图

[题10.10] 若主从结构 JK 触发器 CP、$\overline{R_D}$、$\overline{S_D}$、J、K 端的电压波形如图 10 - 65 中所示，试画出 Q、$\overline{Q}$ 所对应的电压波形。

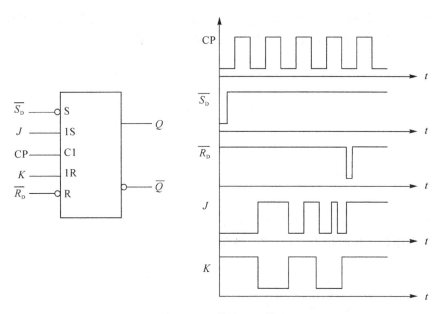

图 10 - 65 [题 10.10]图

[题 10.11] 设计一个 4 人抢答逻辑电路。具体要求如下：

(1) 每个参赛者控制一个按钮，用按动按钮发出抢答信号。

(2) 竞赛主持人另有一个按钮，用于电路复位。

(3) 竞赛开始后，先按动按钮将对应的一个发光二极管点亮，此后其他 3 人再按动按钮对电路不起作用。

[题 10.12] 分析图 10 - 66 所示时序电路的逻辑功能，写出电路的驱动方程、状态方程和输出方程，画出电路的状态转换图和时序图。

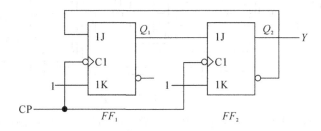

图 10 - 66 [题 10.12]图

[题 10.13] 分析图 10 - 67 时序电路的逻辑功能，写出电路的驱动方程、状态方程和输出方程，画出电路的状态转换图，说明电路能否自启动。

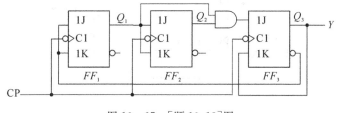

图 10 - 67 [题 10.13]图

[题 10.14] 分析图 10-68 所示时序电路的逻辑功能,写出电路的驱动方程、状态方程和输出方程,画出电路的状态转换图。A 为输入逻辑变量。

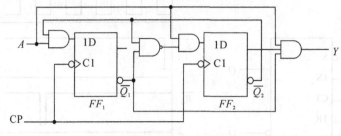

图 10-68 [题 10.14]图

[题 10.15] 分析图 10-69 给出的时序电路,画出电路的状态转换图,检查电路能否自启动,说明电路实现的功能。A 为输入变量。

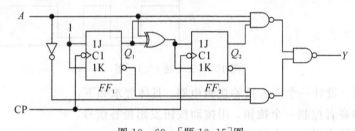

图 10-69 [题 10.15]图

[题 10.16] 分析图 10-70 时序逻辑电路,写出电路的驱动方程、状态方程和输出方程,画出电路的状态转换图,说明电路能否自启动。

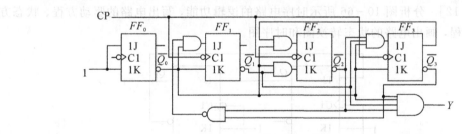

图 10-70 [题 10.16]图

[题 10.17] 分析图 10-71 所示计数器电路,说明这是多少进制的计数器。十进制计数器 74LS160 的功能表与表 10-8 相同。

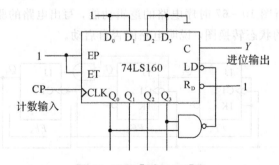

图 10-71 [题 10.17]图

[题 10.18] 分析图 10-72 所示计数器电路，画出电路的状态转换图，说明这是多少进制的计数器。十六进制计数器 74LS161 的功能表如表 10-8 所示。

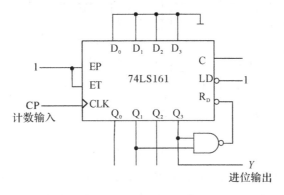

图 10-72 [题 10.18]图

[题 10.19] 试用 4 位同步二进制计数器 74LS161 接成十二进制计数器，试标出输入、输出端，可以附加必要的门电路。74LS161 的功能表见表 10-8。

[题 10.20] 图 10-73 电路是可变进制计数器。试分析当控制变量 A 为 1 和 0 时电路各为几进制计数器。74LS161 的功能表见表 10-8。

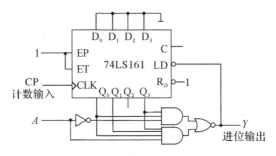

图 10-73 [题 10.20]图

[题 10.21] 设计一个可控进制的计数器，当输入控制变量 $M=0$ 时工作在五进制，$M=1$ 时工作在十五进制。试标出计数输入端和进位输出端。

[题 10.22] 试分析图 10-74 所示计数器电路的分频比（即 Y 与 CP 的频率之比）。74LS161 的功能表见表 10-8。

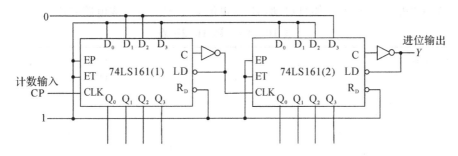

图 10-74 [题 10.22]图

[题 10.23] 分析图 10-75 给出的电路，说明这是多少进制的计数器，两片之间是多少进制。74LS161 的功能表见表 10-8。

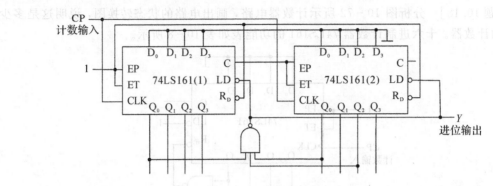

图 10-75 [题 10.23]图

[题 10.24] 画出两片同步十进制计数器 74LS160 接成同步三十一进制计数器的接线图,可以附加必要的门电路。74LS160 的功能表与表 10-8 相同。

[题 10.25] 用同步十进制计数器芯片 74LS160 设计一个三百六十五进制的计数器。要求各位间为十进制关系。允许附加必要的门电路。74LS160 的功能表与表 10-8 相同。

[题 10.26] 图 10-76 是一个移位寄存器型计数器,试画出它的状态转换图,说明这是几进制计数器,能否自启动。

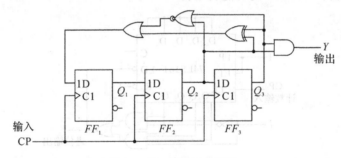

图 10-76 [题 10.26]图

[题 10.27] 设计一个序列信号发生器电路,使之在一系列 CP 信号作用下能周期性地输出"0010110111"的序列信号。

[题 10.28] 设计一个灯光控制逻辑电路。要求红、绿、黄三种颜色的灯在时钟信号作用下按表 10-13 规定的顺序转换状态,完成一个周期后自动开始下一循环。表中的 1 表示"亮",0 表示"灭",要求电路能自启动,并尽可能采用中规模集成电路芯片。

表 10-13 题 10.28 表

CP 顺序	红	黄	绿
0	0	0	0
1	1	0	0
2	0	1	0
3	0	0	1
4	1	1	1

续表

CP 顺序	红	黄	绿
5	0	0	1
6	0	1	0
7	1	0	0
8	0	0	0

[题 10.29]　用 JK 触发器和门电路设计一个 4 位格雷码计数器，它的状态转换表如表 10 - 14 所示。

表 10 - 14　题 10.29 表

CP 顺序	Q_3	Q_2	Q_1	Q_0	进位输出 C
0	0	0	0	0	0
1	0	0	0	1	0
2	0	0	1	1	0
3	0	0	1	0	0
4	0	1	1	0	0
5	0	1	1	1	0
6	0	1	0	1	0
7	0	1	0	0	0
8	1	1	0	0	0
9	1	1	0	1	0
10	1	1	1	1	0
11	1	1	1	0	0
12	1	0	1	0	0
13	1	0	1	1	0
14	1	0	0	1	0
15	1	0	0	0	1
16	0	0	0	0	0

[题 10.30]　设计一个控制步进电动机三相六状态工作的逻辑电路。如果用 1 表示电机绕组导通，0 表示电机绕组截止，则 3 个绕组 ABC 的状态转换图应如图 10 - 77 所示，M 为输入控制量，当 $M=1$ 时为正转，$M=0$ 时为反转。

表题

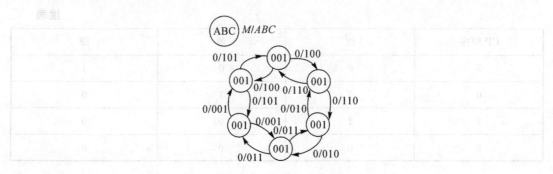

图 10-77 [题 10.30]图

[题 10.30] 用 JK 触发器和门电路设计同步时序电路。它的状态转换图如

[题 10.31] 设计一个串行数据检测电路。当连续出现 4 个和 4 个以上的 1 时，检测信号输出为 1，其余情况下输出信号为 0。

表 10-14 题 10.31

[题 10.32] 设计一个同步时序电路 …… 工作波形电路 …… 电平电路 …… ，状态转换 0 表 电路转换框 …… 图 M …… 表态状态转换图 10-77 所示，A、B …… 功输入状态，当 M=1 时为电平，M=0 时为电平。

第 11 章 脉冲波形的产生与变换

本章主要介绍 555 定时器的组成及功能，以及由 555 定时器组成的单稳态触发器、多谐波触发器及施密特触发器的电路结构及工作原理。

现代电子系统常常需要不同幅度、宽度以及具有陡峭边沿的脉冲信号，矩形脉冲波是应用最为广泛的一种波形，它常用于时序逻辑电路中作时钟信号(CP)等。获取矩形脉冲信号的方法通常有两种：一种是通过各种形式的多谐振荡器电路直接产生，一种是利用各种整形电路将已有的周期性变化信号变换为所需矩形波。

典型的矩形脉冲产生电路有双稳态触发电路、单稳态触发电路和多谐振荡电路三种类型。

双稳态触发电路具有两个稳定状态，两个稳定状态的转换都需要在外加触发脉冲的推动下才能完成。

单稳态触发电路只有一个稳定状态，另一个是暂稳定状态，从稳定状态转换到暂稳态时必须由外加触发信号触发，从暂稳态转换到稳态是由电路自身完成的，暂稳态的持续时间取决于电路本身的参数。

多谐振荡电路能够自激产生脉冲波形，它的状态转换不需要外加触发信号触发，而完全由电路自身完成。因此它没有稳定状态，只有两个暂稳态。

11.1 555 定时器

555 定时器是美国 Signetics 公司 1972 年研制的用于取代机械式定时器的中规模集成电路，是一种多用途的集成电路。555 定时器在波形的产生与变换、测量与控制、家用电器、电子玩具等诸多领域都有广泛的应用。图 11-1 为一种 555 定时器芯片外形图。图 11-2 为一种 555 定时器引脚分配图。

图 11-1 一种 555 定时器芯片外形图

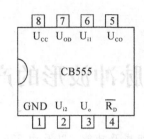

图 11-2 555 定时器引脚分配图

11.1.1 电路结构

图 11-3 为一种 555 定时器电路内部结构图，它由比较器 C_1 和 C_2、RS 锁存器和集电极开路的放电三极管 V 组成。

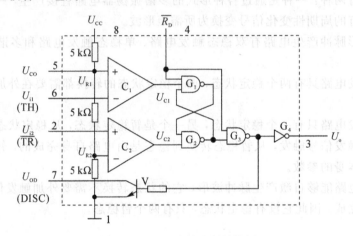

图 11-3 555 电路内部结构图

11.1.2 工作原理

图 11-3 中，比较器 C_1 的输入端 U_{i1}（接引脚 6）称为阈值输入端，用 TH 标注，比较器 C_2 的输入端 U_{i2}（接引脚 2）称为触发输入端，用 $\overline{TR}$ 标注。C_1 和 C_2 的参考电压（电压比较的基准）U_{R1} 和 U_{R2} 由电源 U_{CC} 经三个 5 kΩ 的电阻分压给出。当控制电压输入端 U_{CO} 悬空时，$U_{R1} = \dfrac{2}{3} U_{CC}$，$U_{R2} = \dfrac{1}{3} U_{CC}$。若 U_{CO} 外接固定电压，则 $U_{R1} = U_{CO}$，$U_{R2} = \dfrac{1}{2} U_{CO}$。

$\overline{R_D}$ 为异步置 0 端。只要在 $\overline{R_D}$ 端加入低电平，则基本 RS 触发器就置 0，平时 $\overline{R_D}$ 处于高电平状态。

定时器的主要功能取决于两个比较器输出对 RS 触发器和放电三极管 V 状态的控制。

当 $U_{i1} > \dfrac{2}{3} U_{CC}$、$U_{i2} > \dfrac{1}{3} U_{CC}$ 时，比较器 C_1 输出为 0，C_2 输出为 1，基本 RS 触发器被置 0，V 导通，U_o 输出低电平。

当 $U_{i1} < \dfrac{2}{3} U_{CC}$、$U_{i2} > \dfrac{1}{3} U_{CC}$ 时，C_1 和 C_2 输出均为 1，则基本 RS 触发器的状态保持不变，因而 V 和 U_o 输出状态也维持不变。

当 $U_{i1} < \frac{2}{3}U_{CC}$、$U_{i2} < \frac{1}{3}U_{CC}$ 或者 $U_{i1} > \frac{2}{3}U_{CC}$、$U_{i2} < \frac{2}{3}U_{CC}$ 时，C_2 输出均为 0，基本 RS 触发器被置 1，V 截止，U_o 输出高电平。

555 定时器功能如表 11-1 所示。

表 11-1　555 定时器功能表

输　　入			输　　出	
$\overline{R_D}$	U_{i1}	U_{i2}	U_o	V
0	×	×	0	导通
1	$> \frac{2}{3}U_{CC}$	$> \frac{1}{3}U_{CC}$	0	导通
1	$< \frac{2}{3}U_{CC}$	$> \frac{1}{3}U_{CC}$	不变	不变
1	$< \frac{2}{3}U_{CC}$	$< \frac{1}{3}U_{CC}$	1	截止
1	$> \frac{2}{3}U_{CC}$	$< \frac{1}{3}U_{CC}$	1	截止

11.2　单稳态触发器

单稳态触发器电路是一种具有稳态和暂态两种工作状态的基本脉冲单元电路。没有外加信号触发时，电路处于稳态。在外加信号触发下，电路从稳态翻转到暂稳态，并且经过一段时间后，电路又会自动返回到稳态。暂态时间的长短取决于电路本身的参数，而与触发信号作用时间的长短无关。使用 555 定时器可以很方便地组建单稳态触发器电路。

555 定时器组建的单稳态触发电路大体上可用于以下两种场合：

(1) 延时，将输入信号延迟一定时间（一般为脉宽 T_W）后输出。

(2) 定时，产生一定宽度的脉冲信号。

11.2.1　电路结构和工作原理

图 11-4 所示为采用 555 定时器组建的单稳态触发器电路图。图 11-5 为由 555 定时器构成的单稳态触发器对应波形图。

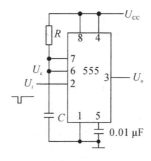

图 11-4　555 定时器单稳态触发器电路图

图 11-4 所示电路的工作原理可以分三个阶段来描述：

（1）静止期：触发信号没有来到，U_i 为高电平。电源刚接通时，电路有一个暂态过程，即电源通过电阻 R 向电容 C 充电，当 U_C 上升到 $\frac{2}{3}U_{cc}$ 时，RS 触发器置 0，$U_o = 0$，V 导通，因此电容 C 又通过导电管 V 迅速放电，直到 $U_C = 0$，电路进入稳态。这时如果 U_i 一直没有触发信号来到，电路就一直处于 $U_o = 0$ 的稳定状态。

（2）暂稳态：外加触发信号 U_i 的下降沿到达时，由于 $U_2(U_i) < \frac{1}{3}U_{cc}$、$U_6(U_C) = 0$，RS 触发器 Q 端置 1，因此 $U_o = 1$，V 截止，U_{cc} 开始通过电阻 R 向电容 C 充电。随着电容 C 充电的进行，U_C 不断上升，$U_C(\infty) = U_{cc}$。

U_i 的触发负脉冲消失后，U_2 回到高电平，在 $U_2 > \frac{1}{3}U_{cc}$、$U_6 < \frac{2}{3}U_{cc}$ 期间，RS 触发器状态保持不变，因此，U_o 一直保持高电平不变，电路维持在暂稳态。但当电容 C 上的电压上升到 $U_6 \geqslant \frac{2}{3}U_{cc}$ 时，RS 触发器置 0，电路输出 $U_o = 0$，V 导通，此时暂稳态便结束，电路将返回到初始的稳态。

（3）恢复期：V 导通后，电容 C 通过 V 迅速放电，使 $U_C \approx 0$，电路又恢复到稳态，第二个触发信号到来时，又重复上述过程。

11.2.2　脉冲宽度 T_W

图 11-5 所生成的波形中输出脉冲宽度一般用 T_W 来表示。输出脉冲宽度 T_W 是暂稳态的停留时间，根据电容 C 的充电过程可知：

$$U_C(0^+) = 0, \quad U_C(\infty) = U_{cc}, \quad U_T = U_C(T_W) = \frac{2}{3}U_{cc}, \quad \tau = RC$$

得

$$T_W = RC\ln\frac{U_C(\infty) - U_C(0^+)}{U_C(\infty) - U_T} = RC\ln 3 = 1.1RC$$

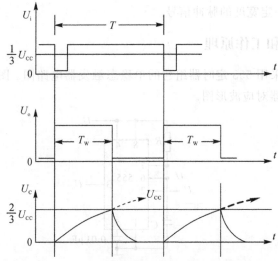

图 11-5　由 555 定时器构成的单稳态触发器波形图

图 11-4 所示电路对输入触发脉冲的宽度有一定要求，它必须小于 T_w。若输入触发脉冲宽度大于 T_w，则应在 U_2 输入端加 RC 微分电路。

11.3　多谐振荡器

多谐振荡器是一种能产生矩形波的自激振荡器，它没有稳定的输出状态，只有两个暂稳态。在电路处于某一暂稳态后，经过一段时间可以自行触发翻转到另一暂稳态。两个暂稳态相互转换而输出一系列矩形波，也称矩形波发生器。

采用 555 定时器也能很方便地组建多谐振荡器，此时称 555 定时器处于无稳态工作状态。

11.3.1　电路结构和工作原理

图 11-6 为采用 555 定时器构成的多谐振荡器电路图。

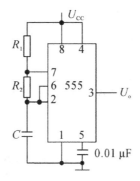

图 11-6　采用 555 定时器构成的多谐振荡器电路

多谐振荡器只有两个暂稳态。假设当电源接通后，电路处于某一暂稳态，电容 C 上的电压 U_C 略低于 $\frac{1}{3}U_{CC}$，U_o 输出高电平，V 截止，电源 U_{CC} 通过 R_1、R_2 给电容 C 充电。随着充电的进行，U_C 逐渐增高，但只要 $\frac{1}{3}U_{CC} < U_C < \frac{2}{3}U_{CC}$，输出电压 U_o 就一直保持高电平不变，这就是第一个暂稳态。

当电容 C 上的电压 U_C 略微超过 $\frac{2}{3}U_{CC}$ 时（即 U_6 和 U_2 均大于等于 $\frac{2}{3}U_{CC}$ 时），RS 触发器置 0，使输出电压 U_o 从原来的高电平翻转到低电平，即 $U_o = 0$，V 导通饱和，此时电容 C 通过 R_2 和 V 放电。随着电容 C 放电，U_C 下降，但只要 $\frac{2}{3}U_{CC} > U_C > \frac{1}{3}U_{CC}$，$U_o$ 就一直保持低电平不变，这就是第二个暂稳态。

当 U_C 下降到略微低于 $\frac{1}{3}U_{CC}$ 时，RS 触发器置 1，电路输出又变为 $U_o = 1$，V 截止，电容 C 再次充电，又重复上述过程，电路输出便得到周期性的矩形脉冲。其工作波形如图 11-7 所示。

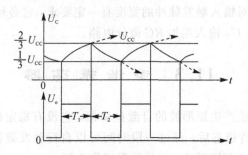

图 11-7　多谐振荡器电路工作波形

11.3.2　振荡周期 T 的计算

多谐振荡器的振荡周期为两个暂稳态的持续时间，$T=T_1+T_2$。由图 11-7 U_c 的波形求得电容 C 的充电时间 T_1 和放电时间 T_2 各为

$$T_1=(R_1+R_2)C\ln\frac{U_{CC}-\frac{1}{3}U_{CC}}{U_{CC}-\frac{2}{3}U_{CC}}=(R_1+R_2)C\ln2=0.7(R_1+R_2)C$$

$$T_2=R_2C\ln\frac{0-\frac{2}{3}U_{CC}}{0-\frac{1}{3}U_{CC}}=R_2C\ln2=0.7R_2C$$

因而振荡周期为

$$T=T_1+T_2=0.7(R_1+2R_2)C$$

11.3.3　占空比可调的多谐振荡器

相比较图 11-6 所示的多谐振荡器，图 11-8 所示的是采用 555 定时器组建的占空比可调的多谐振荡器。

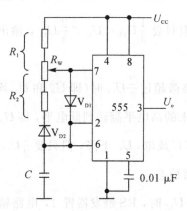

图 11-8　占空比可调的多谐振荡器

由图 11-8 易知：电容 C 的充电路径为 $U_{CC}\rightarrow R_1\rightarrow V_{D1}\rightarrow C\rightarrow$ 地，因而 $T_1=0.7R_1C$。

电容 C 的放电路径为 $C\rightarrow V_{D2}\rightarrow R_2\rightarrow V\rightarrow$ 地，因而 $T_2=0.7R_2C$。

振荡周期为

$$T = T_1 + T_2 = 0.7(R_1 + R_2)C$$

占空比为

$$D = \frac{T_1}{T} = \frac{R_1}{R_1 + R_2}$$

11.4 施密特触发器

施密特触发器是一种具有特殊功能的非门，其特性是：当加在它的输入端的电压逐渐上升到某个值时，输出端会突然从高电平跳到低电平，而当输入端的电压下降到另一个值时，输出会从低电平跳到高电平。施密特触发器具有很好的抗干扰能力，在电子电路中应用很广，主要有以下几方面：

（1）波形变换。施密特触发器可以将边沿变化缓慢的周期性信号变换成矩形脉冲。

（2）脉冲整形。施密特触发器能将不规则的电压波形整形为矩形波。若适当增大回差电压，可提高电路的抗干扰能力。

（3）脉冲鉴幅。当一系列幅值不同的脉冲信号加到施密特触发器输入端时，只有那些幅值大于上触发电平 U_+ 的脉冲才在输出端产生输出信号。因此，通过这一方法可以选出幅值大于 U_+ 的脉冲，即对幅值可以进行鉴别。

此外，用施密特触发器也可以构成多谐振荡器等，是应用较广泛的脉冲电路。

采用 555 定时器也可以很方便地获得施密特触发器。图 11-9 为由 555 定时器组成的施密特触发器电路图。

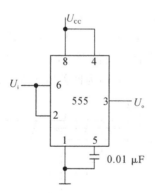

图 11-9 由 555 定时器组成的施密特触发器

图 11-9 中 U_6(TH)和 U_2($\overline{\text{TR}}$)端直接连在一起作为触发电平输入端。若在输入端 U_i 加三角波，则可在输出端得到如图 11-10(a)所示的矩形脉冲。其工作过程如下：

U_i 从 0 开始升高，当 $U_i < \frac{1}{3}U_{CC}$ 时，$U_{C1} = 1$，$U_{C2} = 0$，RS 触发器置 1，故 $U_o = U_{oH}$；当 $\frac{1}{3}U_{CC} < U_i < \frac{2}{3}U_{CC}$ 时，$U_{C1} = 1$，$U_{C2} = 1$，RS 触发器处于保持状态，故 $U_o = U_{oH}$ 保持不变；当 $U_i > \frac{2}{3}U_{CC}$ 时，$U_{C1} = 0$，$U_{C2} = 1$，电路发生翻转，RS 触发器置 0，$U_o = U_{oL}$，此时相应的 U_i 幅值$\left(\frac{2}{3}U_{CC}\right)$称为上触发电平 U_+。

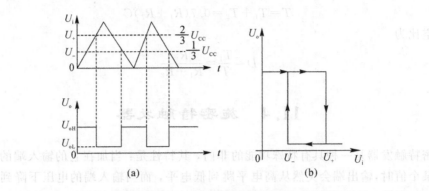

图 11-10　施密特触发器波形图

当 U_i 下降，且 $\frac{1}{3}U_{CC} < U_i < \frac{2}{3}U_{CC}$ 时，$U_{C1}=1$，$U_{C2}=1$，RS 触发器处于保持状态，故 $U_o = U_{oL}$ 保持不变；当 $U_i \leqslant \frac{1}{3}U_{CC}$ 时，$U_{C1}=1$，$U_{C2}=0$，RS 触发器置 1，电路发生翻转，$U_o = U_{oH}$，此时相应的 U_i 幅值 $\left(\frac{1}{3}U_{CC}\right)$ 称为下触发电平 U_-。

从以上分析可以看出，电路在 U_i 上升和下降时，输出电压 U_o 翻转时所对应的输入电压值是不同的，一个为 U_+，另一个为 U_-。这是施密特电路所具有的滞后特性，称为回差。回差电压为

$$\Delta U = U_+ - U_- = \frac{1}{3}U_{CC}$$

电路的电压传输特性如图 11-10(b)所示。改变电压控制端 U_{CO}（5 脚）的电压值便可改变回差电压。一般地，U_{CO} 越高，ΔU 越大，抗干扰能力越强，但灵敏度相应降低。

图 11-11 为使用施密特触发器进行波形整形图，其中图(a)为顶部有干扰的输入信号，图(b)为回差电压较小的输出波形，图(c)为回差电压大于顶部干扰时的输出波形。

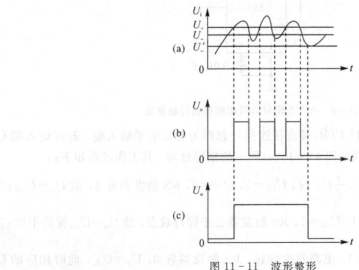

图 11-11　波形整形

11.5 能 力 训 练

11.5.1 由 555 定时器组成的模拟报警器电路

生活中经常使用两个 555 定时器组成的多谐振荡器来充当报警器，图 11 - 12 就是一个采用两个多谐振荡器组成的模拟声响电路，该电路采用两个 555 定时器分别作为多谐振荡器的核心，通过适当选择定时元件(R、C)，可以使两个振荡器的振荡频率有明显变化。例如，当使振荡器 A 的振荡频率 $f_A = 1$ Hz，振荡器 B 的振荡频率 $f_B = 1$ kHz 时，由于低频振荡器 A 的输出接至高频振荡器 B 的复位端(4 脚)，当 U_{o1} 输出高电平时，B 振荡器才能振荡，U_{o1} 输出低电平时，B 振荡器被复位，停止振荡，因此可以使扬声器发出 1 kHz 的间歇声响。其工作波形如图 11 - 13 所示。这样就得到了报警器报警声。

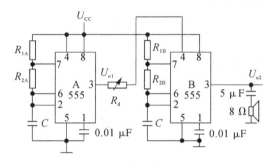

图 11 - 12 采用两个多谐振荡器组成的模拟声响电路

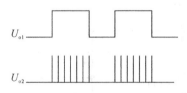

图 11 - 13 模拟声响电路工作波形

11.5.2 由 555 定时器组成的占空比可调的方波产生器电路

图 11 - 14 为一种以 555 定时器为核心的占空比可调方波产生器。

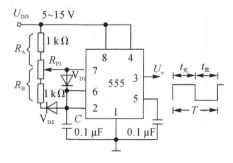

图 11 - 14 占空比可调的方波产生器电路

电路外加电压 U_{DD} 后，振荡器起振。刚通电时，由于电容 C 上的电压不能突变，即 2 脚电位的起始电平为低电位，使 555 置位，3 脚呈高电平。C 通过 R_A、V_{D1} 对其充电，充电时间 $t_{充} = 0.693R_A C$。

当 C 上电压充到阈值电平 $\frac{2}{3}U_{DD}$ 时，555 复位，3 脚转呈低电平，此时 C 通过 V_{D1}、R_B、555 内部的放电管放电，放电时间 $t_{放} = 0.693R_B C$。

设占空比为 D，则

$$D = \frac{t_{充}}{T} = \frac{t_{充}}{t_{充} + t_{放}} = \frac{R_A}{R_A + R_B}$$

调节 R_{P1}，当其中心头滑向最上端时，

$$D_{min} = \frac{t_{充}}{t_{充} + t_{放}} = \frac{1\ k\Omega}{R_{P1} + 2\ k\Omega}$$

当 R_{P1} 中心头滑向最下端时，

$$D_{max} = \frac{t_{充}}{t_{充} + t_{放}} = \frac{R_{P1} + 1\ k\Omega}{R_{P1} + 2\ k\Omega}$$

因此，通过调节 R_{P1} 中心头位置可以对输出方波的占空比进行调节。为了调节方便，R_{P1} 一般选用线性滑动变阻器。

习 题

[题 11.1] 图 11-15 所示为由 555 定时器组成的施密特触发器电路详图，试求：

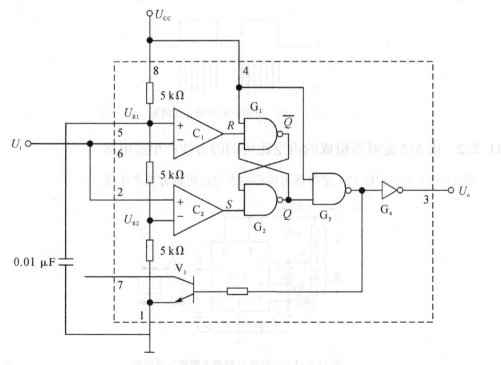

图 11-15 [题 11.1]图

（1）当 $U_{\mathrm{CC}}=12$ V，而且没有外接控制电压时，$U_{\mathrm{T+}}$、$U_{\mathrm{T-}}$ 及 ΔU_{T} 的值；

（2）当 $U_{\mathrm{CC}}=9$ V、外接控制电压 $U_{\mathrm{CO}}=5$ V 时，$U_{\mathrm{T+}}$、$U_{\mathrm{T-}}$、ΔU_{T} 的值。

［题 11.2］　图 11-16 是用 555 定时器组成的开机延时电路。若给定 $C=25$ μF，$R=91$ kΩ，$U_{\mathrm{CC}}=12$ V，试计算常闭开关 S 断开以后经过多长的延迟时间 U_{o} 才跳变为高电平。

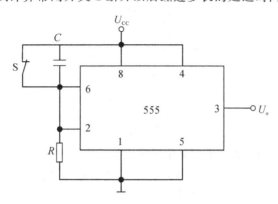

图 11-16　［题 11.2］图

［题 11.3］　试用 555 定时器设计一个单稳态触发器，要求输出脉冲宽度在 1～10 s 的范围内可手动调节。给定 555 定时器的电源为 15 V。触发信号来自 TTL 电路，高、低电平分别为 3.4 V 和 0.1 V。

［题 11.4］　在图 11-17 所示用 555 定时器组成的多谐振荡器电路详图中，若 $R_1=R_2=5.1$ kΩ，$C=0.01$ μF，$U_{\mathrm{CC}}=12$ V，试计算电路的振荡频率。

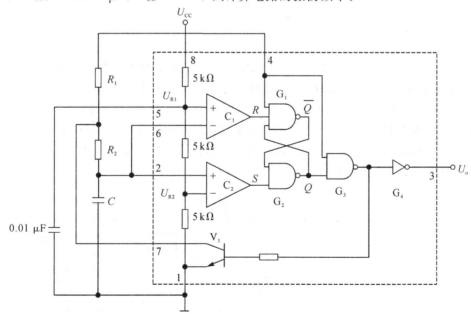

图 11-17　［题 11.4］图

［题 11.5］　在图 11-17 所示用 555 定时器组成的多谐振荡器电路详图中，若 $R_1=33$ kΩ，$R_2=27$ kΩ，$C=0.083$ μF，$U_{\mathrm{CC}}=15$ V，试计算电路的振荡频率。

［题 11.6］　图 11-18 是用 555 定时器构成的压控振荡器，试求输入控制电压 U_{i} 和振荡频率之间的关系式。当 U_{i} 升高时，频率是升高还是降低？

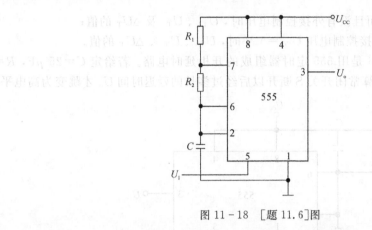

图 11-18 [题 11.6]图

[题 11.7] 图 11-19 是一个简易电子琴电路，当琴键 $S_1 \sim S_n$ 均未按下时，三极管 V 接近饱和导通，U_E 约为 0 V，使由 555 定时器组成的振荡器停振。当按下不同琴键时，因 $R_1 \sim R_n$ 的阻值不等，扬声器发出不同的声音。

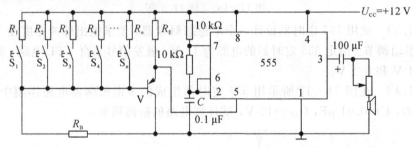

图 11-19 [题 11.7]图

若 $R_B = 20$ kΩ，$R_1 = 10$ kΩ，$R_E = 2$ kΩ，三极管的电流放大系数 $\beta = 150$，$U_{CC} = 12$ V，振荡器外接电阻、电容参数如图所示，试计算按下琴键 S_1 时扬声器发出声音的频率。

[题 11.8] 图 11-20 是用两个 555 定时器接成的延时报警器。当开关 S 断开后，经过一定的延迟时间后扬声器开始发出声音。如果在延迟时间内 S 重新闭合，扬声器不会发出声音。在图中给定的参数下，试求延迟时间的具体数值和扬声器发出声音的频率。图中的 G_1 是 CMOS 反相器，输出的高、低电平分别为 $U_{oH} \approx 3$ V，$U_{oL} \approx 0$ V。

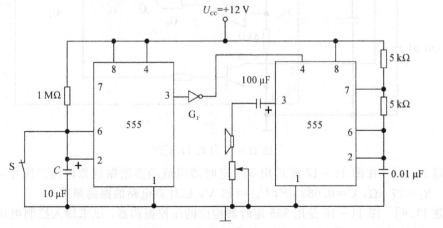

图 11-20 [题 11.8]图

［题 11.9］　图 11-21 是救护车扬声器发音电路。在图中给出的电路参数下，试计算扬声器发出声音的高、低音频率以及高、低音的持续时间。当 $U_{CC}=12$ V 时，555 定时器输出的高、低电平分别为 11 V 和 0.2 V，输出电阻小于 100 Ω。

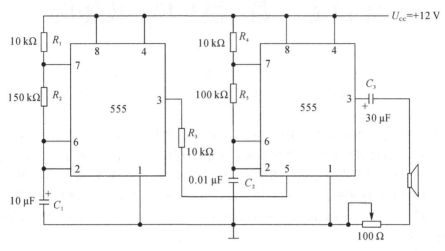

图 11-21　［题 11.9］图

［题 11.10］　图 11-22 是一个由 555 定时器组成的施密特触发器的输入波形，试画出该电路的输出波形。

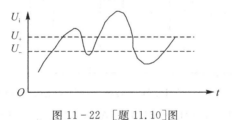

图 11-22　［题 11.10］图

第 12 章 数/模与模/数转换

本章主要介绍数/模、模/数转换的基本工作原理、主要电路形式及主要技术指标，常见的权电阻网络、倒 T 形电阻网络 D/A 转换器，以及反馈比较型、双积分型 A/D 转换器。

在电子电路中，经常需要使用数字技术来处理模拟信号，或是将处理后的数字信号转换成模拟信号，以便进行输出，这就要求必须能实现由模拟信号到数字信号的转换（称为模/数转换 A/D），以及由数字信号到模拟信号的转换（称为数/模转换 D/A）。把实现 A/D 转换的电路称为 A/D 转换器（Analog Digital Converter，ADC）；把实现 D/A 转换的电路称为 D/A 转换器（Digital Analog Converter，DAC）。图 12-1 所示为 A/D、D/A 转换器在数字系统中的应用。

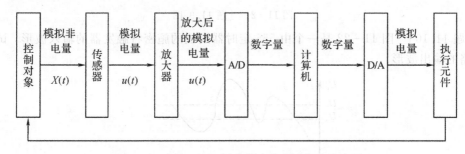

图 12-1 A/D、D/A 转换器在数字系统中的应用

常见的 D/A 转换器中，有权电阻网络 D/A 转换器、倒 T 形电阻网络 D/A 转换器等。

A/D 转换器可以分为直接 A/D 转换器和间接 A/D 转换器两大类。在直接 A/D 转换器中，输入的模拟信号直接被转换成相应的数字信号；而在间接 A/D 转换器中，输入的模拟信号先被转换成某种中间变量（如时间、频率等），然后再将中间变量转换为数字量。

12.1 D/A 转换器

12.1.1 D/A 转换器的基本工作原理

D/A 转换器是将输入的二进制数字信号转换成模拟信号，以电压或电流的形式输出。因此，D/A 转换器可以看做是一个译码器。一般常用的线性 D/A 转换器，其输出模拟电压 U 和输入数字量 D 之间成正比关系，即 $U=KD$，其中 K 为常数。

D/A 转换器的一般结构如图 12-2 所示，图中数据锁存器用来暂时存放输入的数字信号。n 位寄存器的并行输出分别控制 n 个模拟开关的工作状态。通过模拟开关，将参考电压按权关系加到电阻解码网络。

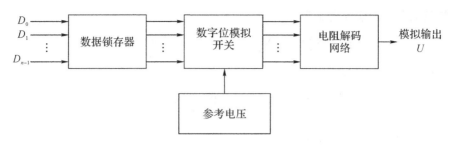

图 12 - 2　D/A 转换器的一般结构

12.1.2　D/A 转换器的主要电路形式

1. 权电阻网络 D/A 转换器

图 12 - 3 为权电阻网络 D/A 转换器的电路图。

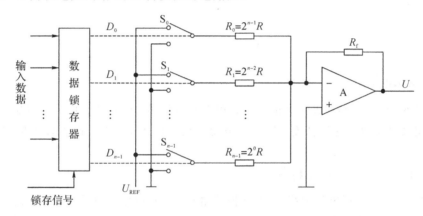

图 12 - 3　权电阻网络 D/A 转换器电路图

图 12 - 3 中开关 S_i 的位置受数据锁存器输出的数码 D_i 控制，当 $D_i = 1$ 时，S_i 将电阻网络中相应的电阻 R_i 和基准电压 U_R 接通；当 $D_i = 0$ 时，S_i 将电阻 R_i 接地。

权电阻网络由 N 个电阻组成，电阻值的选择应使流过各电阻支路的电流 I_i 和对应 D_i 位的权值成正比。例如，数码最高位 D_{n-1}，其权值为 2^{n-1}，驱动开关 S_{n-1}，连接的电阻 $R_{n-1} = 2^{(n-1)-(n-1)}R = 2^0 R$；最低位为 D_0，驱动开关 S_0，连接的权电阻为 $R_0 = 2^{(n-1)-(0)}R = 2^{n-1}R$。因此，对于任意位 D_i，其权值为 2^i，驱动开关 S_i，连接的权电阻值为 $R_i = 2^{n-1-i}R$，即位权越大，对应的权电阻值就越小。

集成运算放大器作为求和权电阻网络的缓冲，主要是减少输出模拟信号随负载变化的影响，并将电流转换为电压输出。

当 $D_i = 1$ 时，S_i 将相应的权电阻 $R_i = 2^{n-1-i}R$ 与基准电压 U_R 接通，此时，由于运算放大器负输入端为虚地，该支路产生的电流为

$$I_i = \frac{U_R}{2^{n-1-i}R} = \frac{U_R}{2^{n-1}R}2^i$$

当 $D_i = 0$ 时，由于 S_i 接地，$I_i = 0$。因此，对于 D_i 位所产生的电流应表示为

$$I_i = \frac{U_R}{2^{n-1-i}R} = \frac{U_R}{2^{n-1}R}2^i D_i$$

运算放大器总的输入电流为

$$I = \sum_{i=0}^{n-1} I_i = \sum_{i=0}^{n-1} \frac{U_R}{2^{n-1}R} D_i 2^i = \frac{U_R}{2^{n-1}R} \sum_{i=0}^{n-1} D_i 2^i$$

运算放大器的输出电压为

$$U = -R_f I = -\frac{R_f U_R}{2^{n-1}R} \sum_{i=0}^{n-1} D_i 2^i$$

若 $R_f = \dfrac{1}{2}R$，代入上式后则得

$$U = -\frac{R_f U_R}{2^{n-1}R} \sum_{i=0}^{n-1} D_i 2^i = -\frac{U_R}{2^n} \sum_{i=0}^{n-1} D_i 2^i$$

从上式可见，输出模拟电压 U 的大小与输入二进制数的大小成正比，实现了数字量到模拟量的转换。

当 $D = D_{n-1} D_{n-2} \cdots D_0 = 0$ 时，$U = 0$；当 $D = D_{n-1} D_{n-2} \cdots D_0 = 11 \cdots 1$ 时，最大输出电压为

$$U_m = -\frac{2^n - 1}{2^n} U_R$$

因而 U 的变化范围是

$$0 \sim \frac{2^n - 1}{2^n} U_R$$

权电阻网络 D/A 转换器最大的优点是电路结构简单。但其缺点也十分明显：组成网络的电阻值相差大，难于保证精度，且大电阻无论从体积还是发热，都不宜于集成在器件内部。

2. 倒 T 形电阻网络 D/A 转换器

图 12-4 为倒 T 形电阻网络 D/A 转换器电路图。从图中可以看出，相比较权电阻网络 D/A 转换器，倒 T 形电阻网络 D/A 转换器所用电阻阻值比较集中，类型也较少。

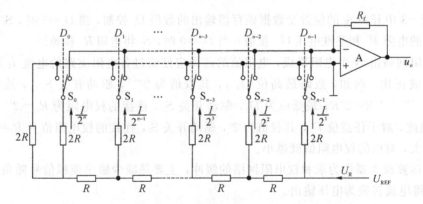

图 12-4　倒 T 形电阻网络 D/A 转换器电路图

由 U_R 向里看的等效电阻为 R，数码无论是 0 还是 1，开关 S_i 都相当于接地。因此，由 U_R 流出的总电流为 $I = \dfrac{U_R}{R}$，而流入 2R 支路的电流是依 2 的倍速递减，流入运算放大器的电流为

$$I_\Sigma = D_{n-1} \frac{I}{2^1} + D_{n-1} \frac{I}{2^2} + \cdots + D_1 \frac{I}{2^{n-1}} + D_0 \frac{I}{2^n}$$

$$= \frac{I}{2^n}(D_{n-1}2^{n-1} + D_{n-2}2^{n-2} + \cdots + D_1 2^1 + D_0 2^0)$$

$$= \frac{I}{2^n}\sum_{i=0}^{n-1} D_i 2^i$$

运算放大器的输出电压为

$$U = -I_{\Sigma}R_f = -\frac{IR_f}{2^n}\sum_{i=0}^{n-1} D_i 2^i$$

若 $R_f = R$，并将 $I = \frac{U_R}{R}$ 代入上式，则有

$$U = -\frac{U_R}{2^n}\sum_{i=0}^{n-1} D_i 2^i$$

可见，输出模拟电压正比于数字量的输入。

12.1.3　D/A 转换器的主要技术指标

1. 分辨率

分辨率是指输入数字量最低有效位为 1 时，对应输出可分辨的电压变化量 ΔU 与最大输出电压 U_m 之比，即

$$分辨率 = \frac{\Delta U}{U_m} = \frac{1}{2^n - 1}$$

分辨率越高，转换时对输入量的微小变化的反应越灵敏。而分辨率与输入数字量的位数有关，n 越大，分辨率越高。

分辨率可以用于表示 D/A 转换器在理论上可以达到的精度。

2. 转换精度（转换误差）

转换精度是实际输出值与理论计算值之差，这种差值，由转换过程各种误差引起，主要指静态误差，它包括以下三种：

（1）非线性误差。它是电子开关导通的电压降和电阻网络电阻值偏差产生的，常用满刻度的百分数来表示。

（2）比例系数误差。它是参考电压 U_R 的偏离而引起的误差，因 U_R 是比例系数，故称之为比例系数误差。当 ΔU_R 一定时，比例系数误差如图 12-5 中的虚线所示。

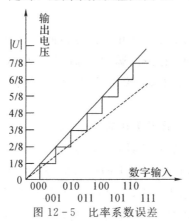

图 12-5　比率系数误差

（3）漂移误差。它是由运算放大器零点漂移产生的误差。当输入数字量为 0 时，由于运算放大器的零点漂移，输出模拟电压并不为 0。这使输出电压特性与理想电压特性产生一个相对位移，如图 12-6 中的虚线所示。

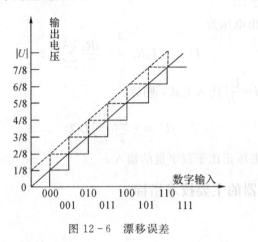

图 12-6　漂移误差

转换精度表示的是电路的实际精度，它一般用最低有效位的倍数来表示，有时也用绝对误差与输出电压满刻度的百分数来表示。

3. 建立时间（转换速度）

从数字信号输入 DAC 起，到输出电流（或电压）达到稳态值所需的时间为建立时间。建立时间的大小决定了转换速度。目前 10～12 位单片集成 D/A 转换器（不包括运算放大器）的建立时间可以在 1 μs 以内。

12.2　A/D 转换器

12.2.1　A/D 转换器的基本工作原理

A/D 转换是指将连续变化的模拟电压信号转换为不连续的数字信号。其转换过程可分为采样、保持、量化和编码四个步骤。

1. 采样和保持

采样（也称取样）是将时间上连续变化的信号转换为时间上离散的信号，即将时间上连续变化的模拟量转换为一系列等间隔的脉冲，脉冲的幅度取决于输入模拟量。采样的过程如图 12-7 所示。图中 $U_i(t)$ 为输入的模拟信号，$S(t)$ 为采样脉冲，$U_o'(t)$ 为采样后的输出信号。

在取样脉冲作用期 τ 内，取样开关接通，使 $U_o'(t)=U_i(t)$，在其他时间（$T_s-\tau$）内，输出 $U_o'(t)=0$。因此，每经过一个取样周期，对输入信号取样一次，在输出端便得到输入信号的一个取样值。为了不失真地恢复原来的输入信号，根据取样定理，一个频率有限的模拟信号，其取样频率 f_s 必须大于等于输入模拟信号包含的最高频率 f_{max} 的两倍，即取样频率必须满足 $f_s \geqslant 2f_{max}$，一般情况下将取样频率取为 $f_s=(3\sim5)f_{i(max)}$。

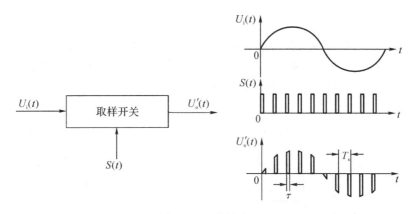

图 12-7　采样过程

模拟信号经采样后，得到一系列采样脉冲。采样脉冲宽度 τ 一般是很短暂的，在下一个采样脉冲到来之前，应暂时保持所取得的样值脉冲幅度，以便进行转换。因此，在取样电路之后须加保持电路。如图 12-8(a)所示是一种常见的取样保持电路原理图，场效应管 V 为采样门，电容 C 为保持电容，运算放大器为跟随器，起缓冲隔离作用。在取样脉冲 $S(t)$ 到来的时间 τ 内，场效应管 V 导通，输入模拟量 $U_i(t)$ 向电容充电；假定充电时间常数远小于 τ，那么 C 上的充电电压能及时跟上 $U_i(t)$ 的采样值。采样结束，V 迅速截止，电容 C 上的充电电压就保持了前一取样时间 τ 的输入 $U_i(t)$ 的值，一直保持到下一个取样脉冲到来为止。当下一个取样脉冲到来，电容 C 上的电压 $U_o'(t)$ 再按输入 $U_i(t)$ 变化。在输入一连串取样脉冲序列后，取样保持电路的缓冲放大器输出电压 $U_o(t)$ 便得到如图 12-8(b)所示的输出波形。

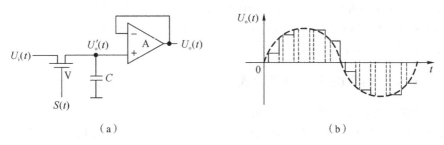

（a）　　　　　　　　　　　　　　　（b）

图 12-8　取样保持电路及输出波形

2. 量化和编码

输入的模拟电压经过采样保持后，得到的是阶梯波。由于阶梯的幅度是任意的，将会有无限个数值，因此该阶梯波仍是一个可以连续取值的模拟量。另一方面，由于数字量的位数有限，只能表示有限个数值（n 位数字量只能表示 2^n 个数值），因此，用数字量来表示连续变化的模拟量时就有一个类似于四舍五入的近似问题。必须将采样后的样值电平归化到与之接近的离散电平上，这个过程称为量化。指定的离散电平称为量化电平。

用二进制数码来表示各个量化电平的过程称为编码。两个量化电平之间的差值称为量化间隔 S（即为量化单位），位数越多，量化等级越细，S 就越小。取样保持后未量化的 U_o 值与量化电平 U_q 值通常是不相等的，其差值称为量化误差 δ，即 $\delta = U_o - U_q$。量化的方法一般有两种：只舍不入法和有舍有入法。

1) 只舍不入法

只舍不入法是将取样保持信号 U_o 不足一个 S 的尾数舍去，取其原整数。如图 12-9 (a)是采用了只舍不入法。区域(3)中 $U_o = 3.6$ V 时将它归并到 $U_q = 3$ V 的量化电平，因此，编码后的输出为(011)。这种方法 δ 总为正值，$\delta_{max} \approx S$。

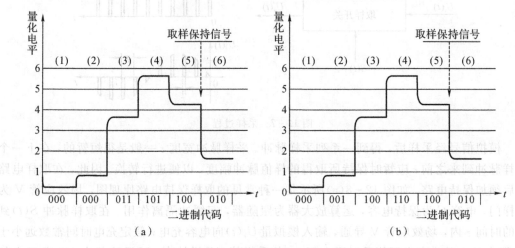

图 12-9　两种量化方法的比较

2) 有舍有入法

当 U_o 的尾数小于 $S/2$ 时，用舍尾取整法得其量化值；当 U_o 的尾数 $\geqslant S/2$ 时，用舍尾入整法得其量化值。图 12-9(b)采用了有舍有入法。区域(3)中 $U_o = 3.6$ V，尾数 0.6 V$\geqslant$ $S/2 = 0.5$ V，因此归并到 $U_q = 4$ V，编码后为(100)。区域(5)中 $U_o = 4.1$ V，尾数小于 0.5 V，归化到 4 V，编码后为(100)。这种方法 δ 可为正，也可为负，但是 $|\delta_{max}| = S/2$。可见，它比只舍不入法误差要小。

12.2.2　A/D 转换器的主要电路形式

ADC 电路分成直接法和间接法两大类。

直接法是通过基准电压与取样保持电压进行比较，从而直接转换成数字量。直接法的特点是工作速度高，转换精度容易保证，调准也比较方便。间接法是将取样后的模拟信号先转换成时间 t 或频率 f，然后再将 t 或 f 转换成数字量。其特点是工作速度较低，但转换精度可以做得较高，且抗干扰性强，一般在测试仪表中用得较多。

1. 反馈比较型 A/D 转换器

反馈比较型 A/D 转换器是一种直接 A/D 转换器，其工作原理是：取一个数字量加到 DAC 上，得到对应的模拟输出电压，将该值与输入电压比较，如两者不等，则调整所取的数字量大小，到相等为止，最后所取的数字量就是所求的转换结果。

反馈比较型 A/D 转换器主要有计数斜波式 A/D 转换器和逐次逼近式 A/D 转换器两大类。图 **12-10** 为计数斜波式 A/D 转换器，图 **12-11** 为逐次逼近式 A/D 转换器。

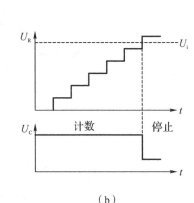

图 12-10 计数斜波式 ADC

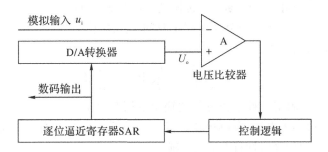

图 12-11 逐次逼近式 A/D 转换器

由图 12-10 可知，对于计数斜波式 A/D 转换器而言，模拟输出电压是从 0 开始，随着计数脉冲做加法计数，逐次提高，直到得到需要的输出电压值，因此尽管电路结构简单，但转换时间太长，最长的转换周期可达到 2^n-1 倍的时钟信号周期，适用于对转换速度要求不高的场合。

图 12-11 所示逐次逼近式 A/D 转换器是从高位到低位逐位进行比较，依次确定各位数码是 1 还是 0。转换开始前，先将逐位逼近寄存器(SAR)清 0，开始转换后，控制逻辑将逐位逼近寄存器(SAR)的最高位置 1，使其输出为 100…000，这个数码被 D/A 转换器转换成相应的模拟电压 $U_\circ$，送至比较器与输入 U_i 比较。若 $U_\circ > U_i$，说明寄存器输出的数码大了，应将最高位改为 0(去码)，同时设次高位为 1；若 $U_\circ \leqslant U_i$，说明寄存器输出的数码还不够大，因此，需将最高位设置的 1 保留(加码)，同时也设次高位为 1。然后，再按同样的方法进行比较，确定次高位的 1 是去掉还是保留(即去码还是加码)。这样逐位比较下去，一直到最低位为止，比较完毕后，寄存器中的状态就是转化后的数字输出。可以看出逐次逼近式 A/D 转换器比较次数只需要 n 次就可以了。

2. 双积分型 A/D 转换器

双积分型 A/D 转换器是一种间接 A/D 转换器，其转换原理是先将模拟电压 U_i 转换成与其大小成正比的时间间隔 T，再利用基准时钟脉冲通过计数器将 T 变换成数字量。图 12-12 是双积分型 ADC 的原理框图，它由积分器、零值比较器、时钟控制门 G 和计数器(计数定时电路)等部分构成。

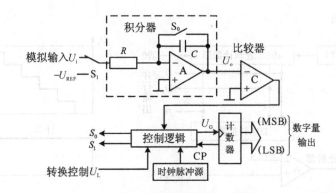

图 12-12 双积分 ADC 原理框图

转换开始前，转换控制信号 $u_L=0$，计数器清 0，接通开关 S_0，积分电容 C 完全放电。

当 $U_L=1$ 时，转换开始，S_0 断开。转换过程可分为两步。

第一步：S_1 接通 U_i，此时积分器作固定时间 T_1 的积分。在 T_1 期间 U_i 保持不变，积分结束后积分器的输出电压为

$$U_o = \frac{1}{C}\int_0^{T_1} -\frac{U_i}{R}dt = -\frac{T_1}{RC}U_i$$

由此可知：在 T_1 固定条件下积分器的输出电压 $U_o \propto U_i$。

第二步：S_1 接通参考电压（基准电压）$-U_{REF}$，积分器反向积分，直到 $U_o=0$，如果积分器输出电压上升到 0 时所经过时间为 T_2，则

$$U_o = \frac{1}{C}\int_0^{T_2}\frac{U_{REF}}{R}dt - \frac{U_i}{RC}T_1 = 0$$

$$\frac{U_{REF}}{RC}T_2 = \frac{U_i}{RC}T_1$$

$$T_2 = \frac{T_1}{U_{REF}}U_i$$

可见反向积分至 $U_o=0$ 这段时间，$T_2 \propto U_i$。

如果计数器在 T_2 这段时间里对固定频率为 $f_C\left(f_C=\dfrac{1}{T_C}\right)$ 的时钟脉冲计数，则表示计数结果的数字量 D 满足：

$$D = T_2 f_C = \frac{T_1}{T_C U_{REF}}U_i$$

当 T_1 为 T_C 的整数倍时，

$$D = \frac{N}{U_{REF}}U_i$$

图 12-13 显示了双积分 ADC 电压波形，由图可以直观看到上面结论的正确性。

双积分 A/D 转换器具有很多优点。首先，其转换结果与时间常数 τ 无关，从而消除了由于斜波电压非线性带来的误差，允许积分电容在一个较宽范围内变化，而不影响转换结果。其次，由于输入信号积分的时间较长，且是一个固定值 T_1，而 T_2 正比于输入信号在 T_1 内的平均值，这对于叠加在输入信号上的干扰信号有很强的抑制能力。最后，这种 A/D 转换器不必采用高稳定度的时钟源，它只要求时钟源在一个转换周期（T_1+T_2）内保持稳定即可。这种转换器被广泛应用于要求精度较高而转换速度要求不高的仪器中。

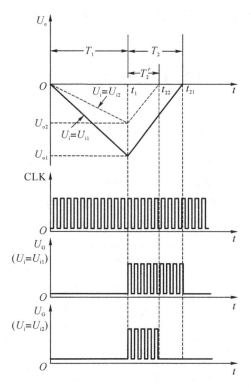

图 12-13　双积分 ADC 电压波形

12.2.3　A/D 转换器的主要技术指标

1. 分辨率

分辨率指 A/D 转换器对输入模拟信号的分辨能力。从理论上讲，一个 n 位二进制数输出的 A/D 转换器应能区分输入模拟电压的 2^n 个不同量级，能区分输入模拟电压的最小差异为 $\dfrac{1}{2^n}\text{FSR}\left(\text{满量程输入的}\dfrac{1}{2^n}\right)$。例如，A/D 转换器的输出为 12 位二进制数，最大输入模拟信号为 10 V，则其分辨率为

$$\text{分辨率}=\frac{1}{2^{12}}\times 10\text{ V}=\frac{10\text{ V}}{4096}=2.44\text{ mV}$$

2. 转换速度

转换速度是指完成一次转换所需的时间，转换时间是从接到转换启动信号开始，到输出端获得稳定的数字信号所经过的时间。A/D 转换器的转换速度主要取决于转换电路的类型，不同类型 A/D 转换器的转换速度相差很大。双积分型 A/D 转换器的转换速度最慢，需几百毫秒左右；逐次逼近式 A/D 转换器的转换速度较快，转换速度在几十微秒；并联型 A/D 转换器的转换速度最快，仅需几十纳秒时间。

3. 相对精度

在理想情况下，输入模拟信号所有转换点应当在一条直线上，但实际的特性不能做到输入模拟信号所有转换点在一条直线上。相对精度是指实际的转换点偏离理想特性的误

差，一般用最低有效位来表示。当使用环境发生变化时，转换误差也将发生变化，实际使用中应注意。

12.3 能力训练

12.3.1 8位集成 D/A 转换芯片 DAC0832 及应用电路

DAC0832 是 8 分辨率的 D/A 转换集成芯片，与微处理器完全兼容。这个 DA 芯片以其价格低廉、接口简单、转换控制容易等优点，在单片机应用系统中得到了广泛的应用。D/A 转换器由 8 位输入锁存器、8 位 DAC 寄存器、8 位 D/A 转换电路及转换控制电路构成。

图 12-14、图 12-15、图 12-16 分别为 DAC0832 的电路结构、引脚分配和外形情况。

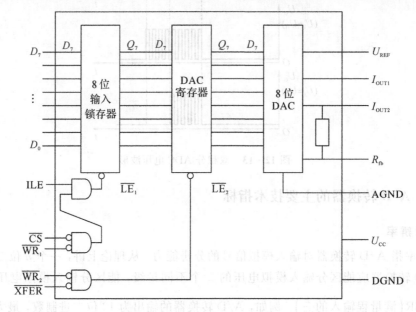

图 12-14 DAC0832 电路框图

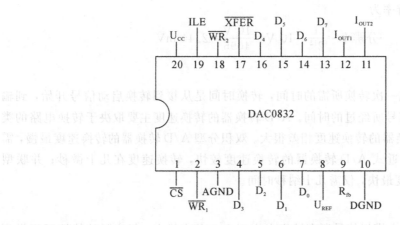

图 12-15 DAC0832 引脚分配

图 12-16 DAC0832 外形图

8 位集成 DAC0832 由一个 8 位输入寄存器、一个 8 位 DAC 寄存器和一个 8 位 D/A 转换器三大部分组成，D/A 转换器采用了倒 T 形电阻网络。由于 DAC0832 有两个可以分别控制的数据寄存器，所以在使用时有较大的灵活性，可根据需要接成不同的工作方式。DAC0832 中无运算放大器，是电流输出，使用时须外接运算放大器。芯片中已设置了 R_{fb}，只要将 9 脚接到运算放大器的输出端即可。若运算放大器增益不够，还须外加反馈电阻。

器件上各引脚的名称和功能如下：

ILE：输入锁存允许信号，输入高电平有效。

$\overline{CS}$：片选信号，输入低电平有效。

$\overline{WR_1}$：输入数据选通信号，输入低电平有效。

$\overline{WR_2}$：数据传送选通信号，输入低电平有效。

$\overline{XFER}$：数据传送控制信号（也称选通信号），输入低电平有效。

$D_7 \sim D_0$：8 位输入数据信号。

U_{REF}：参考电压输入。一般此端外接一个精确、稳定的电压基准源。U_{REF} 可在 $-10\ V \sim +10\ V$ 范围内选择。

R_{fb}：反馈电阻（内已含一个反馈电阻）接线端。

I_{OUT1}：DAC 输出电流 1。此输出信号一般作为运算放大器的一个差分输入信号。当 DAC 寄存器中的各位为 1 时，电流最大；为全 0 时，电流为 0。

I_{OUT2}：DAC 输出电流 2。它作为运算放大器的另一个差分输入信号（一般接地）。I_{OUT1} 和 I_{OUT2} 满足：$I_{OUT1} + I_{OUT2} =$ 常数。

U_{CC}：电源输入端（一般取 $+5\ V$）。

DGND：数字地端。

AGND：模拟地端。

从 DAC0832 的内部控制逻辑分析可知，当 ILE、$\overline{CS}$ 和 $\overline{WR_1}$ 同时有效时，$\overline{LE_1}$ 为高电平。在此期间，输入数据 $D_7 \sim D_0$ 进入输入寄存器。当 $\overline{WR_2}$ 和 $\overline{XFER}$ 同时有效时，$\overline{LE_2}$ 为高电平。在此期间，输入寄存器的数据进入 DAC 寄存器。8 位 D/A 转换电路随时将 DAC 寄存器的数据转换为模拟信号（$I_{OUT1} + I_{OUT2}$）输出。

DAC0832 的常用电路如图 12-17～图 12-20 所示。图 12-17、图 12-18 为单极性输出，即输出端电压极性是单一的；图 12-19 为双极性输出，即输出的电压极性有正有负，当 $u_1 = 0 \sim 5\ V$ 时，输出 u_{OUT} 可达到 $-5 \sim 5\ V$。图 12-20 为 DAC0832 与 CPU 的连接电路。

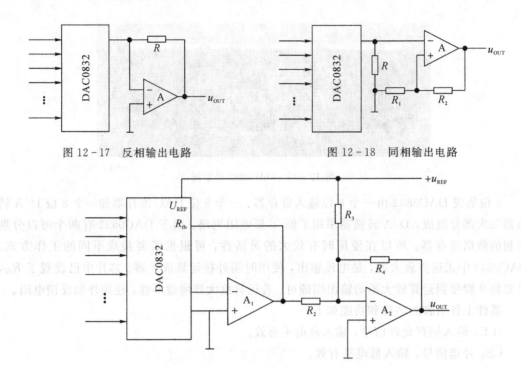

图 12-17 反相输出电路   图 12-18 同相输出电路

图 12-19 双极性输出电路

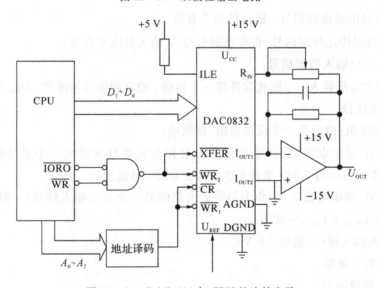

图 12-20 DAC0832 与 CPU 的连接电路

12.3.2 8位集成 A/D 转换芯片 ADC0804 及应用电路

ADC0804 是一款 8 位、单通道、逐次比较型 A/D 转换器，主要特点是：模/数转换时间大约 100 μs；方便 TTL 或 CMOS 标准接口接入；可以满足差分电压输入；具有参考电压输入端；内含时钟发生器；单电源工作时，输入电压范围是 0～5 V；不需要调零；等等。ADC0804 价格低廉，普遍被应用于微电脑的接口设计上。

图 12-21、图 12-22 分别为 ADC0804 的引脚分配和外形情况。

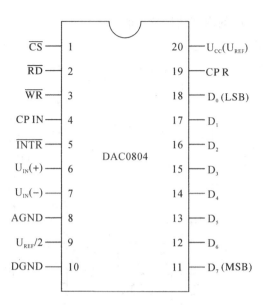

图 12-21　ADC0804 引脚分配

图 12-22　ADC0804 外形图

器件上各引脚的名称和功能如下：

$U_{IN}(+)$、$U_{IN}(-)$：两个模拟信号输入端，可以接收单极性、双极性和差模输入信号。

$D_0 \sim D_7$：具有三态特性数字信号输出端，输出结果为 8 位二进制结果。

CP IN：时钟信号输入端。

CP R：内部时钟发生器的外接电阻端，与 CP IN 端配合可由芯片自身产生时钟脉冲，其频率计算方式是：$f_{CP} = \dfrac{1}{1.1RC}$。

$\overline{CS}$：片选信号输入端，低电平有效。

$\overline{WR}$：写信号输入端，低电平启动 A/D 转换。

$\overline{RD}$：读信号输入端，低电平输出端有效。

$\overline{INTR}$：转换完毕中断提供端，A/D 转换结束后，低电平表示本次转换已完成。

$U_{REF}/2$：参考电平输入，决定量化单位。

U_{CC}：芯片电源 5 V 输入。

AGND：模拟电源地线。

DGND：数字电源地线。

图 12-23 为 ADC0804 的内部结构及功能。

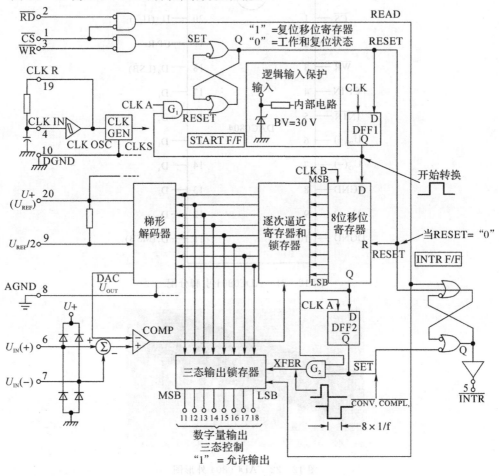

图 12-23 ADC0804 内部结构及功能图

ADC0804 常与单片机相连,其接线电路如图 12-24 所示。

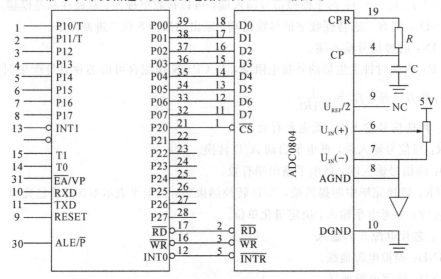

图 12-24 ADC0804 与单片机连线图

习　　题

　　[题 12.1]　D/A 转换有哪几种基本类型，各自的特点是什么？

　　[题 12.2]　在图 12-3 所示的权电阻网络 D/A 转换器中，若 $U_{REF}=5$ V，试求当输入数字量为 $D_3D_2D_1D_0=0101$ 时，输出电压的大小为多少。

　　[题 12.3]　在图 12-4 所示的倒 T 形电阻网络 D/A 转换器中，已知 $U_{REF}=-8$ V，试计算当 $D_3D_2D_1D_0=1111$ 时，输出电压的大小为多少。

　　[题 12.4]　在图 12-4 所示的倒 T 形电阻网络 D/A 转换器中，已知 $U_{REF}=20$ V，$R=R_f=2$ kΩ，试求当输入数字量为 $D_4D_3D_2D_1D_0=10101$ 时，输出电压的大小为多少？

　　[题 12.5]　在一个 3 位倒 T 形电阻网络 D/A 转换器中，已知 $U_{REF}=6$ V，$R=20$ kΩ，当输入数字量为 $D_2D_1D_0=110$ 时，输出电压 $U_o=-1.5$ V，试求反馈电阻 R_f 的值。

　　[题 12.6]　常见的 A/D 转换器有哪几种？其各自的特点是什么？

　　[题 12.7]　某个 D/A 转换器，要求 10 位二进制数能代表 0～50 V，试问此二进制数的最低位代表几伏。

　　[题 12.8]　在图 12-10 所示的计数斜波式 ADC 中，若输出的数字量为 10 位二进制数，时钟信号频率为 1 MHz，则完成一次转换的最长时间是多少？如果要求转换时间不得大于 100 μs，那么时钟信号频率应选多少？

　　[题 12.9]　如果将图 12-11 所示的逐次逼近式 A/D 转换器的输出扩展到 10 位，取时钟信号频率为 1 MHz，试计算完成一次转换操作所需要的时间。

　　[题 12.10]　在图 12-12 所示的双积分型 A/D 转换器中，若计数器为 10 位二进制，时钟信号频率为 1 MHz，则转换器的最大转换时间是多少？

参考文献

[1] 秦曾煌. 电工学：电子技术（下册）[M]. 6 版. 北京：高等教育出版社，2004

[2] 江小安. 模拟电子技术[M]. 西安：西北大学出版社，2006

[3] 童诗白，华成英. 模拟电子技术基础[M]. 4 版. 北京：高等教育出版社，2006

[4] 康华光，陈大钦. 电子技术基础：模拟部分[M]. 4 版. 北京：高等教育出版社，2004

[5] 王远. 模拟电子技术[M]. 3 版. 北京：机械工业出版社，2007

[6] 王鸿明，段玉生，王艳丹. 电工与电子技术（上册）[M]. 2 版. 北京：高等教育出版社，2009

[7] 孙慧芹. 模拟电子技术基础[M]. 北京：北京师范大学出版社，2010

[8] 阎石. 数字电子技术基础[M]. 5 版. 北京：高等教育出版社，2006

[9] 张海燕，曾晓宏. 数字电子技术[M]. 2 版. 北京：机械工业出版社，2014

[10] 高建新. 数字电子技术[M]. 北京：机械工业出版社，2006

[11] 康华光. 电子技术基础：数字部分[M]. 5 版. 北京：高等教育出版社，2008

[12] 余孟尝. 数字电子技术基础简明教程[M]. 3 版. 北京：高等教育出版社，2006

[13] 林涛. 数字电子技术基础[M]. 2 版. 北京：清华大学出版社，2012

[14] 王楚，沈伯宏. 数字逻辑电路[M]. 北京：高等教育出版社，1999

[15] 张文超. 数字逻辑电路[M]. 北京：电子工业出版社，2013